中国石油和化学工业优秀教材
普通高等教育"十三五"规划教材

物理化学实验

舒红英　陈萍华　主编

化学工业出版社

·北京·

《物理化学实验》分绪论、实验部分、附录三章，含 34 个实验、13 种仪器介绍和 16 类常用的数据表，编写精炼，重点突出。实验类型有基础、综合、设计与研究探索类型，基础和综合实验有"注意事项"和"思考与讨论"，可以提醒学生注意细节和进一步开动脑筋、开拓视野，以提高学生的创新能力，为设计与研究探索实验打下基础。

《物理化学实验》可用作综合性大学和高等师范院校化学系、应用化学系、材料化学系、环境化学系、生物化学系、生物系、医学院等院系学生的物理化学实验教材，也可供其他大专院校从事物理化学实验工作的有关人员参考。

图书在版编目（CIP）数据

物理化学实验/舒红英，陈萍华主编．—北京：化学工业出版社，2016.8（2023.8 重印）
普通高等教育"十三五"规划教材
ISBN 978-7-122-27371-0

Ⅰ.①物… Ⅱ.①舒… ②陈… Ⅲ.①物理化学-化学实验-高等学校-教材 Ⅳ.①O64-33

中国版本图书馆 CIP 数据核字（2016）第 137340 号

责任编辑：刘俊之　　　　　　　　　　文字编辑：向　东
责任校对：王素芹　　　　　　　　　　装帧设计：史利平

出版发行：化学工业出版社（北京市东城区青年湖南街 13 号　邮政编码 100011）
印　　装：北京虎彩文化传播有限公司
787mm×1092mm　1/16　印张 11¼　字数 291 千字　2023 年 8 月北京第 1 版第 7 次印刷

购书咨询：010-64518888　　　　　　　售后服务：010-64518899
网　　址：http://www.cip.com.cn
凡购买本书，如有缺损质量问题，本社销售中心负责调换。

定　　价：25.00 元　　　　　　　　　　　　　　　　　版权所有　违者必究

前　言

"物理化学实验"是高校化学类及材料、环境、生物、医学等专业理工科学生必修的实验课，主要是研究物质的物理性质及这些物理性质与其化学反应间关系的一门实验科学，是在无机化学、有机化学、分析化学等实验课程的基础上，运用物理化学的理论知识，进行物质综合性质测定的承上启下的基础实验课。

《物理化学实验》系根据我校使用多年的讲义改编补充而成。编者在总结多年实验教学改革和实践的基础上，借鉴和吸收其他高校在化学实验改革方面的经验，编写了这本《物理化学实验》教材。本教材在选材取舍、撰写编排上着眼于加强学生的基本理论和基本操作的训练，致力于提高学生的思维、分析、综合能力。其主要特点如下：

1. 在绪论部分物理化学实验的误差分析中，增加了如何使测量结果达到足够精确度的方法介绍及测量过程中最有利条件确定的应用实例，突出了误差分析在实验中的具体应用。

2. 在实验部分，每一实验包括实验目的、实验原理、仪器和试剂、实验步骤、数据记录和处理、思考题，在实验项目中增设了"注意事项"提醒学生注意细节，并增设了"思考与讨论"的内容，让学生开动脑筋、开拓视野。叙述上注意条理清楚，重点突出，使学生在预习实验内容后，在教师的指导下能独立完成实验。实验部分增加了一些计算机在线测量实验及设计、探索性实验内容。

3. 在附录中，介绍了一些实验所涉及的仪器原理、操作方法和物理化学实验常用的数据表，以方便学生查找。

4. 实验类型有基础、综合、设计与研究探索类型，从而培养学生熟练的实验操作技能和初步的科研能力。

本教材由南昌航空大学的舒红英和陈萍华主编。其中第一章绪论，第二章中化学热力学、化学动力学、设计与研究探索性实验，第三章中仪器简介由舒红英编写；第二章中电化学、表面与胶体化学和结构化学及第三章中实验数据表由陈萍华编写，全书由舒红英统稿。本教材由南昌航空大学教材建设基金资助，并且为南昌航空大学创新创业课程培育资助项目（编号 KCPY-1511），在编写过程中得到了南昌航空大学的大力支持，以及环境与化学工程学院邹建平教授和钟劲茅教授的帮助，并提出了宝贵意见。在此一并表示感谢。

由于时间紧迫，编者水平有限，本教材存在的不足之处，敬请读者提出宝贵意见，以利改进。

编者

2016 年 7 月于南昌航空大学

目 录

第一章　绪论 …………………………… 1
　一、物理化学实验的性质与要求 ……… 1
　二、物理化学实验室安全知识 ………… 2
　三、物理化学实验中的误差分析 ……… 6
　四、实验数据的表示及处理 …………… 15
　五、数据处理软件在物理化学实验中
　　　的应用 ………………………………… 19

第二章　实验部分 ……………………… 22
　第一节　化学热力学 …………………… 22
　　实验一　溶解热的测定 ………………… 22
　　实验二　燃烧热的测定 ………………… 25
　　实验三　纯液体饱和蒸气压的测量 …… 28
　　实验四　凝固点降低法测定摩尔质量 … 30
　　实验五　双液系的气-液平衡相图 …… 33
　　实验六　二组分固-液相图的测绘 …… 36
　　实验七　差热分析 ……………………… 39
　　实验八　甲基红的酸离解平衡常数
　　　　　　的测定 ……………………………… 41
　第二节　电化学 ………………………… 44
　　实验九　电导率的测定及其应用 ……… 44
　　实验十　金属钝化曲线的测定 ………… 47
　　实验十一　电势-pH 曲线的测定 ……… 53
　　实验十二　原电池电动势的测定及其
　　　　　　　应用 ………………………………… 55
　　实验十三　极化曲线的测定 …………… 59
　　实验十四　离子迁移数的测定 ………… 64
　第三节　化学动力学 …………………… 68
　　实验十五　电导法测定乙酸乙酯皂化反应
　　　　　　　的速率常数 ……………………… 68
　　实验十六　量气法测定一级反应速率
　　　　　　　常数 ………………………………… 71
　　实验十七　旋光法测定蔗糖转化反应的
　　　　　　　速率常数 …………………………… 75
　　实验十八　丙酮碘化反应的速率方程 … 79
　　实验十九　甲酸氧化反应动力学的
　　　　　　　测定 ………………………………… 82

　　实验二十　B-Z 化学振荡反应 ………… 85
　第四节　表面与胶体化学 ……………… 89
　　实验二十一　液体黏度的测定 ………… 89
　　实验二十二　最大气泡压力法测定溶液的
　　　　　　　　表面张力 ……………………… 92
　　实验二十三　胶体的制备与电泳 ……… 96
　　实验二十四　溶液吸附法测定固体比
　　　　　　　　表面积 ………………………… 98
　　实验二十五　接触角的测定 …………… 100
　　实验二十六　电导法测定表面活性剂临界
　　　　　　　　胶束浓度 ……………………… 104
　　实验二十七　黏度法测定高聚物的相对
　　　　　　　　分子质量 ……………………… 107
　第五节　结构化学 ……………………… 110
　　实验二十八　配合物磁化率的测定 …… 110
　　实验二十九　偶极矩的测定 …………… 113
　　实验三十　黏度法测定聚乙烯醇的
　　　　　　　相对分子质量及其分子
　　　　　　　构型的确定 ……………………… 117
　第六节　设计与研究探索性实验 ……… 121
　　实验三十一　硫酸铜水合反应热的
　　　　　　　　测定 …………………………… 122
　　实验三十二　振荡反应热谱曲线的
　　　　　　　　测定 …………………………… 123
　　实验三十三　表面活性剂的临界胶束浓度
　　　　　　　　测定及其影响因素分析 … 123
　　实验三十四　镍在硫酸溶液中的钝化
　　　　　　　　行为 …………………………… 124

第三章　附录 …………………………… 127
　第一节　仪器简介 ……………………… 127
　　一、恒温水浴与超级恒温水浴 ………… 127
　　二、Beckmann 温度计 ………………… 129
　　三、气压计 ……………………………… 131
　　四、黏度计 ……………………………… 133
　　五、液体比重天平 ……………………… 136
　　六、电导率仪 …………………………… 137
　　七、阿贝折射仪 ………………………… 141

八、pH 计 ……………………………… 145
　　九、电泳仪 ……………………………… 149
　　十、752 型紫外-可见分光光度计 ……… 150
　　十一、WZZ-1 自动指示旋光仪 ………… 151
　　十二、HDY 恒电位仪 …………………… 154
　　十三、古埃磁天平 ……………………… 158
第二节　实验数据表 ……………………… 162
　　一、乙醇在不同温度时的密度 ………… 162
　　二、乙醇在水中的表面张力 …………… 162
　　三、乙醇水溶液密度及百分组成 ……… 163
　　四、25℃时 CH_3COOH 水溶液的 λ、$K^{\ominus}$
　　　　数据 …………………………………… 163
　　五、不同温度下水的密度、表面张力、
　　　　黏度、蒸气压 ………………………… 163
　　六、30℃下环己烷-乙醇二元系组成（以环
　　　　己烷摩尔分数表示）-折射率
　　　　对应表 ………………………………… 164

　　七、几种溶剂的冰点下降常数 ………… 166
　　八、金属混合物的熔点 ………………… 166
　　九、无机化合物的标准溶解热 ………… 167
　　十、不同浓度、不同温度下 KCl 溶液的
　　　　电导率 ………………………………… 167
　　十一、高分子化合物特性黏度与相对分子
　　　　　质量关系式中的参数 ……………… 168
　　十二、无限稀释离子的摩尔电导率和
　　　　　温度系数 …………………………… 168
　　十三、几种化合物的磁化率 …………… 169
　　十四、液体的分子介电常数 ε、偶
　　　　　极矩 μ ……………………………… 170
　　十五、溶液中的标准电极电势 $\varphi^{\ominus}$ …… 171
　　十六、部分表面活性剂水溶液的临界胶束
　　　　　浓度（CMC） ……………………… 172
参考文献 ……………………………………… 173

第一章 绪 论

一、物理化学实验的性质与要求

(一) 物理化学实验的任务

物理化学实验是在无机化学、有机化学、分析化学及普通物理等实验课程的基础上,运用物理化学的理论知识,进行物质综合性质测定的承上启下的基础实验课。其特点是实验中常用多种物理测量仪器,并利用物理方法来研究化学系统的变化规律。物理化学实验的任务是使学生初步了解物理化学的研究方法,掌握物理化学的基本实验技术和技能,学会重要的物理化学性能测定,熟悉物理化学实验现象的观察和记录、实验条件的判断和选择、实验数据的测量和处理、实验结果的分析和归纳等一套严谨的实验方法,从而加深对物理化学基本理论的理解,培养学生的动手能力、观察能力、查阅文献能力、思维能力、表达能力和处理实验结果的能力;培养学生勤奋学习、求真、求实的优良品德和科学精神。

(二) 物理化学实验的要求

1. 实验预习

实验前学生应做到认真、仔细阅读实验教材,明确所做实验的目的和要求,了解与实验有关的物理化学理论,实验测量所依据的基本原理,实验用仪器的性能和操作规程。基本弄清实验步骤与操作,知道实验所测取的是什么数据及数据应如何处理。在此基础上写出预习报告。

预习报告应包括实验目的、简明的实验原理、仪器和药品、操作要点、注意事项以及记录数据的表格。实验开始前,指导教师应检查学生是否写出预习报告,无预习报告者不准进行实验。

2. 实验操作

在学生动手进行实验之前,指导教师应先对学生进行考查,对考查不合格者,教师要酌情处理,直至取消其参加本次实验的资格;然后让学生检查实验装置和试剂是否符合实验要求。实验准备完成后,方可进行实验。实验过程中,要求操作要正确,观察现象要仔细,测取数据要认真,记录要准确、完整,还要开动脑筋,善于发现和解决实验中出现的问题。实验结束后,须将原始记录交指导教师检查并签名。

3. 实验报告

写出合乎规范的实验报告,对培养学生的综合素质具有十分重要的意义。实验报告的内容包括实验目的、简明原理(包括必要的计算公式)、仪器和药品、扼要的实验操作与步骤、数据记录与处理、实验结果讨论等。其中结果讨论是实验报告的重要部分,主要指实验结果的可靠程度、结果分析、实验现象的分析和解释、误差来源、实验时的心得体会、做好实验的关键等,也可以对实验提出进一步改进的意见。实验报告必须在规定时间内独立完成。

(三) 实验报告评分标准

一份优秀的实验报告具有整洁、格式规范、内容完整、数据可靠、误差较小、讨论合理的特点。

要鼓励学生在实验过程中提出新方案和新想法,从而对本实验进行合理的改进。通过和老师进行口头交流或作为个人感悟附在实验报告之后,将得到加分的回报。

报告杂乱潦草、内容不全、数据混乱、误差较大且未进行认真分析讨论,通常认为是一份不成功的实验报告。篡改实验数据,抄袭、剽窃他人数据和结果(包括同组人),实验成绩只能得 0 分!

(四)实验注意事项

(1)实验前,要按实验要求核对仪器和药品。如有破损或不足时,应向指导教师报告,及时更换和补充。

(2)未经指导教师考查,不得擅自操作仪器,以免损坏设备。

(3)对连接电路的实验,在学生连接电路后,要经过教师检查,认为合格后才能接通电源。

(4)为避免造成仪器的损坏,必须严格按操作规程使用仪器,不得随意改变操作方法。

(5)实验时,只许使用本组的仪器。如出现故障,须向教师提出,不许擅自动用他组的仪器而影响他人实验。

(6)实验时,应按实验需用量使用药品等,不得随意浪费。

(7)实验时,除实验装置及必需用具与书籍外,其余物品一律不许放置在实验桌上。

(8)实验自始至终要保持环境清洁、整齐。实验结束后,应将玻璃仪器清洗干净放回原处,将实验工作台收拾整洁,并须安排值日生打扫实验室。

(9)实验结束后,应将实验用的水源关闭,切断电源。

二、物理化学实验室安全知识

在化学实验室中,安全是非常重要的,它常常隐藏着诸如发生爆炸、着火、中毒、灼伤、割伤、触电等事故的危险性。能够防止这些事故的发生以及万一发生又懂得如何急救,这些都是每一个化学实验工作者必须具备的素质。这些内容在先行的化学实验课中均已反复地做了介绍。本节主要结合物理化学实验的特点介绍安全用电、使用化学药品的安全防护等知识。

(一)安全用电常识

违章用电常常可能造成人身伤亡、火灾、损坏仪器设备等严重事故。物理化学实验室使用电器较多,要特别注意安全用电。表 1-1 示出了 50Hz 交流电不同电流强度时的人体反应情况。

表 1-1 50Hz 交流电不同电流强度时的人体反应

电流强度/mA	1~10	10~25	25~100	100 以上
人体反应	麻木感	肌肉强烈收缩	呼吸困难,甚至停止呼吸	心脏心室纤维性颤动,死亡

为了保障人身安全,一定要遵守实验室安全规则。

1. 防止触电

① 不用潮湿的手接触电器。

② 电源裸露部分应有绝缘装置(如电线接头处应裹上绝缘胶布)。

③ 所有电器的金属外壳都应保护接地。

⑤ 贮汞的容器要用厚壁玻璃器皿或瓷器。用烧杯暂时盛汞，不可多装以防破裂。

⑥ 若有汞掉落在桌面上或地面上，先用吸汞管尽可能将汞珠收集起来，然后用硫黄盖在汞溅落的地方，并摩擦使之生成 HgS。也可用 $KMnO_4$ 溶液使其氧化。

⑦ 擦过汞或汞齐的滤纸或布必须放在有水的瓷缸内。

⑧ 盛汞器皿和有汞的仪器应远离热源，严禁把有汞仪器放进烘箱。

⑨ 使用汞的实验室应有良好的通风设备，纯化汞应有专用的实验室。

⑩ 手上若有伤口，切勿接触汞。

（四）高压钢瓶的使用及注意事项

1. 气体钢瓶的颜色标记

我国气体钢瓶常用标记见表 1-3。

表 1-3 我国气体钢瓶常用标记

气体类别	瓶身颜色	标字颜色	字样	气体类别	瓶身颜色	标字颜色	字样
氮气	黑	黄	氮	氧气	天蓝	黑	氧
氢气	深蓝	红	氢	压缩空气	黑	白	压缩空气
二氧化碳	黑	黄	二氧化碳	氦	棕	白	氦
液氨	黄	黑	氨	氯	草绿	白	氯
乙炔	白	红	乙炔	氟氯烷	铝白	黑	氟氯烷
石油气体	灰	红	石油气	粗氩气体	黑	白	粗氩
纯氩气体	灰	绿	纯氩				

2. 气体钢瓶的使用

① 在钢瓶上装上配套的减压阀。检查减压阀是否关紧，方法是逆时针旋转调压手柄至螺杆松动为止。

② 打开钢瓶总阀门，此时高压表显示出瓶内贮气总压力。

③ 慢慢地顺时针转动调压手柄，至低压表显示出实验所需压力为止。

④ 停止使用时，先关闭总阀门，待减压阀中余气逸尽后，再关闭减压阀。

3. 注意事项

① 钢瓶应存放在阴凉、干燥、远离热源的地方。可燃性气瓶应与氧气瓶分开存放。

② 搬运钢瓶要小心轻放，钢瓶帽要旋上。

③ 使用气瓶时应装减压阀和压力表。可燃性气瓶（如 H_2、C_2H_2）气门螺丝为反丝；不燃性或助燃性气瓶（如 N_2、O_2）为正丝。各种压力表一般不可混用。

④ 不要让油或易燃有机物沾染气瓶上（特别是气瓶出口和压力表上）。

⑤ 开启总阀门时，不要将头或身体正对总阀门，防止阀门或压力表冲出伤人。

⑥ 不可把气瓶内气体用光，以防重新充气时发生危险。

⑦ 使用中的气瓶每三年应检查一次，装腐蚀性气体的钢瓶每两年检查一次，不合格的气瓶不可继续使用。

⑧ 氢气瓶应放在远离实验室的专用小屋内，用紫铜管引入实验室，并安装防止回火的装置。

⑨ 钢瓶内气体不能全部用尽，要留下一些气体，以防止外界空气进入气体钢瓶，一般应保持 0.5MPa 表压以上的残留压力。

⑩ 钢瓶需要定期送交检验，合格钢瓶才能充气使用。

（五）气体使用操作规程

由电解水或液化空气能得到纯氧气，压缩后贮于钢瓶中备用。从气体厂刚充满氧的钢瓶压力可达 15MPa，使用氧气需用氧气压力表。钢瓶阀门和压力表的构造如图 1-1 所示。

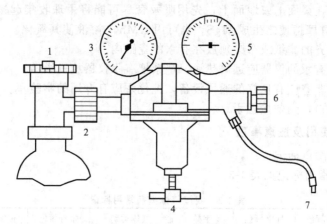

图 1-1　钢瓶阀门和压力表的构造
1—高压总阀；2—减压器接口；3—高压表；
4—调节阀；5—低压表；6—放气阀；7—高压气管

使用氧气钢瓶时，必须遵守下面的规则。
① 搬运钢瓶时，防止剧烈振动，严禁连氧气表一起装车运输。
② 严禁与氢气在同一个实验室里使用。
③ 尽可能远离热源。
④ 在使用时应特别注意手上、工具上、钢瓶和周围不能沾有油污，扳手上的油可用酒精洗去，待干后使用，以防燃烧和爆炸。
⑤ 氧气瓶应与氧气表一起使用，氧气表需仔细保护，不能随便用在其他钢瓶上。
⑥ 开阀门及调压时，人不要站在钢瓶出气口处，头不要在瓶头之上，而应在瓶之侧面，以确保人身安全。
⑦ 开气瓶高压总阀 1 之前，必须首先检查氧气表调压阀 4 是否处于关闭（手把松开还是关闭）状态。不要在调压阀 4 处于开放（手把顶紧是开放）状态时突然打开气瓶总阀，否则会将氧气表打坏或引发其他事故。
⑧ 防止漏气，若漏气应将螺旋旋紧或换皮垫。
⑨ 钢瓶内压力在 0.5MPa 以下时，不能再用，应该去灌气。

三、物理化学实验中的误差分析

在测量时，由于所用仪器、实验方法、条件控制和实验者观察局限等的限制，任何实验都不可能测得一个绝对准确的数值，测量值和真值之间必然存在着一个差值，称为"测量误差"。只有知道结果的误差，才能了解结果的可靠性，决定这个结果对科学研究和生产是否有价值，进而研究如何改进实验方法、技术以及考虑仪器的正确选用和搭配等问题。如在实验前能清楚该测量允许的误差大小，则可以正确地选择适当精度的仪器、实验方法和条件控制，不致过分提高或降低实验的要求，造成浪费和损失。

（一）误差的分类

一切物理量的测定，可分为直接测量和间接测量两种。直接表示所求结果的测量称为直接测量，如用天平称量物质的质量，用电位计测定电池的电动势等。若所求的结果由数个测量值以某种公式计算而得，则这种测量称为间接测量。如用电导法测定乙酸乙酯皂化反应的速率常数，通常是在不同时间测定溶液的电阻，再由公式计算得出。物理化学实验中的测量大都属于间接测量。

根据性质的不同可将误差分为三类，即系统误差、过失误差、偶然误差。

1. 系统误差

系统误差是由有关测量方法中某些经常的原因而导致的。如：

(1) 实验方法本身的限制，如反应没有完全进行到底，指示剂选择不当，计算公式有某些假定及近似等。

(2) 使用的仪器不够精确，如滴定管的刻度不准，仪器失灵或不稳，或药品不纯等。

(3) 实验者个人习惯所引入的主观误差，使测量数据有习惯性的偏高或偏低等。

系统误差总是以同一符号出现，在相同条件下重复实验无法消除，但可以通过测量前对仪器进行校正或更换，选择合适的实验方法，修正计算公式和用标准样品校正实验者本身所引进的系统误差来减少。只有不同实验者用不同的校正方法、不同的仪器所得数据相符合，才可认为系统误差基本消除。

2. 过失误差

过失误差主要由实验者粗心大意、操作不正确等所引起。此类误差无规则可寻，只要正确、细心操作就可避免。

3. 偶然误差

偶然误差是由实验时许多不能预料的其他因素造成的。如实验者视觉、听觉不灵敏，对仪器最小分度值以下的估计难以完全相同或操作技巧的不熟练。又如在测量过程中外界条件改变，如温度、压力不恒定、机械的震动、电磁场的干扰等。仪器中常包含的某些活动部件，如水银温度计或压力计中的水银柱、电流计中的游丝与指针，在对同一物理量进行重复测量时，这些部件所达的位置难以完全相同（尤其是使用年久或质量较差的仪器更为明显），造成偶然误差。偶然误差的特点是其数值时大时小，时正时负。在相同条件下对同一物理量重复多次测量，偶然误差的大小和正负完全由概率决定。如图 1-2 所示。误差分布具有对称性，即正、负误差出现的概率相等。因此多次重复测量的算术平均值是其最佳的代表值。

(二) 偶然误差的表达

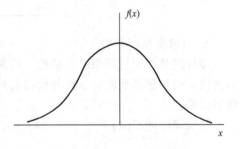

图 1-2　误差的正态分布曲线

1. 误差和相对误差

在物理量的测定中，偶然误差总是存在的。所以测得值 a 和真值 $a_真$ 之间总有着一定的偏差 Δa，这个偏差称为误差。

$$\Delta a = a - a_真 \tag{1-1}$$

误差和真值之比，称为相对误差，即

$$相对误差 = \frac{误差}{真值} = \frac{\Delta a}{a_真} \tag{1-2}$$

误差的单位与被测量的单位相同，而相对误差无量纲，因此不同物理量的相对误差可以互相比较。误差的大小与被测量的大小无关，而相对误差则与被测量的大小及误差的值都有关，因此评定测定结果的精密程度用相对误差更为合理。

例如，测量0.5m的长度时所用的尺可以引入±0.0001m的误差，平均相对误差为 $\frac{0.0001}{0.5}\times100\%=0.02\%$，但用同样的尺测量0.01m的长度时相对误差为 $\frac{0.0001}{0.01}\times100\%=1\%$，为前者的50倍。显然用这一尺子来测量0.01m长度是不够精密的。

由误差理论可知，在消除了系统误差和过失误差的情况下，由于偶然误差分布的对称性，进行无限次测量所得值的算术平均值即为真值。

$$a_{真} = \lim_{n\to\infty} \frac{\sum_{i=1}^{n} a_i}{n} \qquad (1-3)$$

然而在大多数情况下，我们只是做有限次的测量。故只能把有限次测量的算术平均值作为可靠值：

$$\overline{a_i} = \frac{\sum_{i=1}^{n} a_i}{n} \qquad (1-4)$$

把各次测量值与其算术平均值的差作为各次测量的误差。

$$\Delta a_i = a_i - \overline{a_i} \qquad (1-5)$$

又因各次测量误差的数值可正可负，对整个测量来说不能由它来表达其特点，为此引入平均误差

$$\overline{\Delta a} = \frac{|\Delta a_1|+|\Delta a_2|+\cdots+|\Delta a_n|}{n} = \frac{\sum_{i=1}^{n}|a_i-\overline{a_i}|}{n} \qquad (1-6)$$

而平均相对误差为：

$$\frac{\overline{\Delta a}}{\overline{a_i}} = \frac{|\Delta a_1|+|\Delta a_2|+\cdots+|\Delta a_n|}{n\overline{a_i}}\times100\% \qquad (1-7)$$

2. 准确度与精密度

准确度是指测量结果的正确性，即偏离真值的程度，准确的数据只有很小的系统误差。精密度是指测量结果的可复性与所得数据的有效数字，精密度高指的是所得结果具有很小的偶然误差。

按准确度的定义：

$$准确度 = \frac{1}{n}\sum_{i=1}^{n}|a_i-a_{真}| \qquad (1-8)$$

由于大多数物理化学实验中 $a_{真}$ 是我们要求测定的结果，一般可近似地用 a 的标准值 $a_{标}$ 来代替 $a_{真}$。所谓标准值，是指用其他更为可靠的方法测出的值或摘自文献的公认值。因此测量的准确度可近似地表示为：

$$准确度 = \frac{1}{n}\sum_{i=1}^{n}|a_i-a_{标}| \qquad (1-9)$$

精密度是指各次测量值 a_i 与可靠值 $\overline{a_i}=\frac{\sum_{i=1}^{n}a_i}{n}$ 的偏差程度，也就是指在 n 次测量中测得值之间相互偏差的程度。它可判断所做的实验是否精细（注意不是准确度），常用三种不同方式来表示。

(1) 平均误差 $\overline{\Delta a}$ $\overline{\Delta a} = \dfrac{\sum\limits_{i=1}^{n} |a_i - \overline{a_i}|}{n}$

(2) 标准误差 σ $\sigma = \sqrt{\dfrac{(\sum\limits_{i=1}^{n} |a_i - \overline{a_i}|)^2}{n-1}}$

(3) 或然误差 P $P = 0.6745\sigma$

以上三种均可用来表示测量的精密度，但数值上略有不同，它们的关系是

$$P : \overline{\Delta a} : \sigma = 0.675 : 0.794 : 1.00$$

在物理化学实验中通常用平均误差或标准误差来表示测量精密度。平均误差的优点是计算方便，但有着把质量不高的测量值掩盖着的缺点。标准误差是平方和的开方，能更明显地反映误差，在精密地计算实验误差时最为常用。如甲、乙两人进行某实验，甲的两次测量误差为+1、-3，而乙为+2、-2。显然乙精密度比甲高，但甲、乙的平均误差均为2，而其标准误差甲和乙各为 $\sqrt{1^2 + 3^2} = \sqrt{10}$、$\sqrt{2^2 + 2^2} = \sqrt{8}$，由此可见用后者来反映误差比前者优越。

由于不能肯定 a_i 离 $\overline{a_i}$ 是偏高还是偏低，所以测量结果常用 $\overline{a_i} \pm \sigma$（或 $\overline{a_i} \pm \overline{\Delta a_i}$）来表示。$\sigma$（或 $\overline{\Delta a_i}$）愈小，则表示测量的精密度愈高。有时也用相对精密度 $\sigma_{相对}$ 来表示精密度。

$$\sigma_{相对} = \dfrac{\sigma}{a_i} \times 100\% \tag{1-10}$$

测量压力的五次有关数据列于表1-4。

表 1-4 测量压力的五次有关数据

i	p/Pa	Δp_i/Pa	$|\Delta p_i|$/Pa	$|\Delta p_i|^2$/Pa²
1	98294	−4	4	16
2	98306	+8	8	64
3	98298	0	0	0
4	98301	+3	3	9
5	98291	−7	7	49
$\sum$	491490	$\sum$ 0	$\sum$ 22	$\sum$ 138

其算术平均值 $\overline{p_i} = \dfrac{1}{5}\sum\limits_{i=1}^{5} p_i = 98298\text{Pa}$

平均误差 $\overline{\Delta p_i} = \pm \dfrac{1}{5}\sum\limits_{i=1}^{5} |\Delta p_i| = \pm 4\text{Pa}$

平均相对误差 $\dfrac{\overline{\Delta p_i}}{p_i} = \pm \dfrac{4}{98298} \times 100\% = \pm 0.004\%$

标准误差 $\sigma = \pm \sqrt{\dfrac{138}{5-1}} = \pm 6\text{Pa}$

相对误差 $\dfrac{\sigma}{p_i} = \dfrac{6}{98298} \times 100\% = 0.006\%$

故上述压力测量值的精密度为 (98298±6)Pa [或 (98298±4)Pa]，从概率论可知，大于 3σ 的误差的出现概率只有0.3%，故通常把这一数值称为极限误差，即

$$\delta_{极限} = 3\sigma \tag{1-11}$$

如果个别测量的误差超过 3σ，则可认为是由过失误差引起而将其舍弃。由于实际测量是为数不多的几次测量，概率论不适用，而个别失常测量对算术平均值影响很大，为避免这一失常的影响，有人提出一个简单判断法，即

$$a_i - \overline{a_i} \geqslant 4\left(\frac{1}{n}\sum_{i=1}^{n}|a_i - \overline{a_i}|\right) \tag{1-12}$$

的 a_i 值为可疑值，则弃去。因为这种观察值存在的概率大约只有 0.1%。

3. 怎样使测量结果达到足够的精确度

（1）首先按实验要求选用适当规格的仪器和药品（指不低于或优于实验要求的精密度），并加以校正或纯化，以避免因仪器或药品引进系统误差。

（2）测定某物理量 a 时需在相同实验条件下连续重复测量多次，舍去因过失误差而造成的可疑值后，求出其算术平均值 $\overline{a_i}\left(\overline{a_i} = \dfrac{\sum_{i=1}^{n}a_i}{n}\right)$ 和精密度 $\left(即平均误差\overline{\Delta a} = \dfrac{\sum_{i=1}^{n}|a_i - \overline{a_i}|}{n}\right)$。

（3）将 $\overline{a_i}$ 与 $a_{标}$ 作比较，若两者差值 $|\overline{a_i} - a_{标}| < \overline{\Delta a}$（$\overline{a_i}$ 是重复测量 15 次或更多次时的平均值）或 $|\overline{a_i} - a_{标}| < \sqrt{3}\cdot\overline{\Delta a}$（$\overline{a_i}$ 是重复 5 次的平均值），测量结果就是可取的。如若 $|\overline{a_i} - a_{标}| > \overline{\Delta a}$（或 $\sqrt{3}\,\overline{\Delta a}$），则说明在实验中有因实验条件不当、实验方法或计算公式等引进的系统误差存在。于是需进一步探索，可通过改变实验条件、方法或计算公式来寻找原因，直至 $|\overline{a_i} - a_{标}| \leqslant \overline{\Delta a}$（或 $\sqrt{3}\,\overline{\Delta a}$）。如不能达到，同时又能用其他方法证明不存在测定条件、方法或公式等方面的系统误差，则可能是标准值本身存在着误差，需重找新的标准值。

（4）仪器的读数精密度。在计算测量误差时，仪器的精密不能劣于实验要求的精度，但也不必过分优于实验要求的精度，可根据仪器的规格来估算测量误差值。例如，$\dfrac{1}{10}$ 的水银温度计 $\overline{\Delta a} = \pm 0.02℃$；贝克曼温度计 $\overline{\Delta a} = \pm 0.002℃$；100mL 容量瓶 $\overline{\Delta a} = \pm 0.1$mL。

（三）间接测量结果的误差计算

大多数实验的最后结果都是间接的数值，因此个别测量的误差都反映在最后的结果里。在间接测量误差的计算中，可以看出直接测量的误差对最后的结果产生多大的影响，并可了解哪一方面的直接测量误差是误差的主要来源。如果事先预定最后结果的误差限度，即各直接测量值可允许的最大误差是多少，则由此可决定如何选择适当精密度的测量工具。仪器的精密程度会影响最后结果，但如果盲目地使用精密仪器，不考虑相对误差，不考虑仪器的相互配合，非但丝毫不能提高结果的准确度，反而枉费精力，并造成仪器、药品的浪费。

1. 间接测量结果的平均误差和相对平均误差

首先来看一下普遍情况。若要求的数值 u 是两个变数 α 和 β 的函数，即 $u = f(\alpha, \beta)$。直接测量 α、β 时其误差分别为 $\Delta\alpha$、$\Delta\beta$，它所引起数值 u 的误差为 Δu，当误差 Δu、$\Delta\alpha$、$\Delta\beta$ 和 u、α、β 相比很小时，可以把它们看作微分 du、$d\alpha$、$d\beta$。应用微分公式时可写成：

$$du = f'_\alpha(\alpha,\beta)d\alpha + f'_\beta(\alpha,\beta)d\beta \tag{1-13}$$

式中，$f'_\alpha(\alpha,\beta)$ 为函数 $f(\alpha,\beta)$ 对 α 的偏导数；$f'_\beta(\alpha,\beta)$ 为函数 $f(\alpha,\beta)$ 对 β 的偏导数。按照定义，其相对误差为：

$$\frac{du}{u} = \frac{f'_\alpha(\alpha,\beta)}{f(\alpha,\beta)}d\alpha + \frac{f'_\beta(\alpha,\beta)}{f(\alpha,\beta)}d\beta \tag{1-14}$$

或者是
$$\mathrm{d}\ln u = \mathrm{d}\ln f(\alpha, \beta) \tag{1-15}$$

故计算测量值 u 的相对误差 $\left(\dfrac{\mathrm{d}u}{u}\right)$ 可先对 u 表示式取自然对数，然后直接按照测量的数值对此对数求微分（这里把这些测量数值当作为变数）。示例如下：

(1) 单项式中的相对误差。设：
$$u = k\frac{a^p b^q}{c^r e^s} \tag{1-16}$$

式中，p、q、r、s 是已知数值；k 是常数；a、b、c、e 是实验直接测定的数值。对上式取对数：
$$\ln u = \ln k + p\ln a + q\ln b - r\ln c - s\ln e \tag{1-17}$$

对式(1-17)取微分：
$$\frac{\mathrm{d}u}{u} = p\frac{\mathrm{d}a}{a} + q\frac{\mathrm{d}b}{b} - r\frac{\mathrm{d}c}{c} - s\frac{\mathrm{d}e}{e}$$

我们并不知道这些误差的符号是正还是负，但考虑到最不利的情况下，直接测量的正、负误差不能对消而引起误差的积累，故取相同符号。最后：
$$\frac{\mathrm{d}u}{u} = p\frac{\mathrm{d}a}{a} + q\frac{\mathrm{d}b}{b} + r\frac{\mathrm{d}c}{c} + s\frac{\mathrm{d}e}{e} \tag{1-18}$$

这样所得的相对误差是最大的，称为误差的上限。从式(1-18)可见，n 个数值相乘或相除时，最后结果的相对误差比其中任意一个数值的相对误差都大。

(2) 对其他不同运算过程中相对误差的计算列于表 1-5。

表 1-5　不同运算过程的相对误差

函数关系	绝对误差	相对误差
$u = x + y$	$\pm(\lvert\mathrm{d}x\rvert + \lvert\mathrm{d}y\rvert)$	$\pm\left(\dfrac{\mathrm{d}\lvert x\rvert + \mathrm{d}\lvert y\rvert}{x+y}\right)$
$u = x - y$	$\pm(\lvert\mathrm{d}x\rvert + \lvert\mathrm{d}y\rvert)$	$\pm\left(\dfrac{\mathrm{d}\lvert x\rvert + \mathrm{d}\lvert y\rvert}{x-y}\right)$
$u = xy$	$\pm(x\lvert\mathrm{d}y\rvert + y\lvert\mathrm{d}x\rvert)$	$\pm\left(\dfrac{\mathrm{d}\lvert x\rvert}{x} + \dfrac{\mathrm{d}\lvert y\rvert}{y}\right)$
$u = \dfrac{x}{y}$	$\pm\left(\dfrac{y\lvert\mathrm{d}x\rvert + x\lvert\mathrm{d}y\rvert}{y^2}\right)$	同上
$u = x^n$	$\pm(nx^{n-1}\mathrm{d}x)$	$\pm\left(n\dfrac{\mathrm{d}x}{x}\right)$
$u = \ln x$	$\pm\left(\dfrac{\mathrm{d}x}{x}\right)$	$\pm\left(\dfrac{\mathrm{d}x}{x\cdot\ln x}\right)$
$u = \sin x$	$\pm(\cos x\,\mathrm{d}x)$	$\pm(\cos x\,\mathrm{d}x)$

(3) 误差举例

【例 1-1】 误差的计算。

液体的摩尔折射度公式为 $[R] = \dfrac{n^2-1}{n^2+2} \times \dfrac{M}{\rho}$，苯的折射率 $n = 1.4979 \pm 0.0003$，密度 $\rho = (0.8737 \pm 0.0002)\text{g/cm}^3$，摩尔质量 $M = 78.08\text{g/mol}$。求间接测量 $[R]$ 的误差。

$$[R] = \dfrac{1.4979^2-1}{1.4979^2+2} \times \dfrac{78.08}{0.8737} = 26.20$$

把折射度公式两边取对数并微分：

$$\text{d}\ln[R] = \text{d}\ln(n^2-1) - \text{d}\ln(n^2+2) - \text{d}\ln\rho$$

整理得

$$\dfrac{\text{d}[R]}{[R]} = \left(\dfrac{2n}{n^2-1} - \dfrac{2n}{n^2+2}\right)\text{d}n - \dfrac{\text{d}\rho}{\rho}$$

代入有关数据

$$\text{d}[R] = 0.019$$

则其相对误差：

$$\dfrac{\Delta[R]}{[R]} = \dfrac{1.9 \times 10^{-2}}{26.20} = 7.2 \times 10^{-4}$$

【例 1-2】 仪器的选择。

用电热补偿法在 12mol 水中分次加入 KNO_3（固体）的溶解热测定中，求 KNO_3 在水中的积分溶解热 Q_s(J/mol) $\left(Q_s = \dfrac{101.1IVt}{W_{KNO_3}}\right)$。如果把相对误差控制在 3% 以内，应选择什么规格的仪器？

在直接测量中各物理量的数值分别为：电流 $I = 0.5\text{A}$，电压 $V = 4.5\text{V}$，最短的时间 $t = 400\text{s}$，最少的样品量 $W_{KNO_3} = 3\text{g}$。

误差计算：

$$\ln Q_s = \ln I + \ln V + \ln t - \ln W$$

$$\dfrac{\text{d}Q_s}{Q_s} = \dfrac{\text{d}I}{I} + \dfrac{\text{d}V}{V} + \dfrac{\text{d}t}{t} + \dfrac{\text{d}W}{W}$$

$$= \dfrac{\text{d}I}{0.5} + \dfrac{\text{d}V}{4.5} + \dfrac{\text{d}t}{400} + \dfrac{\text{d}W}{3}$$

由上式可知，最大的误差来源于测定 I 和 V 所用电流表和电压表。因为在时间测定中用的停表误差不会超过 1s，相对误差为 $\dfrac{1}{400} = 0.25\%$。称 KNO_3 如用分析天平，只要读至小数点后第三位，即 $\text{d}W = 0.002\text{g}$，相对误差仅为 0.07%（称水只需用台天平，$\text{d}W$ 虽为 0.2g，但其相对误差 $\dfrac{0.2}{200} = 0.1\%$）。电流表和电压表的选择以及在实验中对 I、V 的控制是本实验的关键。为把 Q_s 的相对误差控制在 3% 以下，$\dfrac{\text{d}I}{I}$ 和 $\dfrac{\text{d}V}{V}$ 都应控制在 1% 以下。故需选用 1.0 级的电表（准确度为最大量程值的 1%），且电流表的全量程为 0.5A，电压表的全量程为 5V $\left(\dfrac{\text{d}I}{I} = \dfrac{0.5 \times 0.01}{0.5} = 1\%，\dfrac{\text{d}V}{V} = \dfrac{5 \times 0.01}{4.5} = 1.1\%\right)$。

【例 1-3】 测量过程中有利条件的确定。

在利用惠斯登电桥（见图 1-3）测量电阻时，电阻 R_x 可由下式计算：

$$R_x = R\dfrac{l_1}{l_2} = R\dfrac{L-l_2}{l_2}$$

式中，R 是已知电阻；L 是电阻丝全长（$l_1 + l_2 = L$）。因此，间接测量 R_x 的误差取决

于直接测量 l_2 的误差：

$$dR_x = \pm \frac{\partial R_x}{\partial l_2} dl_2 = \pm \frac{\partial \left(R \frac{L-l_2}{l_2}\right)}{\partial l_2} dl_2$$

$$= \pm \frac{RL}{l_2^2} dl_2$$

相对误差为

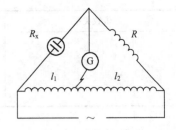

图 1-3 惠斯登电桥

$$\frac{dR_x}{R_x} = \pm \frac{\frac{RL}{l_2^2}}{R \frac{L-l_2}{l_2}} = \pm \left(\frac{L}{L-l_2} dl_2\right)$$

因为 L 是常量，所以当 $(L-l_2)l_2$ 为最大时，其相对误差最小，即

$$\frac{d}{dl_2}[(L-l_2)l_2] = 0$$

故

$$l_2 = \frac{L}{2}$$

所以，用惠斯登电桥测量电阻时，电桥上的接触点最好放在电桥中心。由测量电阻可以求得电导，而电导的测量是物化实验中常用的物理方法之一。

2. 间接测量结果的标准误差估计

设函数为 $u = f(\alpha, \beta, \cdots)$，式中 $\alpha, \beta, \cdots$ 的标准误差分别为 $\sigma_\alpha, \sigma_\beta, \cdots$，则 u 的标准误差经推演为：

$$\sigma_u = \left[\left(\frac{\partial u}{\partial \alpha}\right)^2 \sigma_\alpha^2 + \left(\frac{\partial u}{\partial \beta}\right)^2 \sigma_\beta^2 + \cdots\right]^{\frac{1}{2}} \tag{1-19}$$

如用测定气体的压力（p）和体积（V）及理想气体定律确定温度（T）。已知 $\sigma_p = \pm 13.33\text{Pa}$，$\sigma_V = \pm 0.1\text{cm}^3$，$\sigma_n = \pm 0.001\text{mol}$，$p = 6665\text{Pa}$，$V = 1000\text{cm}^3$，$n = 0.05\text{mol}$，$R = 8.317 \times 10^6 \text{cm}^3 \cdot \text{Pa}/(\text{mol} \cdot \text{K})$。

由于 $T = \frac{pV}{nR}$，则：

$$\sigma_T = \left[\left(\frac{\partial T}{\partial p}\right)_{n,p}^2 \sigma_p^2 + \left(\frac{\partial T}{\partial n}\right)_{V,p}^2 \sigma_n^2 + \left(\frac{\partial T}{\partial V}\right)_{p,n}^2 \sigma_V^2\right]^{\frac{1}{2}}$$

$$= \left[\left(\frac{V}{nR}\right)^2 \sigma_p^2 + \left(-\frac{pVR}{n^2R^2}\right)^2 \sigma_n^2 + \left(\frac{p}{nR}\right)^2 \sigma_V^2\right]^{\frac{1}{2}}$$

代入数据计算：$\sigma_T = 0.3\text{K}, T = 16.0\text{K}$

最终结果为 $(16.0 \pm 0.3)\text{K}$。

部分函数的标准误差列于表 1-6。

表 1-6 部分函数的标准误差

函数关系	绝对误差	相对误差
$u = x \pm y$	$\pm \sqrt{\sigma_x^2 + \sigma_y^2}$	$\pm \frac{1}{|x+y|} \sqrt{\sigma_x^2 + \sigma_y^2}$
$u = xy$	$\pm \sqrt{y^2 \sigma_x^2 + x^2 \sigma_y^2}$	$\pm \sqrt{\frac{\sigma_x^2}{x^2} + \frac{\sigma_y^2}{y^2}}$
$u = \frac{x}{y}$	$\pm \frac{1}{y}\sqrt{\sigma_x^2 + \frac{x^2}{y^2}\sigma_y^2}$	$\pm \sqrt{\frac{\sigma_x^2}{x^2} + \frac{\sigma_y^2}{y^2}}$

函数关系	绝对误差	相对误差
$u = x^n$	$\pm nx^{n-1}\sigma_x$	$\pm \dfrac{n}{x}\sigma_x$
$u = \ln x$	$\pm \dfrac{\sigma_x}{x}$	$\pm \dfrac{\sigma_x}{x\ln x}$

（四）有效数字

根据误差理论，实验中测定的物理量 a 值的结果应表示为 $\overline{a_i} \pm \sqrt{\overline{\Delta a}}$，$\overline{a_i}$ 有一个不确定范围 $\overline{\Delta a}$。因此在具体记录数据时，没有必要将 $\overline{a_i}$ 的位数记得超过 $\overline{\Delta a}$ 所限定的范围。如压力的测量值为 (1863.5+0.4)Pa，其中 1863 是完全确定的，最后位数 5 不确定，它只告诉一个范围 (1～9)。通常称所有确定的数字（不包括表示小数点位置的"0"）和最后不确定的数字一起为有效数字。记录和计算时，只要记有效数字，多余的数字不必记。严格地说，一个数据若未记明不确定范围（即精密范围），则该数据的含义是不清楚的，一般认为最后一位数字的不确定范围为±3。

由于间接测量的效果需通过公式运算后显示，运算过程中要考虑有效数字的位数确定，下面扼要介绍有效数字表示方法。

(1) 误差一般只有一位有效数字。

(2) 任何一物理量的数据，其有效数字的最后一位，在位数上应与误差的最后一位划齐，如 1.35±0.01 是正确的，若写成 1.351±0.01 或 1.3±0.01，则意义不明确。

(3) 为了明确地表明有效数字，凡用"0"表明小数点的位置，通常用乘 10 的相当幂次来表示，如 0.00312 应写作 3.12×10^{-3}。对于像 15800cm 那样的数，如实际测量只能取三位有效数字（第三位是由估计而得），则应写成 1.58×10^4 cm；如实际测量可量至第四位，则应写成 1.580×10^4 cm。

(4) 在舍弃可舍弃的不必要的数字时，应用四舍五入原则。如可舍弃的数为 5，其前一位若为奇数则进 1，若前一位为偶数就舍去，如 12.03365 取四位为 12.03，取五位为 12.034，取六位为 12.0336。

在加减运算时，各数值小数点后所取的位数与其中最小者相同。例如，13.65+0.0321+1.672 应为 13.65+0.03+1.67=15.35。

在乘数运算中，各数值所取位数由有效数字位数最少的数值的相对误差决定。运算结果的有效数字位数亦取决于最终结果的相对误差，如 $\dfrac{2.0168 \times 0.0191}{96}$，在此例中并没指明各数值的误差，据前所述，一般最后一位数字的不确定范围为±3。上式中数值 96 的有效数字位数最少，其相对误差为 3.1%$\left(即 \dfrac{3}{96} \times 100\%\right)$。数值 2.0168 的 3.1%相对误差为 0.063，已影响 2.0168 的末三位有效数字，故将 2.0168 改写为 2.02。数值 0.0191 的 3.1%约为 0.00059，仍写为 0.0191。故可将上式改写为：

$$\dfrac{2.02 \times 0.0191}{96}$$

其值为 0.0004019，它的相对误差是：

$$\dfrac{0.0003}{2.0168} + \dfrac{0.0003}{0.0191} + \dfrac{3}{96} = 4.7\%$$

数值 0.0004019 的 4.7% 为 0.000019，故结果的有效数字应只有两位

$$\frac{2.02\times 0.0191}{96}=4.0\times 10^{-4}$$

（5）若结果允许有 0.25% 的相对误差，在计算时可使用普通长度的计算尺，否则需用相应位数的对数表或使用计算器。

（6）若第一次运算结果需代入其他公式进行第二次或第三次运算，则各中间数值可多保留一位有效数字，以免误差叠加，但在最后的结果中仍要用四舍五入以保持原有的有效数字的位数。

四、实验数据的表示及处理

物理化学实验数据的表示主要有如下三种方法：列表法、图解法和数学方程式法。

1. 列表法

利用列表法表达实验数据时，最常见的是列出自变量 x 和应变量 y 间的相应数值。每一表格都应有简明完备的名称。表中的每一行（或列）上都应详细写上该行（或列）所表示的名称、数量单位和量纲。在排列时，数字最好依次递增或递减，在每一行（或列）中，数字的排列要整齐，位数和小数点要对齐，有效数字的位数要合理。

2. 图解法

把实验和计算所得数据作图，更易比较数值，发现实验结果的特点，如极大点、极小点、转折点、线性关系或其他周期性等重要性质，还可利用图形求面积、作切线、进行内插和外推等（外推法不可随意应用。第一，外推范围距实际测量的范围不能太远，且其测量数据间的函数关系是线性或可以认为是线性的。第二，外推所得的结果与已有的正确经验不能有抵触）。在两个变数的情况下，图解法主要是在直角坐标系统中作出相当于变数 x 和 y 值的各点，此处 $y=f(x)$，然后将点连成平滑曲线。根据函数的图形来找出函数中各中间值的方法，称为图形的内插法。当曲线为线性关系时，亦可外推求得实验数据范围以外的 x 值相应的 y 值。图解法还可帮助解方程式。

在画图时应注意以下几点：

（1）在两个变数中选定主变数与应变数，以横坐标为主变数，纵坐标为应变数，并确定标绘在 x、y 轴上的最大值和最小值。

（2）制图时选择比例尺是极为重要的，因为比例尺的改变，将会引起曲线外形的变化，特别是对曲线的一些特殊性质，如极大点、极小点、转折点等，比例尺选择不当会使图形显示不清楚，如图 1-4、图 1-5 所示。为准确起见，比例尺的选择应该使得由图解法测出诸量的准确度与实际测量的准确度相适应。为此，通常每小格应能表示测量值的最末一位可靠数字或可疑数字，以使图上各点坐标能表示全部有效数字并将测量误差较小的量取较大的比例尺。同时在方格纸上每格所代表的数值最好等于 1 个、2 个、5 个单位的变量或这些数的 $10^{\pm n}$ 值（n 为整数），以便于查看和内插。要尽可能地利用方格纸的全部，坐标不一定需从零始，如果是直线，则其斜率尽可能与横坐标的交角接近 45°。

当需要由图来决定导数或曲线方程式的系数，或需要外推时，必须将较复杂的函数转换成线性函数，使得到的曲线转化为直线。如指数函数 $y=ae^{\pm bx}$，如图 1-6 所示。这种形式的函数在物理化学中是经常遇到的，这可以用对数的方法使之转化为直线方程式：

$$\lg y=\lg a\pm 0.4342bx$$

以 $\lg y$ 和 x 作图就是一直线。对于抛物线形状的曲线（$y=a+bx^2$），如图 1-7 所示，

可以用 y 对 x^2 作图而得一直线。

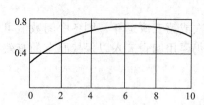

图 1-4　y 轴与 x 轴比例不正当时的 $y=f(x)$ 图

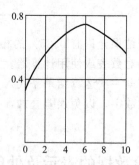

图 1-5　y 轴与 x 轴比例适当时的 $y=f(x)$ 图

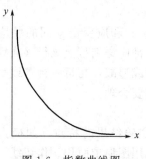

图 1-6　指数曲线图

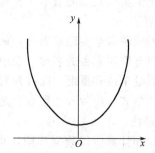

图 1-7　抛物线图

(3) 作曲线时，先在图上将各实验点用铅笔以 ×、□、○、△ 等符号标出（×、□、○、△ 的大小表示误差的范围），借助于曲线尺或直尺把各点相连成线（不必通过每一点）。在曲线不能完全通过所有实验点时，实验点应该平均地分布在曲线的两边，或使所有的实验点离开曲线距离的平方和为最小，此即"最小二乘法原理"。通常曲线不应当有不能解释的间隙、自身交叉或其他不正常特性。

在物理化学的实验数据处理时，通常是先列成表格然后绘成图，再求曲线方程式，进而加以分析，并作一定的推论。

在曲线上作切线通常有两种方法：

① 镜像法。如要作曲线上某一指定点的切线，可取一块平面镜垂直放在图纸上，使镜的边缘与线相交于该指定点。以此点为轴旋转平面镜，直至图上曲线与镜中曲线的映像连成光滑的曲线，沿镜面作直线即为该点的法线；再作这法线的垂直线，即为该点的切线。如果将一块薄的平面镜和一直尺垂直组合，使用时更方便，如图 1-8 所示。

② 在选择的曲线段上作两平行线 AB 及 CD，作两线段中点的连线交曲线于 O 点，作与 AB 及 CD 平行的线 EOF 即为 O 点的切线，见图 1-9。

3. 数学方程式法

该法是将实验中各变量间的关系用函数的形式，如 $y=f(x)$ 或 $y=f(x,z)$ 等表达出来。

对比较简单的函数 $y=f(x)$ 来说，寻找数学方程式中的各常数项最方便的方法是将它直线化，即将函数 $y=f(x)$ 转换成线性函数，求出直线方程式 $y=a+bx$ 中的 a、b 两常数（如不能通过改换变量使原曲线直线化，可将原函数表达成 $y=a+bx+cx^2+dx^3+\cdots$ 的多项式形式）。通常用作图法、平均值法和最小二乘法三种方法求 a 和 b。现将丙酮的温度和蒸气压的实验数据列于表 1-7 中作具体说明。

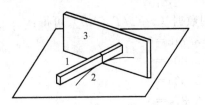

图 1-8　镜像法作切线的示意图
1—直尺；2—曲线；3—镜子

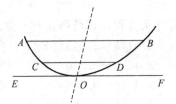

图 1-9　平行线法作切线示意图

表 1-7　丙酮的温度和蒸气压的实验数据

i	$\dfrac{1}{T} \times 10^3 / \text{K}^{-1}$ ($= x$)	$\lg p / \text{Pa}$ ($= y$)	$(bx_i + a - y_i) \times 10^3$		
			图解法	平均值法	最小二乘法
1	3.614	3.045	+6	+4	+2
2	3.493	3.246	+6	+3	+2
3	3.434	3.346	+4	+1	0
4	3.405	3.396	+2	0	−2
5	3.288	3.588	+4	+1	0
6	3.255	3.647	0	−3	−4
7	3.226	3.696	−1	−4	−5
8	3.194	3.748	+1	−3	−4
9	3.160	3.804	+1	−3	−4
10	3.140	3.836	+2	−2	−2
11	3.117	3.874	+3	−2	−2
12	3.095	3.908	+5	+1	0
13	3.076	3.939	+6	+1	+1
14	3.060	3.963	+8	+4	+3
15	3.044	3.989	+9	+4	+4
Σ	48.601	55.025	$\lvert\Delta\rvert = 58$	$\lvert\Delta\rvert = 36$	$\lvert\Delta\rvert = 35$

(1) 图解法　其方法是把实验数据以合适的变量作为坐标绘出直线，从直线上取两点的坐标值 (x_1, y_1)、(x_2, y_2)，计算斜率和截距。

$$b = \frac{y_2 - y_1}{x_2 - x_1}$$

按表 1-7 所列数据以 $\lg p$ 为 y 轴，$\dfrac{1}{T} \times 10^3$ 为 x 轴作图后得：$b = -1.662 \times 10^{-3}$，$a = 9.057$。

(2) 平均法　平均法较麻烦，但在有 6 个以上比较精密的数据时，结果比作图法好。

设线性方程为 $y = a + bx$，原则上只要有两对变量 (x_1, y_1) 和 (x_2, y_2) 就可以把 a、b 确定下来，但由于测定中有误差的存在，所以这样处理偏差较大，故采用平均值。它的原则是基于 a、b 值应能使 $a + bx_i$ 减去 y_i 之差的总和为零，即 $\sum\limits_{i=1}^{n} u_i(a + bx_i - y_i) = \sum\limits_{i=1}^{n} u_i = 0$。具体的做法是把数据代入条件方程式，再将它分为两组（两组方程式数目几乎相等），然后将两级方程式相加得到下列两个方程

$$\sum_{i=1}^{n} u_i = ka + b \sum_{i=1}^{n} x_i - \sum_{i=1}^{n} y_i = 0$$

$$\sum_{i=1}^{n} u_i = (n-k)a + b\sum_{i=1}^{n} x_i - \sum_{i=k+1}^{n} y_i = 0$$

联解此两方程，即可得 a 和 b 值。由表 1-7 所列数据（$x = 1/T \times 10^3$）可得：

① $a + 3.614b - 3.045 = 0$ 　　⑧ $a + 3.194b - 3.748 = 0$
② $a + 3.493b - 3.246 = 0$ 　　⑨ $a + 3.160b - 3.804 = 0$
③ $a + 3.434b - 3.346 = 0$ 　　⑩ $a + 3.140b - 3.836 = 0$
④ $a + 3.405b - 3.396 = 0$ 　　⑪ $a + 3.117b - 3.874 = 0$
⑤ $a + 3.288b - 3.588 = 0$ 　　⑫ $a + 3.095b - 3.908 = 0$
⑥ $a + 3.255b - 3.647 = 0$ 　　⑬ $a + 3.076b - 3.939 = 0$
⑦ $a + 3.226b - 3.696 = 0$ 　　⑭ $a + 3.060b - 3.963 = 0$
　 $7a + 23.715b - 23.964 = 0$ 　⑮ $a + 3.044b - 3.989 = 0$
　　　　　　　　　　　　　　　　　$8a + 24.886b - 31.061 = 0$

解此联立方程：

$$\begin{cases} 7a + 23.715b - 23.964 = 0 \\ 8a + 24.886b - 31.061 = 0 \end{cases}$$

按表 1-7 所列数据代入得

$$b = -1.657 \times 10^{-3}, \quad a = 9.037$$

(3) 最小二乘法　这种方法处理较烦琐，但结果较可靠，它需要 7 个以上的数据。它的基本原理是在有限次数的测量中，其 $\sum\limits_{i=1}^{n} u_i = \sum\limits_{i=1}^{n} [(bx_i + a) - y_i]$ 并不是一定为零，因此用平均法处理数据时还有一定的偏差。但可以设想它的最佳结果应能使其标准误差为最小，即 $\sum\limits_{i=1}^{n} [(bx_i + a) - y_i]^2$ 为最小。如：

$$s = \sum_{i=1}^{n} [(bx_i + a) - y_i]^2$$

$$= b^2 \sum_{i=1}^{n} x_i^2 + 2ab \sum_{i=1}^{n} x_i - 2b \sum_{i=1}^{n} x_i y_i + na^2 - 2a \sum_{i=1}^{n} y_i + \sum_{i=1}^{n} y_i^2$$

则：

$$\frac{\partial S}{\partial b} = 0 = 2b \sum_{i=1}^{n} x_i^2 + 2a \sum_{i=1}^{n} x_i - 2 \sum_{i=1}^{n} y_i x_i$$

$$\frac{\partial S}{\partial a} = 0 = 2b \sum_{i=1}^{n} x_i + 2an - 2 \sum_{i=1}^{n} y_i$$

由上两式联立可解出 a、b 分别为：

$$a = \frac{\sum\limits_{i=1}^{n} x_i y_i \sum\limits_{i=1}^{n} x_i - \sum\limits_{i=1}^{n} y_i \sum\limits_{i=1}^{n} x_i^2}{\left(\sum\limits_{i=1}^{n} x_i\right)^2 - n \sum\limits_{i=1}^{n} x_i^2}$$

$$b = \frac{\sum\limits_{i=1}^{n} x_i \sum\limits_{i=1}^{n} y_i - n \sum\limits_{i=1}^{n} x_i y_i}{\left(\sum\limits_{i=1}^{n} x_i\right)^2 - n \sum\limits_{i=1}^{n} x_i^2}$$

按表 1-7 所列数据代入，得：
$$a=9.046, b=-1.660\times10^{-3}$$
比较以上三种处理方法的 $(bx_i+a-y_i)\times10^3$（见表 1-7），可知最小二乘法为最小。

五、数据处理软件在物理化学实验中的应用

在物理化学实验中经常会遇到各种类型不同的实验数据，要从这些数据中找到有用的化学信息，得到可靠的结论，就必须对实验数据进行认真的整理和必要的分析和检验。除上一节中提到的分析方法以外，化学、数学分析软件的应用大大减少了处理数据的麻烦，提高了分析数据的可靠程度。经验告诉我们，数据信息的处理与图形表示在物理化学实验中有着非常重要的地位。用于图形处理的软件非常多，部分已经商业化，如微软公司的 Excel，Origin Lab 公司的 Origin 等。

Origin 软件从诞生（Origin 1.0 版本，现在已推出 Origin 8.0 版本）以来，因其强大的数据处理和图形化功能，已被化学工作者广泛应用。

Origin 软件的主要功能和用途包括：对实验数据进行常规处理和一般的统计分析，如计数、排序、求平均值和标准偏差、t 检验、快速傅里叶变换、比较两列均值的差异、进行回归分析等。此外还可用数据作图，用图形显示不同数据之间的关系，用多种函数拟合曲线等等。

Origin 的特色主要有：
（1）动态用户界面。
（2）图形：多种式样 2D、3D 图形模式。
（3）数据分析：可选择数据范围；可进行线性、多项式和多重拟合；利用约 200 个内建的以及自定义的函数模型进行曲线拟合，并可对拟合过程进行控制；可进行统计、数学以及微积分计算。
（4）工作表：可支持多种数据格式输入，对数据量没有限制（受限于计算机内存容量大小）。
（5）此外 Origin 8.0 还附带有用的工具（峰基线、数据平滑、数据探察等）；可使用内建脚本语言编程；可自定义用户界面；可使用外部函数等。

Origin 提供了多种可以进行数据拟合的函数，除线性回归、多项式回归等常用的拟合形式外，还提供了自定义函数，可以进行非线性拟合的功能，对于 $Y=F(A, X)$ 类型（A 为参数）的函数，可以方便地拟合出参数值。并且，由于 Origin 提供了图形窗口，拟合得到的结果可以直观显示，因此如使用得当，还可大大减少试验拟合的次数，及时获得最佳的拟合结果，对大多数情况，使用 Origin 进行 $Y=F(A, X)$ 类型（A 为参数）函数的参数拟合要比利用专有程序方便得多。

当在绘图窗口进行线性或非线性拟合时，首先将要拟合的数据激活，方法是在 Data 菜单下的数据列表中选中要进行拟合的数据，被激活的数据前有根号。而拟合后的结果都保存在 Results Log. 窗口中，可以方便地拷贝粘贴到其他应用程序中。

线性拟合 Origin 的线性和多项式拟合的菜单命令都在 Analysis 菜单中。当选择了拟合的命令后，参数的初始化以及线性最小二乘拟合都是自动进行的。拟合结束后产生一个工作表格放拟合数据，在绘图窗口中显示拟合曲线，拟合参数和统计结果记录在 Results Log. 窗口中。

1. 线性回归

欲对被激活的数据进行直线拟合，选择 Analysis：Fit Linear 命令，对 X（自变量）和

Y（因变量），线性回归方程是 $Y_i = A + BX_i$，参数 A（截距）和 B（斜率）由最小二乘法计算。拟合后，Origin 产生一个新的（隐藏的）包含拟合数据的工作表格，并将拟合出的数据在绘图窗口绘出，同时将下列参数显示在 Results Log. 窗口中。

例：数据经线性拟合，得到的结果（Results Log.）及图形如下所示。

X	5	10	15	20	25	30	35	40	45	50
Y	23.82	43.90	63.13	82.22	102.00	122.72	143.65	163.98	183.40	202.45
X	55	60	65	70	75	80	85	90	95	100
Y	222.01	242.45	263.40	283.97	303.63	322.70	342.01	362.22	383.14	403.90
X	105	110	115	120	125	130	135	140	145	150
Y	423.83	442.97	462.13	482.07	502.85	523.75	543.94	563.25	582.32	602.01

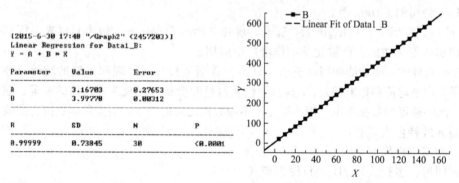

2. 多项式回归

多项式回归：对被激活的数据组用 $Y = A + B_1 X + B_2 X^2 + B_3 X^3 + \cdots + B_k X^k$ 进行拟合，选用 Analysis：Fit Polynomial 命令，Origin 打开一个 Polynomial Fit to Dataset 对话框，在对话框中可以设置级数（1～9）、拟合曲线的点数、拟合曲线的最大和最小 X 值，如果欲在绘图窗口显示公式，可选择 Show Formula on Graph。

例：数据经多项式回归，得到的结果（Results Log.）及图形如下所示。

X	5	10	15	20	25	30	35	40	45	50
Y	6.08	10.90	17.38	26.23	38.28	53.72	71.90	91.98	113.65	137.46
X	55	60	65	70	75	80	85	90	95	100
Y	164.24	194.45	227.66	262.98	299.89	338.71	380.28	425.24	473.39	523.91
X	105	110	115	120	125	130	135	140	145	150
Y	576.09	629.98	686.39	746.08	809.11	874.76	942.20	1011.26	1082.58	1157.00

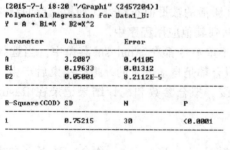
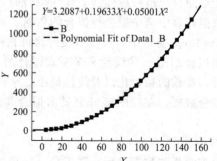

3. 多层图形的绘制

有时为比较数据，需要将两个具有不同坐标范围的图合并在一张图上，这就需要使用多层图形，Origin 提供了一些现成的绘制多层图形的模板，我们这里只介绍一种我们可能用到的双层图的绘制。比如，现在有两组数据，为比较其规律，需要将两张图绘制在一张上，操作过程如下：

（1）启动 Origin 程序，在 Worksheet 中输入第一组 X、Y 数据。

（2）File 菜单运行 New 命令打开 New 对话框，选择 WorkSheet，单击 OK。

（3）在新建的 WorkSheet 中输入第二组 X、Y 数据。

（4）Window 菜单选择第一组数据（Data 1），打开 Worksheet 窗口，按一般绘图程序可绘制点或线状图。

例如：图 1-10 为十二烷基硫酸钠溶液不同浓度下的电导率随温度的变化图。

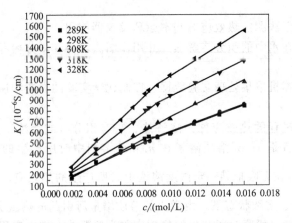

图 1-10 十二烷基硫酸钠溶液不同浓度下的电导率随温度的变化图

第二章 实验部分

第一节 化学热力学

实验一 溶解热的测定

一、实验目的
（1）了解电热补偿法测定热效应的基本原理及仪器使用。
（2）测定硝酸钾在水中的积分溶解热，并用作图法求得其微分稀释热、积分稀释热和微分溶解热。
（3）初步了解计算机采集处理实验数据、控制化学实验的方法和途径。

二、实验原理
物质溶解于溶剂过程的热效应称为溶解热。它有积分（或变浓）溶解热和微分（或定浓）溶解热两种。前者是 1mol 溶质溶解在 n_0 mol 溶剂中时所产生的热效应，以 Q_s 表示。后者是 1mol 溶质溶解在无限量某一定浓度溶液中时所产生的热效应，以 $\left(\dfrac{\partial Q_s}{\partial n}\right)_{T,p,n_0}$ 或 Q'_s 表示（定温、定压、定浓状态下，由微小的溶质增量所引起的热量变化）。

溶剂加到溶液中使之稀释时所产生的热效应称为稀释热。它也有积分（或变浓）稀释热和微分（或定浓）稀释热两种。前者是把原含 1mol 溶质和 n_{01} mol 溶剂的溶液稀释到含溶剂 n_{02} mol 时所产生的热效应，以 Q_d 表示，显然，$Q_d = Q_{s,n_{02}} - Q_{s,n_{01}}$。后者是 1mol 溶剂加到无限量某一定浓度溶液中时所产生的热效应，以 $\left(\dfrac{\partial Q_s}{\partial n_0}\right)_{T,p,n}$ 或 Q'_d 表示（定温、定压、定溶质状态下，由微小溶剂增量所引起的热量变化）。

积分溶解热由实验直接测定，其他三种热效应则需通过作图来求：

设纯溶剂、纯溶质的摩尔焓分别为 $H^*_{m,A}$ 和 $H^*_{m,B}$，一定浓度溶液中溶剂和溶质的偏摩尔焓分别为 $H_{m,A}$ 和 $H_{m,B}$，若由 n_A mol 溶剂和 n_B mol 溶质混合形成溶液，则：

混合前的总焓为 $H = n_A H^*_{m,A} + n_B H^*_{m,B}$

混合后的总焓为 $H' = n_A H_{m,A} + n_B H_{m,B}$

此混合（即溶解）过程的焓变为 $\Delta H = H' - H = n_A(H_{m,A} - H^*_{m,A}) + n_B(H_{m,B} - H^*_{m,B})$
$= n_A \Delta H_{m,A} + n_B \Delta H_{m,B}$

根据定义，$\Delta H_{m,A}$ 即为该浓度溶液的微分稀释热，$\Delta H_{m,B}$ 即为该浓度溶液的微分溶解热，积分溶解热则为：$Q_s = \dfrac{\Delta H}{n_B} = \dfrac{n_A}{n_B}\Delta H_{m,A} + \Delta H_{m,B} = n_0 \Delta H_{m,A} + \Delta H_{m,B}$

故在 Q_s-n_0 图上，某点切线的斜率即为该浓度溶液的微分稀释热，截距即为该浓度溶液的微分溶解热。如图 2-1 所示。

盐类的溶解过程通常包含两个同时进行的过程：晶格的破坏和离子的溶剂化。前者为吸热过程，后者为放热过程，溶解热是这两种热效应的总和。因此，盐溶解过程吸热还是放

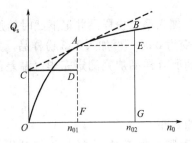

对A点处的溶液，其
积分溶解热 $Q_s=AF$
微分稀释热 $Q_d'=AD/CD$
微分溶解热 $Q_s'=OC$
从 n_{01} 到 n_{02} 的积分稀释热 $Q_d=BG-AF=BE$

图 2-1 Q_s-n_0 图

热，由这两个热效应的相对大小决定。溶解热的测定在绝热式量热计中进行。在恒压条件下，过程中吸收或放出的热全部由系统的温度变化反映出来。

硝酸钾在水中溶解是吸热过程，故系统温度下降，通过电加热法使系统恢复至起始温度，根据所耗电能求得其溶解热：$Q_s=Q/n_B=IVt/n_B$。本实验数据的采集和处理均由计算机自动完成。

$$Q_s=\frac{Q}{n_{KNO_3}}=\frac{IVt}{m_{KNO_3}/M_{KNO_3}}=\frac{101.1IVt}{m_{KNO_3}}$$

$$n_0=\frac{n_{H_2O}}{n_{KNO_3}}$$

三、仪器和试剂

仪器：溶解热测定装置（见图 2-2），含恒流源、测定装置，温差测量仪，杜瓦瓶，电磁搅拌器，电子天平，直流稳压电源，量筒，计算机及信号处理器。

试剂：干燥过的分析纯 KNO_3。

四、实验步骤

（1）用量筒量取 216.2mL 蒸馏水于量热器（杜瓦瓶）中。

（2）调节磁力搅拌旋钮，保证磁子在水中旋转。

（3）将量热器上的加热器插头与恒流源 WLS-2 输出相接，将传感器与温差仪接好，并插入量热器中（传感器插入被测液中深度应大于50mm）。

按下温差仪电源开关，此时显示屏仪表处于初始状态（实时温度），此时温度差显示基于温度20℃时的温差值。

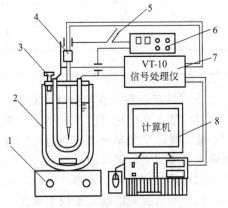

图 2-2 溶解热测定装置
1—磁力搅拌器；2—杜瓦瓶；3—加盐口；
4—精密电阻；5—加热开关；6—直流稳压电源；7—信号处理器；
8—在线检测计算机（A/D）

（4）在天平上先后称取 2.5g、1.5g、2.5g、3.0g、3.5g、4.0g、4.0g、4.5g 碾磨后干燥的硝酸钾，依次为 1~8 编号（实际上，先称取一份，快完后再取另一份做好准备）。

（5）将恒流源 WLS-2 粗调、细调旋钮逆时针旋转到底，打开 WLS-2 电源，此时，加热器开始加热，调节 WLS-2 电流，使得电流 I 和电压 V 的乘积 $P=IV$ 为 2.5W（初始值）左右。

（6）待量热器中温度加热到高于量热器中初始温度 0.5℃ 左右时，按采零键并按下锁定键，同时将量热器加料口打开，加入编号 1 样品，并开始计时（计算机软件操作中），此时温差开始变为负温差。

(7) 当温差值显示为大于零（为 0.001）时，加入第二份样品并记下此时的加热时间 t_1（计算机自动记录），此时温差开始变负，待温差变为 0 时，再加入第 3 份样品，并记下加热时间 t_2（计算机自动记录），以下依次反复，直到所有样品加完测定完毕（温差值显示为大于零时），按停止计时，保存图像。

五、数据记录和处理

1. 计算 Q_s、n_0 值（在"数据采集及计算"窗口里）

(1) 输入每组样品的质量（顺序不能弄错，否则结果不对）、样品的相对分子质量、水的质量、电流和电压值。

(2) 执行"操作"菜单→"计算"→"Q_s，n_0 值"命令，软件自动计算出时间，积分溶解热（每组）和摩尔比值（每组），保留小数点后一位数。

数据记录见表 2-1。

表 2-1 数据记录

序号	样品质量/g	时间 t/s	Q_s/(J/mol)	摩尔比 n_0
1				
2				
3				
4				
5				
6				
7				
8				

2. 计算反应热［在"溶解热 Q-N（即 Q_s-n_0）曲线图"窗口里］

(1) 输入点坐标（8 个坐标值）。执行"操作"菜单→"输入点坐标"（人工输入坐标值）或"操作"菜单→"自动输入"（软件自动记忆，"数据采集及计算"窗口处理的最终数据输入到填写坐标区域内）。

(2) 执行"操作"菜单，"绘 Q_s-n_0 曲线"命令，电脑根据 8 个坐标值拟合一条曲线。

(3) 如果实验的误差比较大就通过"校正 Q_s-n_0 曲线"命令（"操作"菜单→"校正 Q_s-n_0 曲线"）校正曲线。（具体步骤见"菜单简介"→"操作"菜单→"校正 Q_s-n_0 曲线"命令的说明）

(4) 执行"操作"菜单→"计算"→"反应热"命令，输入两个物质的量数值，软件自动计算出积分冲淡热、微分反应热和微分冲淡热。（具体步骤见"菜单简介"→"操作"菜单→"计算"命令的说明）

从图中求出 $n_0=80$，100，200，300，400 处的积分溶解热、微分稀释热、微分溶解热，以及 n_0 从 80→100，100→200，200→300，300→400 的积分稀释热。

注：① 积分溶解热 Q_s：在"数据采集及计算"窗口中计算出来的 Q 值。

② 积分冲淡（稀释）热 Q_d：是两个积分溶解热之差，即 $Q_{n01}-Q_{n02}$。

③ 微分溶解热 Q'_s：切线在纵坐标上的截距。

④ 微分冲淡（稀释）热 Q'_d：曲线上某一点的切线斜率。

反应热记录见表 2-2。

表 2-2 反应热记录表

摩尔比值 $n_{01} \to n_{02}$	Q_s/(J/mol)	Q'_s/(J/mol)	Q_d/(J/mol)	Q'_d/(J/mol)
80→100				
100→200				
200→300				
300→400				
400→500				

六、注意事项

(1) 仪器要先预热，以保证系统的稳定性。在实验过程中要求 I、V 也稳定，即加热功率保持稳定。

(2) 加样要及时，并注意不要碰到杜瓦瓶，加入样品时速度要加以注意，防止样品进入杜瓦瓶过快，致使磁子陷住不能正常搅拌；也要防止样品加得太慢，可用小勺帮助样品从漏斗加入。搅拌速度要适宜，不要太快，以免磁子碰损电加热器、温度探头或杜瓦瓶；但也不能太慢，以免因水的传热性差而导致 Q_s 值偏低，甚至使 Q_s-n_0 图变形。看到磁子正常转动，才能盖好杜瓦瓶。

(3) 样品要先研细，以确保其充分溶解，实验结束后，杜瓦瓶中不应有未溶解的硝酸钾固体。

(4) 当温差值显示为大于零（为 0.001）时，才能加入第二份样品。

(5) 先称好蒸馏水和前两份 KNO_3 样品，后几份 KNO_3 样品可边做边称。

七、思考与讨论

(1) 本实验装置是否适用于放热反应的热效应测定？

(2) 设计由测定溶解热的方法求 $CaCl_2(s) + 6H_2O(l) = CaCl_2 \cdot 6H_2O(s)$ 的反应热。

(3) 实验开始时系统的设定温度比环境温度高 0.5℃ 是为了系统在实验过程中能更接近绝热条件，减少热损耗。

(4) 系统的总热容 K 除用电加热方法标定外，还可以用化学标定法。即在量热计中进行一个已知热效应的化学反应，如强酸与强碱的中和反应，可按已知的中和热与测得的温升求 K 值。

(5) 利用本实验装置还可测求溶液的比热容。基本公式是：

$$Q = (mC + K')\Delta t_{加热}$$

式中，m、C 分别为待测溶液的质量与比热容；Q 为电加热输入的热量；K' 为除了溶液之外的量热计的热容。K' 值可通过已知比热容的参比液体（如去离子水）代替待测溶液进行实验，按基本公式求得。

本实验装置还可用来测定弱酸的电离热或其他液相反应的热效应；还可进行反应动力学研究等。

实验二 燃烧热的测定

一、实验目的

(1) 明确燃烧热的定义，了解恒压燃烧热与恒容燃烧热的差别。

(2) 掌握有关热化学实验的一般知识和测量技术，了解氧弹式热量计的原理、构造及使用方法。

(3) 学会用雷诺（Remolds）图解校正温度改变值的方法。

二、实验原理

1. 燃烧热与热量法

根据热化学的定义，1mol 物质完全氧化时的反应热称为燃烧热。完全氧化对燃烧产物有明确的规定。例如，有机化合物中的碳氧化成二氧化碳、硫氧化成二氧化硫气体等。燃烧热的测定，除了有其实际应用价值外，还可以用于求算化合物的生成热、键能等。

热量法是热力学的一个基本实验方法。在恒容或恒压条件下可以分别测得恒容燃烧热 Q_V、恒压燃烧热 Q_p。由热力学第一定律可知，Q_V 等于体系热力学能变化 ΔU；Q_p 等于其焓变 ΔH。若把参加反应的气体和反应生成的气体都作为理想气体处理，则它们之间存在以下关系：

$$Q_p = Q_V + \Delta n R T \tag{2-1}$$

$$\Delta H = \Delta U + \Delta(pV) \tag{2-2}$$

式中，Δn 为反应前后反应物和生成物中气体的物质的量之差；R 为摩尔气体常量；T 为反应时的热力学温度。

热量计的种类很多，本实验所用氧弹热量计是一种环境恒温式的热量计，其安装如图 2-3 所示。

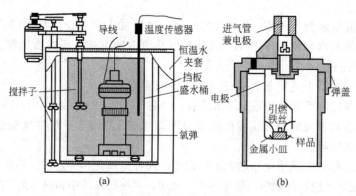

图 2-3　氧弹热量计安装示意图（a）及氧弹剖面图（b）

2. 氧弹热量计

氧弹热量计的基本原理是能量守恒定律。样品完全燃烧所释放的能量使氧弹本身及其周围的介质和热量计有关附件的温度升高。测量介质在燃烧前后温度的变化值，按式（2-3）计算出样品的恒容燃烧热。

$$-\frac{W_{样}}{M}Q_V - lQ_l = (W_{水} C_{水} + C_{计})\Delta T \tag{2-3}$$

式中，$W_{样}$ 和 M 分别为样品的质量和摩尔质量；Q_V 为样品的恒容燃烧热；l 和 Q_l 分别为引燃用铁丝的长度和单位长度的燃烧热；$W_{水}$ 和 $C_{水}$ 分别为以水为测量介质时水的质量和比热容；$C_{计}$ 为热量计的水当量，即除水之外，热量计升高 1℃ 所需的热量；ΔT 为样品燃烧前后水温的变化。

为了保证样品完全燃烧，氧弹中必须充以高压氧气或其他氧化剂。因此氧弹应有很好的密封性、耐高压性、耐腐蚀性。氧弹放在一个与室温一致的恒温套壳中。盛水桶与套壳之间有一个高度抛光的挡板，以减少热辐射和空气的对流（图 2-3）。

三、仪器和试剂

仪器：数显氧弹式热量计 1 套；VCY-4 充氧器 1 台；压片机 1 台；直尺 1 把；剪刀 1 把；氧气钢瓶 1 只；引燃专用铁丝；1000mL 容量瓶 1 个；2000mL 容量瓶 1 个。

试剂：苯甲酸（分析纯）；萘（分析纯）。

四、实验步骤

1. 苯甲酸燃烧热的测定

（1）样品制作：用台秤称取大约 1g 苯甲酸（切勿超过 1.0g），在压片机上压成圆片，防止充气时冲散样品，使燃烧不完全造成实验误差。注意样品不要压得太紧或太松，样片压得太紧，点火时不易全部燃烧；压得太松，样品容易脱落。

（2）将压好片的样品在干净的玻璃上轻击两三次，再用分析天平精确称量。

（3）装样并充氧气：拧开氧弹盖，将氧弹内壁擦干净。搁上金属小皿，小心将样品片放置在小皿中部。剪取 10cm 长的引燃铁丝，在直径约为 3mm 的玻璃棒上将其中段绕成螺旋形（4~5 圈）。将螺旋部分紧贴在样片的表面，两端按图 2-3 固定在电极上。拧紧氧弹盖，将氧弹放入充氧器底座上，使充气口对准充氧器的出气口。打开氧气钢瓶总阀，调节减压阀（注意顺时针为开，逆时针为关）到 2~3MPa。然后，按下充气器的手柄，充气 0.5~1min，充气完成。

（4）测量：用容量瓶准确量取已经调节到低于室温 1.0℃ 的自来水 3L，倒入盛水桶内。将氧弹放入水桶中央，插好电极，盖上盖子，注意把测温探头插入对准水桶的孔中。打开电源，在仪器控制面板上按下搅拌按钮，恒温搅拌。待温度稳定上升后按下复位按钮，并开始计数，每隔 30s 记录一次温度。记录 12 次后，按下点火按钮，继续每隔 30s 记录温度数据。大概 30s 后，显示温度（温差）开始迅速上升，表明样品点火成功。如果点火 1~2min 后，显示温度仍未有显著变化，表明点火失败。等显示温度达到最大值后，再测几组数据，即可结束本次测定过程。一般点火后需要记录 28~30 次。实验结束后，关闭搅拌器，取出温度探头，拔下电极，再取出氧弹，用放气阀放掉余气。旋开氧弹盖，检查样品燃烧是否完全。氧弹中应没有明显的燃烧残渣，否则应重做实验。测量燃烧后剩下的铁丝长度，计算铁丝的实际燃烧长度。最后擦干氧弹和盛水桶。

2. 萘燃烧热的测量

称取 0.6g 左右的萘，按上述方法进行测定。全部实验完毕后，关闭电源，倒出盛水筒中的水，擦干氧弹内壁。放掉氧气减压阀和总阀间的余气，关闭氧气瓶总阀。

五、数据记录和处理

（1）记录室温、大气压、样品质量（W_2-W_1）和剩余燃烧丝质量。

（2）列表记录温度随时间变化的数据。

（3）画出雷诺图进行温度读数校正，求出在绝热条件下的真实温度改变值 ΔT_e 和 ΔT_x。

（4）计算量热计常数 K。

（5）计算萘的恒容燃烧热 Q_V。

（6）计算萘的摩尔燃烧焓 ΔH_m，并与文献值比较。

六、注意事项

（1）苯甲酸必须经过干燥，受潮样品不易点燃且称量有误。压片时，不能太实（紧），否则不易点燃；也不宜太松，否则样品脱落，称量不准。

（2）氧气遇油脂会爆炸。因此氧气减压阀、氧弹以及氧气通过的各部件、各连接部分不允许有油污，更不允许使用润滑油。

（3）电极切勿与燃烧皿接触，燃烧丝与燃烧皿也不能相碰，以免引起短路。

（4）氧弹放入内桶中后如有气泡，说明氧弹漏气，应设法排除故障。

（5）进行萘的燃烧热测量时需要重新调节水温和量取水的体积。

七、思考与讨论

（1）加入内筒中水的温度为什么要选择比外筒水温低？低多少合适？为什么？

（2）在燃烧热测定实验中，哪些是体系？哪些是环境？有无热交换？这些热交换对实验结果有何影响？

（3）在燃烧热测定的实验中，哪些因素容易造成实验误差？如何提高实验的准确度？

（4）加入内桶中的水为什么要比室温或恒温水夹套的水温低1℃？

（5）为什么要控制苯甲酸的质量不超过1g、萘的质量为0.6g左右？

（6）固体样品为什么要压成片状？若不压片，实验能否进行？

实验三 纯液体饱和蒸气压的测量

一、实验目的

（1）明确纯液体饱和蒸气压的定义和气液两相平衡的概念，深入了解纯液体饱和蒸气压与温度的关系公式——克劳修斯-克拉贝龙方程式。

（2）用数字式真空计测量不同温度下环己烷或乙醇的饱和蒸气压。初步掌握真空实验技术。

（3）学会用图解法求被测液体在实验温度范围内的平均摩尔汽化热与正常沸点。

二、实验原理

通常温度下（距离临界温度较远时），纯液体与其蒸气达平衡时的蒸气压称为该温度下液体的饱和蒸气压，简称为蒸气压。蒸发1mol液体所吸收的热量称为该温度下液体的摩尔汽化热。

液体的蒸气压随温度而变化，温度升高时，蒸气压增大；温度降低时，蒸气压降低，这主要与分子的动能有关。当蒸气压等于外界压力时，液体便沸腾，此时的温度称为沸点。外压不同时，液体沸点将相应改变，当外压为1atm（101.325kPa）时，液体的沸点称为该液体的正常沸点。

液体的饱和蒸气压与温度的关系用克劳修斯-克拉贝龙方程式表示：

$$\frac{d\ln p}{dT} = \frac{\Delta_{vap} H_m}{RT^2} \tag{2-4}$$

式中，R 为摩尔气体常量，8.314J/(mol·K)；T 为热力学温度；$\Delta_{vap} H_m$ 为在温度 T 时纯液体的摩尔汽化热，J/mol。$\Delta_{vap} H_m$ 与温度有关，温度若变化不大，在一定的温度变化范围内 $\Delta_{vap} H_m$ 可以近似作为常数，积分上式，得：

$$\ln p = -\frac{\Delta_{vap} H_m}{R} \times \frac{1}{T} + C \tag{2-5}$$

其中 C 为积分常数。由此式可以看出，以 $\ln p$ 对 $1/T$ 作图，应为一直线，直线的斜率为 $-\frac{\Delta_{vap} H_m}{R}$，由斜率可求算液体的 $\Delta_{vap} H_m$。

静态法测定液体饱和蒸气压,是指在某一温度下,直接测量饱和蒸气压,此法一般适用于蒸气压比较大的液体。静态法测量不同温度下纯液体饱和蒸气压,有升温法和降温法两种。本次实验采用升温法测定不同温度下纯液体的饱和蒸气压,所用仪器是纯液体饱和蒸气压测定装置,如图2-4所示。

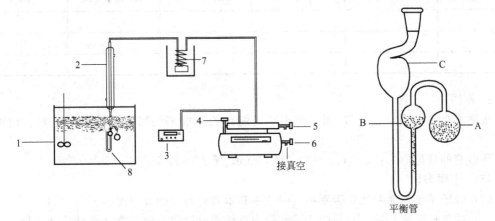

图2-4 液体饱和蒸气压测定装置
1—恒温槽;2—冷凝管;3—压力计;4—缓冲瓶平衡阀;5—平衡阀2(通大气用);
6—平衡阀1(抽真空用);7—冷阱;8—平衡管

平衡管由A球和U形管B、C组成。平衡管上接一冷凝管,以橡皮管与压力计相连。A内装待测液体,当A球的液面上纯粹是待测液体的蒸气,而B管与C管的液面处于同一水平时,则表示B管液面上的压力(即A球液面上的蒸气压)与加在C管液面上的外压相等。此时,体系气液两相平衡的温度称为液体在此外压下的沸点。

三、仪器和试剂

仪器:DP-A精密数字压力计,SYP-Ⅲ玻璃恒温水浴,液体饱和蒸气压测定装置,旋片式真空泵。

试剂:环己烷或乙醇。

四、实验步骤

(1) 开通小流量的冷却水。开通DP-A精密数字压力计的电源,预热。认识系统中各旋塞的作用。开启进气旋塞(逆时针旋转"平衡阀2")使系统与大气相通。读取大气压力p_0,以后每半小时读一次。

(2) 按动DP-A精密数字压力计的"采零"按键,使读数为0。系统检漏:开启真空泵,2min后开启抽气旋塞(逆时针旋转"平衡阀1"),关闭进气旋塞(平衡阀2),使系统减压至压力计读数约为$-85kPa$,关闭抽气旋塞(平衡阀1)。若在5min之内系统压力计读数基本不变,则说明系统不漏气。

(3) 打开玻璃恒温浴"加热器"开关,置于"强加热""慢搅拌",同时接通SWQP型数字控温仪的电源,显示屏右下方的"置数"红灯亮,按动×10和×1按钮,使"设定温度"至40.00℃,按动"工作/置数"使水浴升温。

(4) 水浴温度升至40.00℃后加热方式改为"弱",稳定5min。缓慢旋转进气旋塞(平衡阀2),使平衡管中两液面等高,读取DP-A精密数字压力计和水浴温度数值,记录。

(5) 分别测定45℃、50℃、53℃、56℃、58℃、60℃、62℃、64℃时液体的饱和蒸气压。

(6) 实验完毕,断开电源、水源。

五、数据记录和处理

1. 数据记录

室温：_____℃；大气压：_____kPa。

序号	水浴温度/℃	$\frac{1}{T}$/K^{-1}	压力差/kPa	蒸气压 p/kPa	ln$p$

2. 作图

根据实验数据作 ln$p$-1/T 图，得出环己烷或乙醇的平均摩尔汽化热 $\Delta_{vap}H_m$ 和正常沸点。

环己烷的理论值为：$\Delta_{vap}H_m$＝32.76kJ/mol；沸点＝80.75℃。

六、注意事项

（1）减压系统不能漏气，否则抽气时达不到本实验要求的真空度。

（2）抽气速度要合适，必须防止平衡管内液体沸腾过剧致使B管内液体快速蒸发。

（3）实验过程中，必须充分排净AB弯管空间中全部空气，使B管液面上空只含液体的蒸气分子。AB管必须放置于恒温水浴中的水面以下，否则其温度与水浴温度不同。

（4）测定中，打开进空气活塞时，切不可太快，以免空气倒灌入AB弯管的空间中。如果发生倒灌，则必须重新排除空气。

七、思考与讨论

（1）等压计U形管中的液体起什么作用？冷凝器起什么作用？为什么可用液体本身作U形管封液？

（2）开启旋塞放空气进入体系内时，放得过多应如何处理？实验过程中为什么要防止空气倒灌？

（3）如果升温过程中液体急剧汽化，该如何处理？

（4）何时读取U形压力计两臂的压差数值，所读数值是否是纯水的饱和蒸气压？

（5）引起本实验误差的因素有哪些？如何校正水银温度计？

实验四　凝固点降低法测定摩尔质量

一、实验目的

（1）掌握用凝固点降低法测定物质相对摩尔质量的方法。

（2）通过实验加深对稀溶液依数性的理解。

（3）理解、绘制冷却曲线，并通过冷却曲线校正凝固点。

二、实验原理

假设溶质在溶液中不发生缔合、分解或挥发，也不与固态纯溶剂生成固溶体，那么，溶液的凝固点将低于纯溶剂凝固点，这是稀溶液（视为理想）的依数性之一。即对一定量的某溶剂，其理想稀溶液凝固点下降的数值只与所含非挥发性溶质的质点数目有关，而与溶质的其他特性无关。由热力学理论出发，可以导出理想稀溶液的凝固点降低值 ΔT_f（即纯溶剂

和溶液的凝固点之差）与溶质质量摩尔浓度 b_B 之间的关系，即

$$\Delta T_f = T_f^* - T_f = K_f b_B \tag{2-6}$$

式中，ΔT_f 为凝固点降低值；T_f^*、T_f 分别为纯溶剂、溶液的凝固点，K；b_B 为溶液中溶质 B 的质量摩尔浓度，mol/kg；K_f 为溶剂的质量摩尔凝固点降低常数，它的数值仅与溶剂的性质有关，K·kg/mol。

若称取一定量的溶质 m_B(g) 和溶剂 m_A(g)，配成稀溶液，则此溶液的质量摩尔浓度为：

$$b_B = \frac{m_B}{M_B m_A} \times 10^3 \tag{2-7}$$

式中，M_B 为溶质的摩尔质量，g/mol。将式(2-7)代入式(2-6)，整理得：

$$M_B = K_f \times \frac{m_B}{m_A \Delta T_f} \times 10^3 \tag{2-8}$$

若已知某溶剂的凝固点降低常数 K_f 值，通过实验测定此溶液的凝固点降低值 ΔT_f，即可根据式(2-8)计算溶质的摩尔质量 M_B。表 2-3 给出了几种溶剂的凝固点降低常数值。

表 2-3 几种溶剂的凝固点降低常数值

溶剂	水	醋酸	苯	环己烷	环己醇	萘	三溴甲烷
T_f^*/K	273.15	289.75	278.65	279.65	297.05	383.5	280.95
K_f/(K·kg/mol)	1.86	3.90	5.12	20	39.3	6.9	14.4

纯溶剂的凝固点为其液相和固相共存的平衡温度。若将液态的纯溶剂逐步冷却，在未凝固前温度将随时间均匀下降，开始凝固后因放出凝固热而补偿了热损失，体系将保持液-固两相共存的平衡温度而不变，直至全部凝固，温度再继续下降。其冷却曲线如图 2-5 中 1 所示。但实际过程中，当液体温度达到或稍低于其凝固点时，晶体并不析出，这就是所谓的过冷现象。此时若加以搅拌或加入晶种，促使晶核产生，则大量晶体会迅速形成，并放出凝固热，使体系温度迅速回升到稳定的平衡温度；待液体全部凝固后温度再逐渐下降。冷却曲线如图 2-5 中 2 所示。

溶液的凝固点是该溶液与溶剂的固相共存的平衡温度，其冷却曲线与纯溶剂不同。当有溶剂凝固析出时，剩余溶液的浓度逐渐增大，因而溶液的凝固点也逐渐下降。因有凝固热放出，冷却曲线的斜率发生变化，即温度的下降速度变慢，如图 2-5 中 3 所示。本实验要测定已知浓度溶液的凝固点。如果溶液过冷程度不大，析出固体溶剂的量很少，对原始溶液浓度影响不大，则以过冷回升的最高温度作为该溶液的凝固点，如图 2-5 中 4 所示。

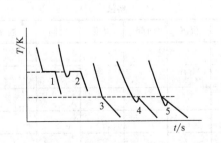

图 2-5 纯溶剂和溶液的冷却曲线

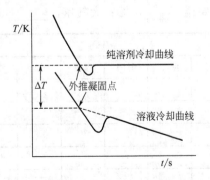

图 2-6 外推法求纯溶剂和溶液的凝固点

确定凝固点的另一种方法是外推法，如图 2-6 所示，首先绘制纯溶剂与溶液的冷却曲

线，作曲线后面部分（已经有固体析出）的趋势线并延长使其与曲线的前面部分相交，其交点就是凝固点。

本实验通过测定纯溶剂与溶液的温度与冷却时间的关系数据，绘制冷却曲线，从而得到两者的凝固点之差 ΔT_f，进而计算待测物的摩尔质量。

三、仪器和试剂

仪器：凝固点测定仪，精密电子温差测量仪，电子天平，移液管（25mL 或 50mL）。

试剂：环己烷，萘；或尿素，粗盐，蒸馏水，冰。

四、实验步骤

1. 准备冷浴

为使溶剂和溶液能够凝固，需要温度达到比溶剂凝固点低 2～3℃ 的冷浴（即冷却环境）。在冰水浴槽中装入 1/3 的冰和 2/3 的水，将温度计插入冷浴中，搅拌，冷浴温度达到比溶剂凝固点低 2～3℃ 后，将电子温差测量仪定时，间隔设为 10s。

2. 溶剂冷却曲线的测定

仪器装置如图 2-7 所示。用移液管向清洁、干燥的凝固点管内加入 30mL 溶剂环己烷（或 50mL 纯水），为了使质量准确，在电子天平上称量。插入洁净的搅拌环和温度传感器，不断搅拌，观察温度的变化，当温度接近凝固点时，开始记录温度值，并加快搅拌速度，待温度回升后，恢复常规搅拌速度，如此可以减少过冷段的数据组数。通常温度的变化规律为"下降→上升→稳定"，即有过冷现象。当温度达到稳定段后，在稳定段再读数 5～7 组，即可结束读数。取出凝固点管，用手捂住管壁片刻，同时不断搅拌，使管中固体全部熔化，重复测定溶剂温度随时间的变化关系，共三次，每次的稳定段读数之差应不超过 0.006℃。

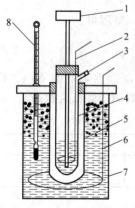

图 2-7 凝固点降低仪器装置

1—精密数字温差仪；2—内管搅棒；3—投料支管；4—凝固点管；5—空气套管；6—寒剂搅棒；7—冰槽；8—温度计

3. 溶液冷却曲线的测定

用电子天平称量 0.20～0.25g 的溶质萘（或 0.4g 尿素）。如前将凝固点管中的冰融化，将准确称量的溶质加入管中，待其溶解后，同步骤 2，先测近似的凝固点，再精确测定溶液的温度随时间的变化关系，共三次。

五、数据记录与处理

1. 数据记录

室温：_____℃；大气压：_____kPa

溶剂						溶液					
时间	温度	时间	温度	时间	温度	时间	温度	时间	温度	时间	温度
⋮	⋮	⋮	⋮	⋮	⋮	⋮	⋮	⋮	⋮	⋮	⋮

2. 数据处理

各取一组合理数据，绘制纯溶剂和溶液的冷却曲线，分别找出纯溶剂和溶液的凝固点，并求出凝固点降低值 ΔT_f，用相关公式计算出溶质的摩尔质量，并与理论值进行比较。

六、注意事项

（1）实验所用的凝固点管必须洁净、干燥。实验时应将测温探头擦干后再插入凝固点管。不使用时注意妥善保护测温探头。搅拌时不能碰到测温探头。

（2）搅拌时不可使搅拌环超出液面，以免把液体带出，造成误差。

（3）加入固体样品时要小心，勿粘在壁上或撒在外面，以保证测量的准确性。

（4）结晶必须完全融化后才能进行下一次的测量，每次测量搅拌速度应一致。

七、思考题

（1）何为稀溶液的依数性？

（2）何为过冷现象？如何控制溶液的过冷程度？

（3）在精确测定凝固点时为什么要急速搅拌？

（4）为什么测定溶剂的凝固点时，过冷程度大一些对测定结果影响不大，而测定溶液凝固点时却必须尽量减少过冷现象？

（5）在冷却过程中，为什么要使用空气套管？

八、思考与讨论

（1）理论上，在恒压下对单组分体系只要两相平衡共存就可以达到凝固点；但实际上只有固相充分分散到液相中，也就是固液两相的接触面相当大时，平衡才能达到。例如，将冷冻管放入冰浴后温度不断降低，达到凝固点后，由于固相是逐渐析出的，当凝固热放出速度小于冷却速度时，温度还可能不断下降，因而使凝固点的确定比较困难。因此采用过冷法先使液体过冷，然后突然搅拌，促使晶核产生，很快固相会骤然析出形成大量的微小结晶，这就保证了两相的充分接触；与此同时，液体的温度也因为凝固热的放出开始回升，一直达到凝固点，保持一会儿恒定温度，然后又开始下降。

（2）液体在逐渐冷却过程中，当温度达到或稍低于其凝固点时，由于新相形成需要一定的能量，故结晶并不析出，这就是过冷现象。在冷却过程中，如稍有过冷现象是合乎要求的，但过冷太厉害或溶剂温度过低，则凝固热抵偿不了散热，此时温度不能回升到凝固点，在温度低于凝固点时完全凝固，就得不到正确的凝固点。因此，实验操作中必须注意掌握体系的过冷程度。

（3）当溶质在溶液中有离解、缔合、溶剂化和络合物生成等情况存在时，会影响溶质在溶剂中的表观摩尔质量，因此为获得比较准确的摩尔质量数据，常用外推法，即以公式(2-8)计算得到的摩尔质量为纵坐标，以溶液浓度为横坐标作图，外推至浓度为零而求得较准确的摩尔质量数据。

实验五 双液系的气-液平衡相图

一、实验目的

（1）用沸点仪测定在一个大气压下乙醇及环己烷双液系气液平衡时气相与液相的组成及平衡温度，绘制温度-组成图，并找出恒沸混合物的组成及恒沸点的温度。

(2) 学会使用阿贝折射仪。

二、实验原理

两种在常温时为液态的物质混合起来而组成的二组分体系称为双液系，两种液体若能按任意比例互相溶解，则称为完全互溶的双液系。若只能在一定比例范围内互相溶解，则称部分互溶双液系。双液系的气液平衡相图（t-x 图）可分为三类，见图 2-8。

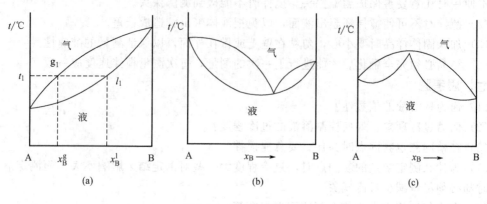

图 2-8　二元液系 t-x 图

图 2-8 中的纵轴是温度（沸点），横轴是液体 B 的摩尔分数 x_B。在 t-x 图中有两条曲线：上面的曲线是气相线，表示在不同沸点时与溶液成平衡时的气相组成；下面的曲线表示液相线，代表平衡时液相的组成。

例如，图 2-8(a) 中对应于温度 t_1 的气相点为 g_1，液相点为 l_1，这时的气相组成 g_1 点的横轴读数是 x_B^g，液相组成点 l_1 点的横轴读数为 x_B^l。

如果在恒压下将溶液蒸馏，当气液两相达平衡时，记下此时的沸点，并分别测定气相（馏出物）与液相（蒸馏液）的组成，就能绘出此 t-x 图。图 2-8(b) 上有个最低点，图 2-8(c) 上有个最高点，这些点称为恒沸点，其相应的溶液称为恒沸混合物，在此点蒸馏所得气相与液相组成相同。

分析气液两相组成的方法很多，有化学方法和物理方法。本实验用阿贝折射仪测定溶液的折射率以确定其组成。因为在一定温度下纯物质具有一定的折射率，所以两种物质互溶形成溶液后，溶液的折射率就与其组成有一定的顺变关系。预先测定一定温度下一系列已知组成的溶液的折射率，得到折射率-组成对照表。以后即可根据待测溶液的折射率，由此表确定其组成。

有关阿贝折射仪的构造、原理和使用方法见第三章"第一节仪器简介"七。

30℃下环己烷-乙醇二元系组成（以环己烷摩尔分数表示）-折射率对应表见"第三章附录""第二节实验数据表"六。

测定不同组成溶液的沸点的方法有多种，本实验是在简单蒸馏瓶中进行，在瓶中装入一定量的待测溶液，用浸入溶液的电热丝加热，以减少过热、暴沸现象。蒸馏瓶上的冷凝器可使平衡气相样品冷凝并收集在其下面的小槽内，从中取样分析气相组成。乙醇-环己烷气-液平衡相图类型如图 2-8(b) 所示。

三、仪器和试剂

仪器：沸点仪一套；调压变压器一台；阿贝折射仪一台；长短滴管各一支；镜头纸若干；超级恒温槽一套。

试剂：环己烷（AR）；乙醇（AR）；乙醇-环己烷溶液（乙醇质量分数分别为 3%、10%、30%、65%、90%）。

四、实验步骤

（1）按图 2-9 连好沸点仪、恒流电源、数字温度计（传感器）。

（2）从侧管加入被测溶液 20mL 左右，并使传感器浸入溶液 3cm 左右。

（3）小心连接冷凝管，接通冷凝水。

（4）打开数字温度仪。

（5）将负载夹与加热丝相连，打开恒流电源开关（此时负载线已按颜色插入并略旋紧），将粗调放置最小挡，此时恒流电源显示出通过加热丝的电流及电压。调节电流为 1.3A。（从小到大调节粗、细调整旋钮）

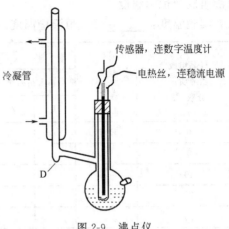

图 2-9 沸点仪

（6）当 D 小槽中有气相冷凝液后，需倾斜蒸馏装置使得气相冷凝液返回溶液中，重复二三次。

（7）待温度恒定后，记录沸点。关恒流电源，停止加热。

（8）取气相冷凝液测其折射率。

（9）待液相液冷却至 30℃ 左右，取出测其折射率。

（10）小心取下冷凝管，将被测液倒回原瓶（注意不要倒错）。

依次按上述方法分别测定各待测溶液的沸点及各沸点下气、液平衡相组成的折射率。

实验完毕，切断电源，关闭水源。

读取实验开始及终了时的大气压数值，取其平均值。大气压的测定方法见第三章"第一节仪器简介"三。

五、注意事项

（1）注意滴管、烧瓶不能沾有水，必须是干净、干燥的。

（2）加热电阻丝不能露出液面，一定要被待测液体浸没，否则通电加热时可能会引起有机液体燃烧。

（3）加热功率不能太大，加热丝上有小气泡逸出即可。

（4）温度传感器不要直接碰到加热丝。

（5）实验过程中必须在冷凝管中通入冷却水，以使气相全部冷凝。

（6）一定要使体系达到气、液平衡，即温度读数稳定不变。

（7）只能在停止通电加热之后才能取样分析。

（8）操作中注意保护玻璃装置，小心轻放冷凝管、瓶塞。

（9）使用阿贝折射仪时，棱镜上不能触及硬物（滴管），用擦镜纸擦镜面。

六、数据记录和处理

1. 乙醇-环己烷物系沸点及气液两相组成的测定

表中沸点及气、液两相的 n_D^t 由实验测定。气、液两相组成，根据其 n_D^t，从组成-折射率对应表上查得（见"第三章附录""第二节实验数据表"六）。

2. 绘制蒸馏曲线

在毫米坐标纸上，横坐标为组成，每毫米代表 0.01（摩尔分数）；纵坐标为温度，每毫米代表 0.2℃，绘出气相线及液相线，得到乙醇-环己烷二元气液相图。由相图确定此体系之恒沸组成及恒沸温度。

实验温度：_____ ℃（恒温槽温度）；大气压：_____ kPa

样品组成乙醇质量分数/%	沸点 t/℃	气相冷凝液				液相冷凝液			
		折射率 n_D			环己烷摩尔分数	折射率 n_D			环己烷摩尔分数
		1	2	平均		1	2	平均	
0	80.74			1.4202	1.000			1.4202	1.000
3									
10									
30									
65									
90									
100	78.50			1.3570	0.000			1.3570	0.000

七、思考与讨论

(1) 本实验在蒸馏瓶内采用电加热，有何优点？能否用水浴加热或明火直接加热？

(2) 沸点仪中的小球 D 的体积过大对测量有何影响？

(3) 如何判定气-液相已达平衡？

(4) 回流时如冷却效果不好对蒸馏曲线的绘制会产生什么影响？

(5) 绘制乙醇-环己烷相图需要哪些数据？本实验是用什么方法来测得这些数据的？为什么可用这些方法？

(6) 阿贝折射仪的使用方法及注意事项。

实验六　二组分固-液相图的测绘

一、实验目的

(1) 掌握热分析法绘制二组分固-液相图的基本原理和测量技术。

(2) 用热分析法测绘 Pb-Sn 二组分金属相图。

(3) 学会步冷曲线的分析及相变点温度的确定方法。

(4) 掌握数字控温仪和可控升降温电炉的使用方法。

二、实验原理

相图是多相体系处于平衡时，体系的某强度性质（如温度）对体系某一自变量（如组成）作图所得的图形。由于压力对仅由液相和固相构成的凝聚体系的相平衡影响很小，所以二组分凝聚体系的相图通常不考虑压力的影响。由相律可知，二组分凝聚体系最多有两个独立变量，其相图为温度-组成图。

对液相完全互溶的二组分体系，在凝固时，分为完全互溶、部分互溶和完全不互溶三种情况。本实验研究的 Pb-Sn 二组分体系属于液相完全互溶、固相部分互溶的体系。

测绘金属相图常用的实验方法是热分析法，其原理是将体系加热熔融后，使其缓慢均匀冷却，记录体系温度随时间变化的曲线，即步冷曲线 [图 2-10(a)]。

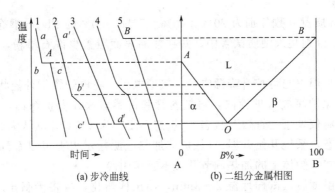

图 2-10 步冷曲线和二组分金属相图

L—液相区；α，β—固液共存区；O—低共熔点；A—纯锡的熔点；B—纯铅的熔点

根据步冷曲线就能分析相态的变化，若冷却过程中体系无相变发生，其体系温度随时间均匀下降；冷却过程中当体系发生相变时，将会产生相变热，使降温速率发生改变，此时步冷曲线会出现转折点和水平线段。转折点所对应的温度即为该组分的相变温度。

对于简单二组分凝聚系统，步冷曲线有三种形式，分别如步冷曲线图［图 2-10(a)］中的 1、2、3 三条曲线所示。

曲线 1 是纯锡的步冷曲线。在冷却过程中，当体系温度达到 A 点时固相开始析出，体系发生相变，释放出相变热，建立单组分两相平衡，温度维持不变，在步冷曲线上出现平台，当液相全部转化为固相后，温度继续下降。平台温度即为锡的凝固点，纯铅的步冷曲线 5 的形状与锡的相似。

曲线 2 是二组分混合物质的步冷曲线。该组分属于锡含量高于低共熔点处锡含量的混合组分，因含有铅，则在低于纯锡凝固点温度的 b' 开始析出固体锡，曲线在此出现转折，随着固体锡的析出，液相中铅的浓度不断增大，凝固点逐渐降低，直到 c' 点时，锡、铅两种固体同时析出，此时固、液相组成不变，建立三相平衡，温度不随时间变化，体系释放出相变热，使得曲线上出现平台，直至液体全部凝固，温度继续下降。如果液相中铅含量比共熔点处铅含量高，则先析出纯铅且转折点温度不同，而步冷曲线形状与此相同，如曲线 4 所示。

曲线 3 是二组分低共熔混合物的步冷曲线，形状与曲线 1、曲线 5 相似。当冷却过程无相变发生时，体系温度随时间均匀下降，当达到 c' 点温度时，锡、铅两种固体按液相组成同时析出，建立三相平衡，步冷曲线出现平台，当液体全部凝固时，温度继续下降。

在冷却过程中，常出现过冷现象，即温度下降到相变点以下，而后又出现回升，步冷曲线在转折处出现起伏。遇此类情况可将转折后的平滑曲线反向延长，与高温时的冷却曲线相交于一点，此点即为正常转折点。

配制一系列不同组成的样品，测定其步冷曲线，找出转折点及平台温度，以横坐标表示混合物的组成，纵坐标表示温度，将温度与组成关系绘制在该坐标系中，连接各点即得二组分固-液相图，如图 2-10(b) 所示。

三、仪器和试剂

仪器：数字控温仪 1 台；可控升降温电炉 1 台；宽肩硬质玻璃样品管 6 只；计算机 1 台。

试剂："Pb（分析纯，m.p. 327.46℃）；Sn（分析纯，m.p. 231.86℃）；石墨粉。

四、实验步骤

（1）配制含 Sn 质量分数分别为 20%、40%、70%、80%的 Pb-Sn 混合物 50g，以及纯 Pb、纯 Sn 各 50g，分别装入硬质试管中，并在样品表面覆盖少许石墨粉，以防加热过程中样品氧化。

（2）连接数字控温仪与可控升降温电炉，接通电源，将电炉置于外控状态。

（3）将不锈钢保护筒放入炉膛内，再把料管和传感器放在保护筒内，将电源开关置于"开"，仪器默认控温仪处于"置数"状态，"设定温度"为 370℃，默认为 320℃。将控温仪调节到"工作"状态，系统开始升温。（从炉体加热电源指示表上可以看到通电情况。由于采用了外控控温方式，炉体上的加热调节开关不起作用。）

（4）达到设定温度后，试样保温 2~3min，使试样熔化，再将传感器放入样品管中心。（温度可能继续升高，可停止加热。）

（5）将控温仪置于"置数"状态，电炉"外控"改为"内控"，"加热量调节"旋钮逆时针调至 0，调节"冷风量调节"旋钮（电压 1V 左右），使体系冷却速度保持在 4~6℃/min。

（6）设定控温仪的定时时间间隔，15s 记录一次温度，直到出现平台以下温度，结束一组实验数据，画出步冷曲线。

（7）换其他试样，重复（3）~（6）步操作，依次测出所配试样的步冷曲线数据。

五、注意事项

（1）加热时，将传感器置于炉膛内，以防温度过高。

（2）实验炉加热时，温升有一定的惯性，炉膛温度可能会超过 370℃，但如果发现炉体温度超过 420℃还在上升，应立即按"工作/置数"按钮，使控温仪上的"置数"灯亮，将测温探头插入样品管中，开启冷却风扇，转入测量步冷曲线的实验过程。

（3）冷却时，速度不宜过快，以防转折点不明显。

（4）由于过冷现象的存在，降温过程中会有升温，是正常现象。

（5）金属相图实验炉炉体温度较高，实验过程中不要接触炉体，以防烫伤。开启加热炉后，操作人员不要离开，防止出现意外事故。

（6）处于高温下的样品管和测温探头取出时应放置在瓷砖或其他金属支架上，防止烫坏实验台。

六、数据记录与处理

（1）设计表格，记录各试样的步冷曲线数据，并根据所测数据，绘出相应的步冷曲线及 Pb-Sn 二组分固-液相图。

（2）标出相图中各区的相态，根据相图求出低共熔温度及低共熔混合物的组成。

七、思考题

（1）为什么冷却曲线有时出现转折点，有时出现水平线段？试用相律解释。

（2）冷却曲线各段的斜率及水平段的长短与哪些因素有关？

（3）如果样品管上的标签丢失，如何将根据实验数据与它们对号？

八、思考与讨论

（1）要缓慢冷却合金使温度变化均匀，接近平衡态。因为被测体系必须时时处于或接近于相平衡状态，才能得到较好的效果。

（2）出现过冷现象读取转折温度时应注意，由于释放的热量远不足以抵消外界冷却所吸收的热量，体系进一步降低至相变温度以下，这就促使众多的微小晶粒同时形成，温度得以回升。此时应读取温度回升后的水平段的温度作为转折温度。

实验七 差热分析

一、实验目的
(1) 掌握差热分析的基本原理及方法，了解差热分析仪的工作原理，学会操作技术。
(2) 用差热分析仪测定 $CuSO_4 \cdot 5H_2O$ 的差热图，并掌握定性解释图谱的基本方法。

二、实验原理
物质在受热或冷却过程中，当达到某一温度时，往往会发生熔化、凝固、晶型转变、分解、化合、吸附、脱附等物理或化学变化，并伴随着有焓的改变，因而产生热效应，其表现为物质与环境之间有温度差。差热分析（Differential Thermal Analysis，DTA）就是通过温差测量来确定物质的物理化学性质的一种热分析方法，即在同一受热条件下，试样与参比物（在所测定的温度范围内不会发生任何物理或化学变化的热稳定物质）之间温差（ΔT）对温度（T）或时间（t）关系的一种方法。

差热分析装置的简单原理如图 2-11 所示。它包括带有控温装置的加热炉、放置试样和参比物的坩埚、用以盛放坩埚并使其温度均匀的保持器、测温热电偶、差热信号放大单元和记录仪单元以及两对相同材料热电偶并联而成的热电偶组。两对热电偶的测温端分别置于试样（S）和参比物（R）的中心，测量它们的温差（ΔT）和它们的温度（T），记录的时间-温度（温差）图就称为差热分析图，或称为热谱图。

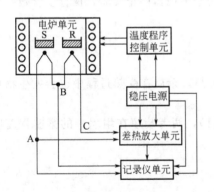

图 2-11 差热分析装置的简单原理

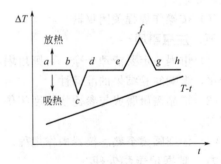

图 2-12 理想的差热分析图

试样和参比物放入坩埚后，按一定的速率升温，如果参比物和被测物质的热容大致相同，可得到理想的差热分析图，如图 2-12 所示。若试样没有发生变化，它与参比物的温度相同，两者温差 $\Delta T=0$，在热谱图上显示水平段（ab、de、gh），这些直线段称为基线；当试样在某温度下有放热（或吸热）效应，试样温度上升速度加快（或减慢），由于传热速度的限制，试样的温度就会低于（吸热时）或高于（放热时）参比物的温度，就产生了温度差 ΔT，热谱图上则出现放热峰（efg 段）或吸热峰（bcd 段）。热效应越大，峰的面积也就越大。在差热分析中通常规定，峰顶向上的峰为放热峰，它表示被测物质的焓变小于零，其温度将高于参比物；相反，峰顶向下的峰为吸收峰，则表示试样的温度低于参比物。在相同的测定条件下，许多物质的差热图具有特征性：即一定的物质就有一定的差热峰的数目、位置、方向、峰温等，可通过与已知的热谱图比较来鉴别样品的种类、相变温度、热效应等物理化学性质。因此，差热分析广泛应用于化学、化工、冶金、陶瓷、地质和金属材料等领域的科研和生产部门。

本实验采用 $CuSO_4 \cdot 5H_2O$，$CuSO_4 \cdot 5H_2O$ 是一种蓝色斜方晶系，在不同温度下，可以逐步失水：$CuSO_4 \cdot 5H_2O \longrightarrow CuSO_4 \cdot 3H_2O \longrightarrow CuSO_4 \cdot H_2O \longrightarrow CuSO_4$ (s)

从反应式看，失去最后一个水分子显得特别困难，说明各水分子之间的结合能力不一样。如果与 X 射线仪配合测定，就可以测出其结构为 $[Cu(H_2O)_4]SO_4 \cdot H_2O$。四个水分子与铜离子以配位键结合，第五个水分子以氢键与 SO_4^{2-} 结合，所以失去困难。

三、仪器和试剂

仪器：带计算机控制的差热分析仪 1 套。

试剂：分析物 $CuSO_4 \cdot 5H_2O$（分析纯）；参比物 α-Al_2O_3（分析纯）。

四、实验步骤

(1) 按仪器操作说明连接仪器。

(2) 开启仪器电源开关，将各控制箱开关打开，仪器预热，开启计算机。

(3) 称取 $CuSO_4 \cdot 5H_2O$ 约 0.7g 和约 0.5g α-Al_2O_3 放入坩埚中，混合均匀，置于样品保持器左侧孔中。右孔装入约 1.3g 的 α-Al_2O_3（可重复利用），使参比物高度样品高度大致相同。将洁净的热电偶分别插入样品与参比物中，应注意两热电偶插入的位置和深度基本一致，安装好设备。

(4) 打开计算机软件进行参数设定，横坐标 2400s、纵坐标 300℃、升温速率 10℃/min。

(5) 参数设定完毕后点击开始实验，程序开始自动测量温度和温差的变化，观察屏幕上的差热曲线，待图中出现三个脱水峰后，温度曲线趋于平稳，停止实验，保存实验数据、进行数据处理。

(6) 按操作规程关闭仪器。

五、注意事项

(1) 坩埚一定要清理干净，否则坩埚不仅影响导热，杂质在受热过程中也会发生物理化学变化，影响实验结果的准确性。

(2) 样品需研磨成与参比物粒度相仿（约 200 目），两者装填在坩埚中的紧密程度应尽量相同。

(3) 仔细阅读至熟悉仪器操作规程。

六、数据记录和处理

(1) 记录实验条件：室温，大气压，仪器型号、规格，样品粒度，升温速度，量程等。

(2) 指出样品差热谱图中各峰的起始温度和峰谷和峰顶温度。

(3) 说明各峰所对应的可能反应，写出反应方程式。

文献值：

$CuSO_4 \cdot 5H_2O$ 的差热峰：第一峰 358.2K，第二峰 388.2K，第三峰 503.2K。

摘自：Wendlandt W W. Thermal methods of analysis. New York：Interscience Publishers，1964：305-306.

七、思考题

(1) 差热分析中参比物起什么作用？对参比物应有什么要求？试样中加参比物的作用是什么？

(2) 在差热分析图上峰的数目、方向以及峰的面积分别代表什么？

(3) 反应前后差热曲线的基线往往不在一条水平线上，为什么？克服基线漂移，可以采取哪些措施？

(4) 在这个实验中，为什么要控制样品的用量？样品太多或太少对实验结果有什么影响？

(5) DTA 和简单热分析（步冷曲线法）有何异同？

八、思考与讨论

(1) 由于差热分析是一种动态技术，同时又是涉及热量传递的测量，故影响因素较多。归纳起来主要有如下两类。

第一类仪器因素，其中包括差热炉的形状与尺寸、样品支持器的形状与材料、热电偶在样品中的位置、升温速率、炉内气氛等。

第二类是样品的特性，例如颗粒的大小、热导率、热容、样品量与装置的紧密度等。

因此，在同一组实验中应尽力做到实验条件一致并在实验报告中写明：①实验条件，如样品填装紧密水平、升温速率、环境气氛等。②试样规格，如粒度大小、质量、预处理过程等。③设备情况，如电炉形状、样品管材料与尺寸、热电偶材料与形状、记录仪精度等，以便做数据分析。

(2) 样品量过多，对多峰热谱图往往会出现峰与峰之间不易分辨、基线漂移等现象，同时造成试样内部温度梯度，因而增大了实验误差。样品量太少，则将降低实验的灵敏度。样品粒度太细是比表面积较大，对于热分解反应将导致反应的特征温度降低以致影响峰形。升温速率太快，则会提高特征温度，同时常会掩盖掉一些小峰和降低峰的分辨率。对于分解反应，若气氛中含有产物的气体分压愈大，显然测得的分解特征温度也愈高。鉴于上述讨论在一般的情况下，采用尽可能少的样品量与合适并恒定的升温速率。

(3) 热谱图中的峰形、出峰位置、峰面积等受被测物质的质量、热传导率、比热、粒度、填充的程度、周围气氛和升温速度等因素的影响。因此，要获得良好的再现性结果，对上述各点必须十分注意。一般而言，升温速度增大，达到峰值的温度向高温方向偏移；峰形变锐，但峰的分辨率降低，两个相邻的峰，其中一个将会把另一个遮盖起来。曲线上峰的起始温度只是实验条件下仪器能够检测到的开始偏离基线的温度。根据规定，该起始温度应是峰前缘斜率最大处的切线与外推基线的交点所对应的温度。若不考虑不同仪器的灵敏度不同等因素，外推起始温度比峰温更接近于热力学平衡温度。

(4) 热分析技术除差热分析外，还包括差示扫描量热、热重、微分热重等方法，其应用领域广泛，如制作相图和鉴别物质以及测求比热、热效应、化学反应动力学参数等。应该指出，任一热谱图的特征温度都只能提供一个在此温度下试样发生物理或化学变化的信号。至于发生这些变化的原因，往往应与其他实验技术，如 X 射线物相分析、色谱鉴定等配合，综合分析后才能确定。

实验八　甲基红的酸离解平衡常数的测定

一、实验目的

(1) 测定甲基红的酸离解平衡常数。
(2) 进一步掌握分光光度计和 pH 计的使用方法。

二、实验原理

甲基红（对二甲氨基邻羧基偶氮苯）的分子式为：，是一种弱酸型的染料指示剂，具有酸（HMR）和碱（MR$^-$）两种形式，它在溶液中部分电离，在碱性溶液中呈黄色，酸性溶液中呈红色。在酸性溶液中它以两种离子的形式存在，简单地写成：

$$HMR \rightleftharpoons H^+ + MR^-$$
$$\text{甲基红的酸形式} \quad \text{甲基红的碱形式}$$

其离解平衡常数为：$K = \dfrac{[H^+][MR^-]}{[HMR]}$

$$pK = pH - \lg\dfrac{[MR^-]}{[HMR]}$$

由于 HMR 和 MR$^-$ 两者在可见光谱范围内具有强的吸收峰，溶液离子强度的变化对它的酸离解平衡常数没有显著影响，而且在简单 CH_3COOH-CH_3COONa 缓冲体系中就很容易使颜色在 pH=4~6 范围内改变，因此比值 [MR$^-$]/[HMR] 可用分光光度法测定而求得。

对一化学反应平衡体系，分光光度计测得的光密度包括各物质的贡献，根据朗伯-比尔（Lambert-Beer）定律，溶液对单色光的吸收，遵守下列关系式：

$$D = \lg\dfrac{I_0}{I} = \varepsilon c l$$

式中，D 为光密度（或吸光度）；I_0/I 为透光率；c 为溶液的浓度，mol/L；l 为被测溶液的厚度，cm；ε 为摩尔吸光系数。由此可推知甲基红溶液中总的光密度为：

$$D_A = \varepsilon_{A,HMR}[HMR]l + \varepsilon_{A,MR^-}[MR^-]l$$
$$D_B = \varepsilon_{B,HMR}[HMR]l + \varepsilon_{B,MR^-}[MR^-]l$$

式中，D_A、D_B 分别为在 HMR 和 MR$^-$ 的最大吸收波长处所测得的总的光密度；$\varepsilon_{A,HMR}$、ε_{A,MR^-} 和 $\varepsilon_{B,HMR}$、ε_{B,MR^-} 分别为在波长 λ_A 和 λ_B 下的摩尔吸光系数。各物质的摩尔吸光系数值可由作图法求得。例如，首先配制 pH≈2 的具有各种浓度的甲基红酸性溶液，将在波长 λ_A 处分别测定的各溶液的光密度对浓度作图，得到一条通过原点的直线。由直线斜率可求得 $\varepsilon_{A,HMR}$ 值，其余摩尔吸光系数求法类同，从而求出 [MR$^-$] 与 [HMR] 的相对量。再测得溶液 pH 值，最后按 $pK = pH - \lg[MR^-]/[HMR]$ 即可求出 pK 值。

三、仪器和试剂

仪器：可见分光光度计 1 台；精密 pH 计 1 台；容量瓶（100mL）、移液管、烧杯等。

试剂：0.01mol/L 和 0.1mol/L 盐酸溶液、0.01mol/L 和 0.04mol/L CH_3COONa 溶液；0.02mol/L CH_3COOH 溶液；95%乙醇（AR）；甲基红指示剂（固体）。

四、实验步骤

1. 溶液的制备

（1）甲基红溶液：将 1g 晶体甲基红溶于 300mL 95%乙醇溶液，用蒸馏水稀释至 500mL。

（2）标准溶液：取 10mL 上述配好的溶液加 50mL 95%乙醇溶液，用蒸馏水稀释至 100mL。

（3）溶液 A：取 10mL 标准甲基红溶液，加 10mL 0.1mol/L HCl 溶液，稀释至 100mL。

（4）溶液 B：取 10mL 标准甲基红溶液和 25mL 0.04mol/L CH_3COONa 溶液稀释至 100mL。

2. 测定甲基红酸式（HMR）和碱式（MR$^-$）的最大吸收波长

使用分光光度计仪器之前，应先详细阅读说明书，了解本仪器的结构和工作原理及各操作旋钮的作用。见"第三章附录""第一节仪器简介"十。

溶液 A 的 pH 值大约为 2，因此甲基红完全以 HMR 形式存在。溶液 B 的 pH 值大约为 8，因此甲基红完全以 MR^- 形式存在。取部分溶液 A 和溶液 B 分别放在 2 个 1cm 比色皿内，在 350~600nm 之间每隔 10nm 测定它们相对于水的光密度。由光密度对波长作图，找出最大吸收波长 λ_A、λ_B。

3. 求 $\varepsilon_{A,HMR}$、ε_{A,MR^-} 和 $\varepsilon_{B,HMR}$、ε_{B,MR^-}

检验 HMR 和 MR^- 是否符合朗伯-比尔定律，并测定它们在 λ_A、λ_B 下的摩尔吸光系数。

取部分溶液 A 和溶液 B，分别各用 0.01mol/L 的 HCl 溶液和 0.01mol/L 的 CH_3COONa 溶液稀释至它原浓度的 0.75 倍、0.50 倍、0.25 倍及原溶液，制成一系列待测溶液（若待测溶液的体积均为 10mL，应先计算各试剂的用量）。在波长 λ_A 和 λ_B 下测定这些溶液相对于水的光密度。由光密度对浓度作图，如果在 λ_A、λ_B 处上述溶液符合朗伯-比尔定律，则可得到四条直线，由此可求出在 λ_A 下甲基红酸式（HMR）和碱式（MR^-）的 $\varepsilon_{A,HMR}$、ε_{A,MR^-} 及在 λ_B 下的 $\varepsilon_{B,HMR}$、ε_{B,MR^-}。

4. 测定混合溶液的总吸光度及其 pH

在四个 100mL 的容量瓶中分别加入 10mL 标准甲基红溶液和 25mL 0.04mol/L CH_3COONa 溶液，并分别加入 50mL、25mL、10mL、5mL 的 0.02mol/L 的 CH_3COOH 溶液，然后用蒸馏水稀释至刻度制成一系列待测溶液。测定在 λ_A 和 λ_B 处各溶液的光密度 D_A 和 D_B，用 pH 计测得各溶液的 pH 值。

由于在 λ_A 和 λ_B 处所测得的光密度是 HMR 和 MR^- 光密度的总和，所以溶液中 HMR 和 MR^- 的相对量可以由方程组 $D_A = \varepsilon_{A,HMR}[HMR]l + \varepsilon_{A,MR^-}[MR^-]l$、$D_B = \varepsilon_{B,HMR}[HMR]l + \varepsilon_{B,MR^-}[MR^-]l$ 求得。将此结果代入 $pK = pH - \lg\dfrac{[MR^-]}{[HMR]}$，即可计算得出甲基红的酸离解平衡常数 pK。

五、数据记录和处理

恒温温度：_____ ℃

1. 记录测定甲基红酸式（HMR）和碱式（MR^-）的最大吸收波长

λ/nm	吸光度		λ/nm	吸光度	
	溶液 A	溶液 B		溶液 A	溶液 B
⋮	⋮	⋮	⋮	⋮	⋮

画出溶液 A、溶液 B 的吸收光谱曲线，找出最大吸收波长 λ_A、λ_B。

2. 记录实验数据，并计算出甲基红的酸离解平衡常数

溶液序号	$\dfrac{[MR^-]}{[HMR]}$	$\lg\dfrac{[MR^-]}{[HMR]}$	pH	pK
1				
2				
3				
4				

六、思考题

（1）在本实验中，温度对测定结果有何影响？采取哪些措施可以减少由此而引起的实验误差？

（2）甲基红酸式吸收曲线和碱式吸收曲线的交点称为"等色点"，讨论在"等色点"处光密度和甲基红浓度的关系。

（3）制备溶液时，所用盐酸、醋酸、醋酸钠溶液各起什么作用？

（4）用分光光度计进行测定时，为什么要用空白溶液校正零点？理论上应该用什么溶液校正？在本实验中用的是什么？为什么？

（5）在光密度测定中，应该怎样选用比色皿。

七、思考与讨论

（1）温度主要影响 pH 计对溶液 pH 值的测定，在 pH 计上都有一个温度调节钮，用以调节温度，以减少由此带来的误差。

（2）比色皿的厚度不能太厚或太薄，本实验采用 1cm 的比色皿。

（3）对已知的简单的缔合的离解类型的反应，如甲基橙在水溶液中的离解平衡等，溶液中包含的反应物和产物在可见光范围内具有特征吸收，因此可以像在本实验中那样研究这些平衡，得出 pK 值。

第二节 电 化 学

实验九 电导率的测定及其应用

一、实验目的

（1）了解溶液电导、电导率、摩尔电导率的基本概念。

（2）掌握电导率仪的使用方法。

（3）用电导法测量弱电解质醋酸在水溶液中的电离平衡常数。

二、实验原理

（1）电解质溶液的导电能力通常用电导 G 来表示，它的单位是西门子（Siemens），用符号 S（西）表示，若将某电解质溶液放入两平行电极之间，设电极间距离为 l，电极面积为 A，则电导可表示为：

$$G = \kappa \frac{A}{l} \tag{2-9}$$

式中，κ 为该电解质溶液的电导率，读音"卡帕"，其物理意义：在两平行而相距 1m，面积均为 $1m^2$ 的两电极间，电解质溶液的电导称为该溶液的电导率，其单位以 SI 制表示为 S/m；$\frac{l}{A}$ 为电导池常数，以 K_{cell} 表示，它的单位为 m^{-1}。

由于电极的 l 和 A 不易精确测量，因此在实验中是用一种已知电导率值的溶液先求出电导池常数 K_{cell}，然后把待测溶液放入该电导池测出其电导值，再根据式(2-9)求出其电导率。

在讨论电解质溶液的电导能力时常用摩尔电导率（Λ_m）这个物理量。它是指把含有 1mol 电解质的溶液置于相距为 1m 的两平行板电极之间的电导，以 Λ_m 表示，其单位以 SI 单位制表示为 $S \cdot m^2/mol$。

摩尔电导率与电导率的关系：

$$\Lambda_m = \frac{\kappa}{c} \tag{2-10}$$

式(2-10)中，c 为该溶液的浓度，其单位以 SI 单位制表示为 mol/m^3。

(2) Λ_m 总是随着溶液的浓度的降低而增大。对强电解质稀溶液（小于 0.01mol/L）而言，其变化规律可用科尔劳施（Kohlausch）经验公式表示：

$$\Lambda_m = \Lambda_m^\infty - A\sqrt{c} \tag{2-11}$$

式中，Λ_m^∞ 为溶液在无限稀释时的极限摩尔电导率。对特定的电解质和溶剂来说，在一定温度下，A 是一个常数。所以，将 Λ_m 对 $\sqrt{c}$ 作图得到的直线外推至 $c=0$ 处，可求得 Λ_m^∞。

(3) 对弱电解质来说，其 Λ_m^∞ 无法利用上式通过实验直接测定。但我们知道，在其无限稀释时，弱电解质全部电离，每种离子对电解质的摩尔电导率都有一定的贡献，是独立移动的，不受其他离子的影响，对电解质 $M_{\nu_+}^+ A_{\nu_-}^-$ 来说：

$$\Lambda_m^\infty = V_+ \lambda_{m,+}^\infty + V_- \lambda_{m,-}^\infty \tag{2-12}$$

式中，V_+、V_- 分别表示 1mol 电解质在溶液中产生正离子和负离子的物质的量，mol；$\lambda_{m,+}^\infty$、$\lambda_{m,-}^\infty$ 分别表示正、负离子的无限稀释摩尔电导率，它与温度及离子的本性有关。

查第三章"第二节实验数据表"十二可知，25℃时无限稀释的 HAc 水溶液的摩尔电导率为：

$$\Lambda_{m,HAc}^\infty = \lambda_{m,H^+}^\infty + \lambda_{m,Ac^-}^\infty = (3.498 \times 10^{-2} + 0.409 \times 10^{-2}) S \cdot m^2/mol$$
$$= 3.907 \times 10^{-2} S \cdot m^2/mol$$

在弱电解质的稀溶液中，离子的浓度也很低，离子间的相互作用可以忽略，可以认为它在浓度 c 时的解离度 α 等于它的摩尔电导率 Λ_m 与其无限稀释摩尔电导率之比，即

$$\alpha = \frac{\Lambda_m}{\Lambda_m^\infty} \tag{2-13}$$

对于醋酸（HAc），在溶液中电离达到平衡时，电离平衡常数 K_c 与原始浓度 c 和电离度 α 有以下关系：

$$HAc \rightleftharpoons H^+ + Ac^-$$
$$t=0 \quad\quad c \quad\quad 0 \quad\quad 0$$
$$t=\text{平衡时} \quad c(1-\alpha) \quad c\alpha \quad c\alpha$$

$$K^\ominus = \frac{K_c}{c^\ominus} = \frac{c\alpha^2}{c^\ominus(1-\alpha)} \tag{2-14}$$

式(2-14)中，$c^\ominus$ 为标准态浓度（$c^\ominus = 1mol/dm^3$）；$K^\ominus$ 为标准态电离平衡常数，在一定温度下 $K^\ominus$ 是常数，因此可以通过测定 HAc 在不同浓度时的 α 代入式(2-14)求 $K^\ominus$。把式(2-13)代入式(2-14)可得：

$$K^\ominus = \frac{c\Lambda_m^2}{c^\ominus \Lambda_m^\infty (\Lambda_m^\infty - \Lambda_m)} \tag{2-15}$$

或

$$c\Lambda_m = (\Lambda_m^\infty)^2 K^\ominus c^\ominus \frac{1}{\Lambda_m} - \Lambda_m^\infty K^\ominus c^\ominus \tag{2-16}$$

以 $c\Lambda_m$ 对 $\frac{1}{\Lambda_m}$ 作图，其直线的斜率为 $(\Lambda_m^\infty)^2 K^\ominus c^\ominus$，若知道 Λ_m^∞ 的值，就可算出 $K^\ominus$。

三、仪器和试剂

仪器：玻璃恒温水浴 1 台；DDS-307 电导率仪 1 台；电导电极 1 支；移液管（10mL）2

支；移液管（20mL）1 支；试管一支；洗瓶 1 只；洗耳球 1 只。

试剂：0.1000mol/dm³ HAc 溶液；蒸馏水。

四、实验步骤

（1）调节恒温水浴温度在（25.0±0.2）℃。预热电导率仪并进行校正。电导率仪的基本原理、调节和使用方法，见第三章"第一节仪器简介"六。

（2）溶液电导率的测定。

① 用移液管准确移入 20.00mL（$c=0.1000$mol/dm³）HAc 溶液，置于洁净、干燥的试管中，将试管放入恒温水浴中，到指定温度后恒温 5min。电导电极用滤纸吸干水，将电导电极插入试管，要使液面至少超出电极 1cm 左右。然后测量该试管溶液的电导率，重复测量两次，每次测量前应校正仪器。

② 再用移液管准确移出试管中的 10.00mL HAc 溶液，弃去，然后再往试管中加入 10.00mL 去离子水得到 $c/2$ 的 HAc 溶液；搅拌均匀后，测定其电导率两次，每次测量前应校正仪器。

③ 依照②的方法将 HAc 溶液稀释成 $c/4$、$c/8$、$c/16$ 的 HAc 溶液。搅拌均匀后，测定其电导率两次，每次测量前应校正仪器。

（3）水的电导率测定。弃去试管中的 HAc 溶液，洗净试管，再用蒸馏水淋洗试管和电极；测定蒸馏水的电导率。

（4）实验完毕后关闭电源、收拾桌面。

五、数据记录和处理

（1）将测得数据记录于下表：

实验温度：_____℃，电极常数：_____ cm⁻¹，蒸馏水的电导率 κ_{H_2O}：_____ mS/m

| $c=0.1000$mol/dm³ | 次数 | 电导率 κ/(mS/m) | | | 摩尔电导率 /(mS·m²/mol) | 电离度 α/% | 电离常数 $K^{\ominus}$ |
		实验值	真值	平均值			
c	1						
	2						
$c/2$	1						
	2						
$c/4$	1						
	2						
$c/8$	1						
	2						
$c/16$	1						
	2						

注意：$\kappa_{真值}=\kappa_{实验值}-\kappa_{水}$。

（2）按数据表中所要求的计算 HAc 的电导率、摩尔电导率、电离度及电离常数。

（3）计算各 HAc 溶液的 $c\Lambda_m$ 与 $\dfrac{1}{\Lambda_m}$ 数据，列出表格；以 $c\Lambda_m$ 对 $\dfrac{1}{\Lambda_m}$ 作图应得一直线，直线的斜率为 $(\Lambda_m^{\infty})^2 K^{\ominus} c^{\ominus}$，由此求得 $K^{\ominus}$，并与上表中计算得到的 $K^{\ominus}$ 平均值进行比

较，计算其相对误差。

六、注意事项

(1) 实验进行中，恒温水浴温度一定要控制稳定。
(2) 每测量一次溶液电导率时，必须先对电导率仪校正后再读数。
(3) 电极不使用时，应浸在蒸馏水中，以免干燥后镀铂黑的表面吸附杂质而影响测量精度。
(4) 实验结束后，切断电源，放好仪器，电极浸入蒸馏水中备用。

七、思考与讨论

(1) 什么叫溶液的电导、电导率和摩尔电导率？溶液的电导率、摩尔电导率与浓度的关系怎么样？
(2) 为什么可以用电导法测弱电解质的电离常数？本实验依据的式(2-14)和式(2-15)是否适用于所有的弱电解质？
(3) 电导率仪器如何使用？
(4) 为什么要测定蒸馏水的电导率？
(5) 试估计本实验中随着醋酸溶液浓度的降低，电导率是增大还是减小？

实验十 金属钝化曲线的测定

一、实验目的

(1) 掌握准稳态法测定金属钝化曲线的基本方法，测定金属铁在碳酸铵溶液中的极化曲线及其维钝电流值。
(2) 学会处理电极表面，了解电极表面状态对钝化曲线测量的影响。
(3) 了解恒电位仪的基本原理与操作。

二、实验原理

在电解池中，当电极上有电流通过时，电极处于不平衡状态。电流愈大，则电极电势偏离电极反应的平衡电势愈大，这种现象称为电极的极化。研究金属的极化过程，需要测定极化曲线。将被研究电极（金属）与另一辅助电极（Pt）组成一个电解池，用参比电极与被研究电极组成原电池，见图 2-13。当电解池回路中有电流通过时，阳极发生金属氧化反应，即电化学溶解过程。随着外加给定电位的增大，溶解过程加快，电流也随之增大。实验发现，有些金属在一定的介质中，其给定电位增大到某一数值后，电流随给定电位增加反而大幅度降低。此时金属表面发生钝化，即在金属表面生成了一层电阻很高且耐腐蚀的钝化膜，导致其溶解速度大为减小。

用恒电位法测定金属钝化曲线，是通过恒电位仪对研究电极给定一个恒定电位（即给定电位）后，测量与之对应的准稳态电流值 (I)，以阳极电位 $E_{给定}$ 与开路电位 $E_{开路}$ 之差，即过电位 η 对通过电流密度 j 的对数 $\lg j$ 作图，得如图 2-14 所示金属钝化曲线。

图中 AB 段随着外加给定电位增加，电流密度 j 随之增大，是金属正常溶解的区间，称为活性溶解区。BC 段即表明阳极已经开始钝化，此时，作为阳极的金属表面生成钝化膜，故其电流密度 j（溶解速度）随给定电位 $E_{给定}$ 增大而减小，这一区间称为钝化过渡区。CD 段表明金属处于钝化状态，此时电流密度稳定在很小的值，而且与给定电位无关。这一区间称为钝化稳定区。随后 DE 段，电流密度 j 又随给定电位 $E_{给定}$ 的增大而迅速增大，即钝化了的金属又重新溶解，称为过钝现象，这一区间称为过钝化区。对应于 B 点的电流密度 j_b 称为致钝电流密度，对应于 C 点的电流 j_c 称为维钝电流密度。

金属钝化是防止金属腐蚀的有效方法之一。将待保护的金属作阳极，先使其在致钝电流密度下表面处于钝化状态，然后用很小的维钝电流密度使金属保持在钝化状态，从而使其腐蚀速度大大降低，达到保护的目的。

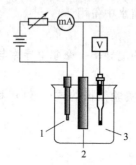

图 2-13　恒电位法测定金属钝化曲线示意图
1—辅助电极；2—研究电极；3—参比电极

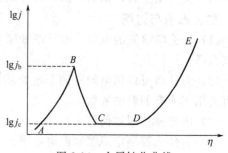

图 2-14　金属钝化曲线

极化曲线的测定的方法有如下两种。

1. 恒电位法

恒电位法就是将研究电极的电位依次恒定在不同的数值上，然后测量对应于各电位下的电流。极化曲线的测量应尽可能接近体系稳态。稳态体系指被研究体系的极化电流、电极电势、电极表面状态等基本上不随时间而改变。

在实际测量中，常用的控制电位测量方法有以下两种。

（1）静态法　将电极电势恒定在某一数值，测定相应的稳定电流值，如此逐点地测量一系列电极电势下的稳定电流值，以获得完整的极化曲线。对某些体系，达到稳态可能需要很长时间，为节省时间，提高测量重现性，往往人们自行规定每次电势恒定的时间。

（2）动态法　控制电极电势以较慢的速度连续地改变（扫描），并测量对应电位下的瞬时电流值，以瞬时电流与对应的电极电势作图，获得整个极化曲线。一般来说，电极表面建立稳态的速度愈慢，则电位扫描速度也应愈慢。因此对不同的电极体系，扫描速度也不相同。为测得稳态极化曲线，人们通常依次减小扫描速度测定若干条极化曲线，当测至极化曲线不再明显变化时，可确定此扫描速度下测得的极化曲线即为稳态极化曲线。同样，为节省时间，对于那些只是为了比较不同因素对电极过程影响的极化曲线，则选取适当的扫描速度绘制准稳态极化曲线就可以了。上述两种方法都已经获得了广泛应用，尤其是动态法，由于可以自动测绘，扫描速度可控制一定，因而测量结果重现性好，特别适用于对比实验。

2. 恒电流法

恒电流法就是控制研究电极上的电流密度依次恒定在不同的数值下，同时测定相应的稳定电极电势值。采用恒电流法测定极化曲线时，由于种种原因，给定电流后，电极电势往往不能立即达到稳态，不同的体系，电势趋于稳态所需要的时间也不相同，因此在实际测量时一般电势接近稳定（如 1~3min 内无大的变化）即可读值，或人为自行规定每次电流恒定的时间。以电流密度为自变量，测量电极电位随电流密度变化的函数关系 $E=f(i)$，然后作出极化曲线。

Fe 在 H_2SO_4 溶液中会不断溶解，同时产生 H_2。Fe 溶解：$Fe-2e \Longrightarrow Fe^{2+}$。$H_2$ 析出：

$2H^+ + 2e \Longrightarrow H_2$。Fe 电极和 H_2 电极及溶液构成腐蚀原电池,其腐蚀反应为:$Fe + 2H^+ \Longrightarrow Fe^{2+} + H_2$,这是 Fe 在酸性溶液中腐蚀的原因。当电极不与外电路接通时,阳极反应速率和阴极反应速率相等,Fe 溶解的阳极电流 I_{Fe} 与 H_2 析出的阴极电流 I_H 在数值上相等,但方向相反,此时其净电流为零。$I_净 = I_{Fe} + I_H = 0$。$I_{corr} = I_{Fe} = -I_H \neq 0$。$I_{corr}$ 值的大小反映 Fe 在 H_2SO_4 溶液中的腐蚀速率,所以称 I_{corr} 为 Fe 在 H_2SO_4 溶液中的自腐蚀电流。其对应的电位称为 Fe 在 H_2SO_4 溶液中的自腐蚀电位 E_{corr},此电位不是平衡电位。虽然阳极反应放出的电子全部被阴极还原所消耗,在电极与溶液界面上无净电荷存在,电荷是平衡的。但电极反应不断向一个方向进行,$I_{corr} \neq 0$,电极处于极化状态,腐蚀产物不断生成,物质是不平衡的,这种状态称为稳态极化。它是热力学的不稳定状态。

自腐蚀电流 I_{corr} 和自腐蚀电位 E_{corr} 可以通过测定极化曲线获得。极化曲线指电极上流过的电流与电位之间的关系曲线,即 $I = f(E)$。

图 2-15 是用电化学工作站测定的 Fe 在 1.0mol/L H_2SO_4 溶液中的阴极极化和阳极极化曲线。ar 为阴极极化曲线,当对电极进行阴极极化时,阳极反应被抑制,阴极反应加速,电化学过程以 H_2 析出为主。ab 为阳极极化曲线,当对电极进行阳极极化时,阴极反应被抑制,阳极反应加速,电化学过程以 Fe 溶解为主。在一定的极化电位范围内,阳极极化和阴极极化过程以活化极化为主,因此,电极的超电势与电流之间的关系均符合塔菲尔方程。作两条塔菲尔直线 is 和 hs,其交点 s 对应的纵坐标为自腐蚀电流的对数值,可求得自腐蚀电流 I_{corr},横坐标即为自腐蚀电位 E_{corr}。

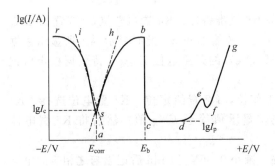 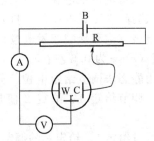

图 2-15 Fe 的极化曲线图　　　图 2-16 恒电位法原理示意图

当阳极极化进一步加强,即电位继续增大时,阳极极化电流缓慢增大至 b 点对应的电流。此时,只要极化电位稍超过 E_b,电流直线下降;此后电位增加,电流几乎不变,此电流称为钝化电流 I_b,E_b 称为致钝电位。图 2-15 中 a 到 b 的范围称为活化区,是 Fe 的正常溶解;b 到 c 的范围称为活化钝化过渡区;c 到 d 的范围称为钝化区;d 到 g 的范围称为过钝化区,其中 d 到 e 的范围是 Fe^{2+} 转变成 Fe^{3+},f 到 g 的范围有氧气析出。

处在钝化状态的金属的溶解速度很小,这种现象称为金属的钝化。这在金属防腐蚀及作为电镀的不溶性阳极时,正是人们所需要的。而在另外的情况下,如化学电源、电冶金和电镀中的可溶性阳极,金属的钝化就非常有害。金属的钝化与金属本身的性质及腐蚀介质有关。如 Fe 在硫酸溶液中易于钝化,若存在 Cl^-,不但不钝化,反而促进腐蚀。另一些物质,加入少量起减缓腐蚀的作用,常称缓蚀剂。

同理,当阴极极化进一步加强时,即电位变得更小,Fe 阴极极化电流缓慢增大。在电镀工业中,为了保证镀层的质量,必须创造条件保持较大的极化度。电镀的实质是电结晶过程,为获得细致、紧密的镀层,必须控制晶核生成速率大于晶核成长速率。而形成小晶体比大晶体具有更高的表面能，因而从阴极析出小晶体就需要较高的超电压。但只考虑增加电流密度，即增加电极反应速率，就会形成疏松的镀层。因此应控制小的电极反应速率，增加电化学极化。如在电镀液中加入合适的配位剂和表面活性剂，就能增加阴极的电化学极化，使金属镀层的表面状态致密光滑，美观且防腐效果好。

恒电流法，即 $E=f(I)$，将电流作自变量，电位作因变量，若用恒电流法 $bcde$ 段就作不出来，所以需要用恒电位法测定完整的阳极极化曲线。恒电位法原理见图 2-16。图中 W 表示研究电极，C 表示辅助电极，R 表示参比电极。参比电极与研究电极组成原电池，可确定研究电极的电位；辅助电极与研究电极组成电解池，使研究电极处于极化状态。

三、仪器和试剂

仪器：JH2X 型数字式电位仪或 HDY-Ⅱ 恒电位仪、电解槽、饱和硫酸亚汞电极（参比电极）、Pt 电极（辅助电极）、面积 $1cm^2$ 的碳钢电极（研究电极）。

试剂：$0.5mol/L\ H_2SO_4$ 溶液，丙酮（AR），无水乙醇（AR），$2mol/L$ 碳酸铵溶液，饱和 KCl 溶液。

四、实验步骤

1. JH2X 型数字式恒电位仪

(1) 将碳钢电极表面用金相砂纸磨亮，随后用丙酮、去离子水洗净并测量其表面积。

(2) 仔细阅读 JH2X 型数字式恒电位仪使用说明，掌握各旋钮、开关的作用。

(3) 在电解池内倒入约 70mL $2mol/L$ 碳酸铵溶液，按图 2-13 组装实验设备，公共端接研究电极。

(4) 接通恒电位仪电源，将恒电位仪上开关 K6 置准备位，K4 置恒电位，K3 置 20mA，K5 置电位选择，K2 置参比位，打开恒电位仪开关，预热 15min。此时显示屏上所显示数据即为参比电极（饱和硫酸亚汞电极）对研究电极（Fe）的开路电位 $E_{开路}$，待数据稳定后记下 $E_{开路}$ 值（$E_{开路}$ 为 0.6 左右）。

(5) 用静态法调节给定电位；先将 K6 置工作位，K2 置给定位，K5 置电位选择，K4 置恒电位，调节给定 1、给定 2 使显示屏的电位显示值等于 $E_{开路}$ 值，然后将 K5 置电流选择。

(6) 通过给定 1、给定 2 的调节使电位值逐一减小 0.05V，1min 后记下与之相应的电流值，给定电位减至 $-0.6V$ 左右后再改为每次减少 0.1V，直到电位值为 $-1.2V$。

(7) 实验完毕，调节给定电位到 0.6V，K6 置准备位，K3 置 20mA，K4 置恒电流位，K5 置电位选择后，关闭电源，拆除三电极上的连接导线，洗净电解池。

2. HDY-Ⅱ 恒电位仪

(1) 制备电极：将各面打磨光亮的 $1cm\times1cm\times1cm$ 碳钢电极一面焊上直径为 1mm 的铜丝，留出 $1cm^2$ 面积，其余各面用石蜡密封，如蜡封多可用小刀去除多余的石蜡，保持切面整齐。

(2) 用金相砂纸将碳钢电极表面打磨平整光亮，然后依次在丙酮或无水乙醇中除油，在 $0.5mol/L\ H_2SO_4$ 溶液中去除氧化层，浸泡时间分别不低于 10s。每次测量前都需要重复此步骤。电极处理的好坏对测量结果影响很大。

3. 恒电位法测定极化曲线的步骤

(1) 将制好的碳钢电极和饱和甘汞电极一起，插入装有约 70mL $2mol/L$ 碳酸铵溶液的电解槽中。

(2) 仪器开启前，连接好线路，"恒电位粗调"旋到最左端。打开电源开关，"工作方式"选为"参比"，负载选择电解池，"通/断"置"通"，此时为自然电位（应在 0.8V 以上,否则应重新处理电极),并记录下来。

(3) "通/断"置"断","工作方式"选为"恒电位","通/断"置"通",负载选择模拟,调节电位至自然电位。

(4) 负载选择电解池,调节电位,每次减少 20mV,同时记录下电流值。当电位接近 0 以后,按"+/-"键,电位值为 -1.20V 时可停止,"恒电位粗调"旋至最左端,关闭电源。

(5) 在溶液体系中加入钝化剂(如一定浓度的表面活性剂,分别加入 2 滴、4 滴、6 滴、8 滴、10 滴 OP-10 和十二烷基硫酸钠 SDS、十六烷基三甲基溴化铵 CTAB 等),测定其阳极极化曲线,考察钝化剂对极化曲线的影响。

(6) 重复步骤 (1)~(4)。

实验完成,"电位测量选择"置于"参比","工作电源"置于"关"。

测完之后,应使仪器复原,清洗电极,记录室温。

五、数据记录和处理

1. JH2X 型数字式恒电位仪

(1) 记录实验条件并计算过电位 η($\eta = E_{开路} - E_{给定}$)和电流密度 j(通过单位电极表面的电流)及 $\lg j$ 值,列表并描绘其钝化曲线图。

(2) 从钝化曲线上确定碳钢在碳酸铵溶液中维钝电位范围和维钝电流密度值。

2. HDY-Ⅱ 恒电位仪

(1) 对动态法测试的数据应列出表格记录数据。

以电流密度对数为纵坐标,电极电势(相对饱和甘汞)为横坐标,绘制没有添加钝化剂时的极化曲线。讨论所得实验结果及曲线的意义,指出钝化曲线中的活性溶解区、过渡钝化区、稳定钝化区、过钝化区,并标出临界钝化电流密度(电势)、维钝电流密度等数值。

活性溶解区: 　　　　　　　　　　过渡钝化区:

稳定钝化区: 　　　　　　　　　　过钝化区:

临界钝化电流密度(电势): 　　　　维钝电流密度:

(2) 加入钝化剂后,以电流密度对数为纵坐标,电极电势(相对饱和甘汞)为横坐标,绘制碳钢的极化曲线图。

(3) 由图表得出碳钢极化曲线的峰电流对数值、钝化区域,并算出加入表面活性剂后极化曲线的缓释率。计算相对缓蚀效率:$p = [(i_v - i_c)/i_v] \times 100\%$,其中 i_v 为未加缓蚀剂时的峰值电流;i_c 为加入缓蚀剂后的峰值电流。

加入钝化剂的量	最大电流对数值	钝化区	缓蚀率/%

(4) 讨论加入缓蚀剂后,钝化区是增大还是减小?试分析原因。

六、注意事项

（1）测定前仔细阅读仪器说明书，了解仪器的使用方法。
（2）电极表面一定要处理平整、光亮、干净，不能有点蚀孔。
（3）每次做完测试后，应关闭电源，取出电极，将其存放在去离子水中。
（4）每次做完测试后，碳钢电极应重新打磨处理。

七、思考与讨论

（1）金属钝化的基本原理是什么？
（2）测定极化曲线为何需要三个电极？在恒电位仪中，电位与电流哪个是自变量？哪个是因变量？
（3）试解释实验所得金属钝化曲线的各转折点的物理意义。
（4）是否可用恒电流法去测量金属钝化曲线？

八、补充

金属腐蚀问题遍及国民经济的各个部门，每年腐蚀都会使大量金属材料和设备损坏而报废，同时金属腐蚀还会污染土壤和水源，带来环境安全问题。从20世纪开始，特别是20世纪50年代以来，研究人员不断地对金属腐蚀问题进行研究，寻找各种有效方法减缓或者防止金属腐蚀，这也成为国际上经久不衰的研究课题之一[1~5]。

防护及控制金属和合金的腐蚀的措施很多，其中加入缓蚀剂是有效的手段之一。实际生产中常常需求几种缓蚀剂联合使用，以适应各种苛刻环境和满足环境保护的需要。研究发现，体系中加入少量的表面活性剂能够与缓蚀剂产生强烈的正协同效应，有利于改变溶液和电极表面的状态，以降低缓蚀剂的用量，提高缓蚀效率，减小毒性，便于后处理，对提高金属的防护效率和改善生产环境均起积极作用[6]。

为了探索电极过程的机理及影响电极过程的各种因素，包括各种水处理剂、缓蚀剂的评价和机理研究，都必须对电极过程进行研究，而在该研究过程中极化曲线的测定又是重要的方法之一。一般进行极化曲线测量。极化曲线可以解释腐蚀现象，分析腐蚀过程的性质和影响因素，对判断金属材料的电化学耐蚀性能及耐蚀工艺参数的选取具有理论指导意义。

碳钢在饱和碳酸铵溶液中的阳极过程具有典型的钝化现象，它的腐蚀速度可用阳极极化曲线峰值电流，即致钝电流来描述[7]。

九、参考文献

[1] 陶琦，李芬芳，邢健敏．金属腐蚀及其防护措施的研究进展［J］．湖南有色金属，2007，23：43-46.

[2] 边洁，王威强，管从胜．金属腐蚀防护有机涂料的研究进展［J］．材料科学与工程学报，2003，21：769-772.

[3] 雷惊，雷郑莎，李凌杰．椭圆偏振测量术在金属腐蚀与防护领域的应用［J］．腐蚀科学与防护技术，2012，24：91-94.

[4] 苏昌华，李林尉，傅崇岗．掺杂PB粉末固体石蜡碳糊电极的电化学特征研究［J］．聊城大学学报：自然科学版，2005，18：45-47，84.

[5] 石福花，王秀通，于建强．盐酸溶液中胺醛缩聚物对Q235钢的缓蚀性能影响［J］．腐蚀科学与防护技术，2011，23：139-142.

[6] 焦丽芳，王瑞芝，顾登平．用电化学法研制水杨醛［J］．精细化工，2001，18（12）：693-695.

[7] 李狄. 电化学原理 [M]. 北京：北京航空航天大学出版社，1999：412-413.

实验十一　电势-pH 曲线的测定

一、实验目的
(1) 测定 Fe^{3+}/Fe^{2+}-EDTA 溶液在不同 pH 条件下的电极电势，绘制电势-pH 曲线。
(2) 了解电势-pH 图的意义及应用。
(3) 掌握电极电势、电池电动势及 pH 的测定原理和方法。

二、实验原理
很多氧化还原反应不仅与溶液中离子的浓度有关，而且还与溶液的 pH 值有关，即电极电势与浓度和酸度成函数关系。如果指定溶液的浓度，则电极电势只与溶液的 pH 值有关。在改变溶液的 pH 值时测定溶液的电极电势，然后以电极电势对 pH 作图，这样就可得到等温、等浓度的电势-pH 曲线（图 2-17）。

在不同的 pH 值范围内，Fe^{3+}/Fe^{2+}-EDTA 络合体系的络合产物不同，以 Y^{4-} 代表 EDTA 酸根离子。我们将在三个不同 pH 值的区间来讨论其电极电势的变化。

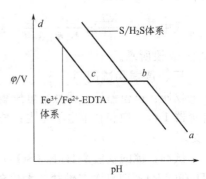

图 2-17　Fe^{3+}/Fe^{2+}-EDTA 络合体系的电势-pH 曲线

(1) 在一定 pH 范围内，Fe^{3+}/Fe^{2+} 能与 EDTA 生成稳定的络合物 FeY^{2-} 和 FeY^{-}，其电极反应为

$$FeY^{-} + e \rightleftharpoons FeY^{2-}$$

根据能斯特（Nernst）方程，其电极电势为

$$\varphi = \varphi^{\ominus} - \frac{RT}{F}\ln\frac{a_{FeY^{2-}}}{a_{FeY^{-}}} \tag{2-17}$$

式中，$\varphi^{\ominus}$ 为标准电极电势；a 为活度。

由 $a = \gamma m$（γ 为活度系数，m 为质量摩尔浓度），则式(2-17)可改写成：

$$\varphi = \varphi^{\ominus} - \frac{RT}{F}\ln\frac{\gamma_{FeY^{2-}}}{\gamma_{FeY^{-}}} - \frac{RT}{F}\ln\frac{m_{FeY^{2-}}}{m_{FeY^{-}}}$$

$$= (\varphi^{\ominus} - b_1) - \frac{RT}{F}\ln\frac{m_{FeY^{2-}}}{m_{FeY^{-}}} \tag{2-18}$$

式中，$b_1 = \frac{RT}{F}\ln\frac{\gamma_{FeY^{2-}}}{\gamma_{FeY^{-}}}$。

当溶液离子强度和温度一定时，b_1 为常数，在此 pH 范围内，该体系的电极电势只与 $m_{FeY^{2-}}/m_{FeY^{-}}$ 的值有关。在 EDTA 过量时，生成的络合物的浓度可近似看作是配制溶液时铁离子的浓度。即 $m_{FeY^{2-}} \approx m_{Fe^{2+}}$，$m_{FeY^{-}} \approx m_{Fe^{3+}}$。当 $m_{Fe^{2+}}$ 与 $m_{Fe^{3+}}$ 的比值一定时，则 φ 为一定值。曲线中出现平台区，如图 2-17 中的 bc 段所示。

(2) 低 pH 时的基本电极反应为：

$$FeY^{-} + H^{+} + e \rightleftharpoons FeHY^{-}$$

则可求得：

$$\varphi = (\varphi^{\ominus} - b_2) - \frac{RT}{F}\ln\frac{m_{\text{FeHY}^-}}{m_{\text{FeY}^-}} - \frac{2.303RT}{F}\text{pH} \tag{2-19}$$

式中，$b_2 = \frac{RT}{F}\ln\frac{\gamma_{\text{FeHY}^-}}{\gamma_{\text{FeY}^-}}$，在 $m_{\text{Fe}^{2+}}/m_{\text{Fe}^{3+}}$ 不变时，φ 与 pH 呈线性关系，如图 2-17 中的 cd 段所示。

(3) 在高 pH 时有

$$\text{Fe(OH)Y}^{2-} + e \rightleftharpoons \text{FeY}^{2-} + \text{OH}^-$$

则可求得：

$$\varphi = \varphi^{\ominus} - \frac{RT}{F}\ln\frac{a_{\text{FeY}^{2-}} \cdot a_{\text{OH}^-}}{a_{\text{Fe(OH)Y}^{2-}}}$$

稀溶液中水的活度积 K_w 可看作水的离子积，又根据 pH 的定义，则上式可写成：

$$\varphi = (\varphi^{\ominus} - b_3) - \frac{RT}{F}\ln\frac{m_{\text{FeY}^{2-}}}{m_{\text{Fe(OH)Y}^{2-}}} - \frac{2.303RT}{F}\text{pH} \tag{2-20}$$

式中，$b_3 = \frac{RT}{F}\ln\frac{\gamma_{\text{FeY}^{2-}} - K_w}{\gamma_{\text{Fe(OH)Y}^{2-}}}$，在 $m_{\text{Fe}^{2+}}/m_{\text{Fe}^{3+}}$ 不变时，φ 与 pH 呈线性关系，如图 2-17 中的 ab 段所示。

三、仪器和试剂

仪器：电位差计（或数字电压表）1 台；数字式 pH 计 1 台；200mL 五颈瓶 1 只；电磁搅拌器 1 台；饱和甘汞电极 1 支；玻璃电极 1 支；铂电极 1 支；超级恒温水浴槽 1 台；滴管 2 支。

试剂：硫酸铁铵 $NH_4Fe(SO_4)_2 \cdot 12H_2O$（AR）；硫酸亚铁铵 $(NH_4)_2Fe(SO_4)_2 \cdot 6H_2O$(AR)；EDTA 二钠盐二水化合物（AR）；盐酸（AR）；氢氧化钠（AR）；氮气。

四、实验步骤

1. 配制溶液

预先配制好 0.1mol/L $NH_4Fe(SO_4)_2$ 溶液，0.1mol/L $(NH_4)_2Fe(SO_4)_2$ 溶液，0.5mol/L EDTA 溶液，4.0mol/L HCl 溶液，2.0mol/L NaOH 溶液。

然后按下列次序将试剂加入五颈瓶中：0.1mol/L $NH_4Fe(SO_4)_2$ 30mL、0.1mol/L $(NH_4)_2Fe(SO_4)_2$ 30mL、0.5mol/L EDTA 40mL、去氧蒸馏水 50mL，并迅速通入氮气。

2. 电极电势和 pH 的测定

调节超级恒温槽的水温为 25℃，使反应瓶恒温，在搅拌的情况下（搅拌速度以不使溶液出现漩涡为限），将甘汞电极、铂电极分别插入反应容器盖子上的孔中，浸于液面下。铂电极、甘汞电极接在数字电压表的"+""−"两端，测定两极间的电动势，此电动势是相对于饱和甘汞电极的电极电势。

待搅拌旋转稳定后，再插入玻璃电极（玻璃电极在使用前在蒸馏水中浸泡 24h 以上活化），然后用滴管缓缓滴加 2.0mol/L NaOH 调节溶液的 pH 值（7.5～8.0），此时溶液为褐红色[加碱时要防止局部生成 $Fe(OH)_3$ 而产生沉淀]。在数字电压表和酸度计（事先应校正和定位）上，直接读取此时的电动势和相应的 pH 值。随后用滴管滴加 HCl 溶液调节 pH 值，待搅拌半分钟后，重新测定体系的 pH 值及 E 值。

如此，每滴加一次 HCl 溶液后（其滴加量以引起 pH 值改变 0.3 左右为限），测一个 pH 值和 E 值，得出该溶液的一系列 E 和 pH 值，直到溶液变浑浊（pH 值约为 3.0）。由于 Fe^{2+} 易受空气氧化，如有条件最好向反应器中通入 N_2 保护。停止实验，及时取出玻璃电极和甘汞电极，用水冲洗干净，然后使仪器复原。

实验完毕，整理桌面。

五、数据记录和处理

用表格形式记录所得的电动势 E 和 pH 值，将 E 换算成 Pt 电极的电极电势，$E=\varphi_{Pt}-\varphi_{sce}$，$\varphi_{sce}$ 值查第三章实验数据表十五。

绘制 Fe^{3+}/Fe^{2+}-EDTA 络合体系的电势-pH 曲线，由曲线确定 FeY^- 和 FeY^{2-} 稳定存在的 pH 值范围。

六、注意事项

（1）硫酸亚铁铵的纯度要注意，防止氧化。

（2）搅拌速度必须加以控制，防止由于搅拌不均匀造成加入 NaOH 时溶液上部出现少量的 $Fe(OH)_3$ 沉淀。

（3）通常，参比电极在测量时作正极，指示电极作负极，但也有例外。

（4）甘汞电极和玻璃电极注意事项。

① 使用玻璃电极注意事项：a. 电极使用前在 0.1mol/L 盐酸溶液中或水中浸泡 12h 以上，使之活化。b. 使用时应先轻轻震动电极，使其内溶液流入球泡部分，防止气泡的存在。c. 电极球泡部分极易破损，使用时必须仔细、谨慎，最好用套管保护。d. 电极不用时可保存在水中，如长期不用，可放在纸盒内。e. 玻璃电极表面不能沾有油污，忌用浓硫酸或铬酸洗液清洗玻璃电极表面。不能在强碱及含氟化物的介质中或黏土等胶体体系中停放过久，以免损坏电极或引起电极反应迟钝。

② 使用饱和甘汞电极注意事项：a. 电极应随时由电极侧口补充饱和氯化钾溶液和氯化钾固体。不用时可以存放在饱和氯化钾溶液中或前端用橡皮套套紧存放。b. 使用时要将电极侧口的小橡皮塞拔下，让氯化钾溶液维持一定的流速。c. 不要长时间浸在被测溶液中，以防流出的氯化钾污染待测溶液。d. 不要直接接触能侵蚀汞和甘汞的溶液。此时应改用双液接的盐桥，在外套管内浸注氯化钾溶液。也可用琼脂盐桥。琼脂盐桥的制备：称取优等琼脂 3g 和氯化钾（KCl，分析纯）10g，放于 150mL 烧杯中，加水 100mL，在水浴上加热溶解，再用滴管将溶化了的琼脂溶液灌注于直径约为 4mm 的 U 形管中，中间要没有气泡，两端要灌满，然后浸泡在 1mol/L 氯化钾溶液中。

七、思考与讨论

（1）写出 Fe^{3+}/Fe^{2+}-EDTA 络合体系在电势平台区的基本电极反应及对应的 Nernst 公式的具体形式。

（2）用酸度计和电位差计测电动势的原理各有什么不同？

（3）玻璃电极比氢电极有何优缺点？使用注意事项是什么？

实验十二　原电池电动势的测定及其应用

一、实验目的

（1）掌握可逆电池电动势的测量原理和电位差计的操作技术。

（2）了解可逆电池、可逆电极、盐桥等概念，学会铜、锌等电极和盐桥的制备方法。

（3）加深对原电池、电极电势等概念的理解。

(4) 正确使用电位差计、标准电池和检流计。

二、实验原理

凡是能使化学能转变为电能的装置都称之为电池（或原电池）。定温定压下的可逆电池：

$$(\Delta_r G_m)_{T,p} = -nFE$$

式中，F 为法拉第（Farady）常数；n 为电极反应式中电子的计量系数；E 为电池的电动势。可逆电池应满足如下条件：

(1) 电池反应可逆，亦即电池电极反应可逆。

(2) 电池中不允许存在任何不可逆的液接界。

(3) 电池必须在可逆的情况下工作，即充放电过程必须在平衡态下进行，亦即允许通过电池的电流为无限小。

因此在制备可逆电池、测定可逆电池的电动势时应符合上述条件。在精确度不高的测量中，常用正负离子迁移数比较接近的盐类构成"盐桥"来消除液接电位。用电位差计测量电动势也可满足通过电池电流为无限小的条件。

可逆电池的电动势可看作是正、负电极的电势之差。设正极电势为 φ_+，负极电势为 φ_-，则：

$$E = \varphi_+ - \varphi_-$$

电极电势的绝对值无法测定，手册上所列的电极电势均为相对电极电势，即以标准氢电极作为标准（标准氢电极的氢气压力为 101325 Pa，溶液中各物质活度为 1，其电极电势规定为零）。将标准氢电极与待测电极组成一电池，所测电池电动势就是待测电极的电极电势。由于氢电极使用不便，常用另外一些易制备、电极电势稳定的电极作为参比电极。常用的参比电极有甘汞电极、银-氯化银电极等。这些电极与标准氢电极比较而得的电势已精确测出。

下面以铜锌电池为例，对铜电极可设计电池如下：

$$\text{Zn(s)} | \text{ZnSO}_4(a_1) \| \text{CuSO}_4(a_2) | \text{Cu(s)}$$

正极（铜电极）的反应为：$Cu^{2+} + 2e \longrightarrow Cu$

负极（锌电极）的反应为：$Zn \longrightarrow Zn^{2+} + 2e$

电池反应：$Cu^{2+} + Zn \longrightarrow Zn^{2+} + Cu$

相应的电极电势分别为：

$$\varphi_{Cu^{2+}/Cu} = \varphi_{0,Cu^{2+}/Cu} - (RT/2F)\ln(a_{Cu}/a_{Cu^{2+}})$$

$$\varphi_{Zn^{2+}/Zn} = \varphi_{0,Zn^{2+}/Zn} - (RT/2F)\ln(a_{Zn}/a_{Zn^{2+}})$$

所以，铜锌电池的电动势为

$$\begin{aligned}
E &= \varphi_{Cu^{2+}/Cu} - \varphi_{Zn^{2+}/Zn} \\
&= [\varphi_{0,Cu^{2+}/Cu} - \varphi_{0,Zn^{2+}/Zn}] - (RT/2F)\ln[(a_{Cu} \times a_{Zn^{2+}})/(a_{Cu^{2+}} \times a_{Zn})] \\
&= E_0 - (RT/2F)\ln[(a_{Cu} \times a_{Zn^{2+}})/(a_{Cu^{2+}} \times a_{Zn})]
\end{aligned}$$

纯固体的活度为 1，所以，上式变为：$E = E_0 - (RT/2F)\ln(a_{Zn^{2+}}/a_{Cu^{2+}})$

电池电动势不能用伏特计来直接测量，因为当把伏特计与电池接通后，由于电池的放电，不断发生化学变化，电池中溶液的浓度将不断改变，因而电动势也会发生变化。另外，电池本身存在内电阻，所以伏特计所量出的只是两极上的电势降，而不是电池的电动势。只有在没有电流通过时的电势降才是电池的真正的电动势。

电势差计是可以利用对消法原理进行电势差测量的仪器。即能在电池无电流（或极小电流）通过时测得其两极的电势差，这时的电势差是电池的电动势。

三、仪器和试剂

仪器：电位差计 1 台；铜电极 2 支；锌电极 1 支；直流复射式检流计 1 台；滑线电阻 1

只;毫安表 1 只;精密稳压电源(或蓄电池) 1 台;铂电极 2 支;盐桥数只;标准电池 1 只;饱和甘汞电极 1 支。

试剂:0.1mol/L $CuSO_4$ 溶液;6mol/L 的 HNO_3 溶液;KCl 饱和溶液;镀铜溶液;0.1mol/L 的 $ZnSO_4$ 溶液;3mol/L 的 H_2SO_4 溶液;$Hg_2(NO_3)_2$ 饱和溶液;纯汞。

四、实验步骤

1. 电极的制备

(1) 锌电极的制备。将锌电极在 3mol/L 硫酸溶液中浸泡片刻,取出洗净,浸入汞或饱和硝酸亚汞溶液中约 10s,表面上即生成一层光亮的汞齐,用水冲洗晾干后,插入 0.1mol/L $ZnSO_4$ 中待用。

(2) 铜电极的制备。将铜电极在 6mol/L 稀硝酸中浸泡片刻,取出洗净,作为负极,以另一铜板作正极在镀铜液中电镀(镀铜液组成为:每升中含 125g $CuSO_4 \cdot 5H_2O$,25g H_2SO_4,50mL 乙醇)。电镀铜装置见图 2-18。控制电流为 20mA,电镀 20min 得表面呈红色的 Cu 电极,洗净后放入 0.1000mol/L $CuSO_4$ 中备用。

2. 盐桥制备

(1) 简易法。用滴管将饱和 KNO_3(或 NH_4NO_3)溶液注入 U 形管中,加满后用捻紧的滤纸塞紧 U 形管两端即可,管中不能存有气泡。

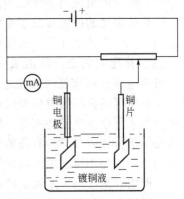

图 2-18 电镀铜装置图

(2) 凝胶法。称取琼脂 1g 放入 50mL 饱和 KNO_3 溶液中,浸泡片刻,再缓慢加热至沸腾,待琼脂全部溶解后稍冷,将洗净之盐桥管插入琼脂溶液中,从管的上口将溶液吸满(管中不能有气泡),保持此充满状态冷却到室温,即凝固成冻胶固定在管内。取出擦净备用。

3. 电动势的测定

① 按有关电位差计说明,接好测量电路→计算室温下的标准电池的电动势→标定电位差计的工作电流。

② 分别测定下列三个原电池的电动势。

a. Zn(s)|$ZnSO_4$(0.1000mol/L)‖KCl(饱和)|Hg_2Cl_2(s)-Hg(l)

b. Hg(l)-Hg_2Cl_2(s)|KCl(饱和)‖$CuSO_4$(0.1000mol/L)|Cu(s)

c. Zn(s)|$ZnSO_4$(0.1000mol/L)‖$CuSO_4$(0.1000mol/L)|Cu(s)

测量时应在夹套中通入 25℃ 恒温水。为了保证所测电池电动势的正确,必须严格遵守电位差计的正确使用方法。当数值稳定在 ±0.1mV 之内时即可认为电池已达到平衡。

五、数据处理

室温:_____℃;大气压力:_____ Pa;$ZnSO_4$ 溶液_____;$CuSO_4$ 溶液_____

(1) 记录上列三组电池的电动势测定值。

(2) 计算时遇到电极电位公式(式中 t 的单位为℃)如下:φ(饱和甘汞)=$[0.24380-6.5 \times 10^{-4}(t-25)]$V。

(3) 计算时有关电解质的离子平均活度系数 $\gamma_\pm$(25℃)如下:

0.1000mol/L $CuSO_4$ $\gamma_{Cu^{2+}}=\gamma_\pm=0.16$

0.1000mol/L $ZnSO_4$ $\gamma_{Zn^{2+}}=\gamma_\pm=0.15$

(4) 由测得的三个原电池的电动势进行以下计算:

① 由原电池 A 获得 $\varphi_{Zn^{2+}/Zn}$ 和 $\varphi_{0,Zn^{2+}/Zn}$。

② 由原电池 B 获得 $\varphi_{Cu^{2+}/Cu}$ 和 $\varphi_{0,Cu^{2+}/Cu}$。
③ 将原电池 C 测得的电动势同 A 与 B 得到的电极电动势计算该电池的电动势。两者进行比较。
④ 将计算结果与文献值比较。

六、注意事项

（1）制备电极时，防止将正负极接错，并严格控制电镀电流。
（2）在测定时要避免检流计猛打一边的情况出现。
（3）当检流计总向一边偏移时，检查正负极是否接反。
（4）实验过程中，调整仪器时要求操作轻。

七、思考题

（1）电位差计、标准电池、检流计及工作电池各有什么作用？如何保护及正确使用？
（2）参比电极应具备什么条件？它有什么功用？
（3）若电池的极性接反了有什么后果？
（4）盐桥有什么作用？选用作盐桥的物质应有什么原则？

八、补充对消法（补偿法）测电池电动势原理

可逆电池必须满足的条件之一是通过电池的电流为无限小，在电池内阻上要产生电位降，从而使得两极间的电位差较电池电动势为小。因此，只有在没有电流通过电池时两电极的电位差才与电池电动势相等。所以不能直接用伏特计来测量一个可逆电池的电动势，就是因为使用伏特计时必须使有限的电流通过回路才能驱动指针旋转，所得结果必然不是可逆电池电动势，而是不可逆电池两极间的电位差。

一般用对消法测可逆电池的电动势，常用的仪器为电位差计，电位差计是按对消法测量原理而设计的一种平衡式电压测量仪器，它与标准电池、检流计等相配合，成为电压测量的基本仪器。

图 2-19 是对消法测量原理示意，其中 E_w 是工作电池；R_p 是电位差计上均匀的滑线电阻；E_n 是标准电池；E_x 是待测电池；G 是检流计；K 是转换开关。由图可知，一台较完善的电位差计基本上由三个回路（工作电流回路、标准电流回路和测量回路）组成。

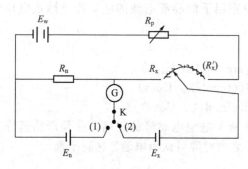

图 2-19　对消法测量原理示意

（1）工作电流回路，也叫电源回路，从工作电池正极开始经工作电流调节电阻 R_p，再经滑线电阻 R_x 及电阻 R_n，回到工作电池负极，它的作用是借助于调节 R_p 使在 R_n 及 R_x 上产生一定的电位降。

（2）标准电流回路：是校准工作电流的回路。从标准电流的正极开始［当开关（1）与检流计接通时］，经检流计，再经 R_n，回到标准电池负极，它的作用是校准工作电流以标定 R_x 上的电位降。借助于调节 R_p 使检流计 G 中电流为零（$I_g=0$），此时，$IR_n=E_n$，R_n 上的电位降与标准电池的电动势 E_n 相对消，大小相等而方向相反。工作电流 $I=E_n/R_n$。

（3）测量回路：从待测电池的正极开始［当开关（2）与检流计接通时］，经滑线电阻 R'_x 检流计，回到待测电池负极，它的作用是用定好的 R'_x 的电位降来测量未知电池的电动势，在保持校准后的工作电流 I 不变（即 R_p 固定）的条件下，在 R'_x 上寻找 R_x 点，使检流

计 G 中的电流为零（$I_g=0$），从而 $IR_x=E_x$，使 R_x 上的电位降与待测电池的电动势 E_x 相对消，大小相等而方向相反。

由此可见，因工作电流相同，则：$E_x=IR_x=\dfrac{R_x}{R_n}E_n$

由于 R'_x 的电位降事先已标定，有时可直接从 R'_x 对应的刻度盘上读出 R_x 上产生的电位降，即待测电池的电动势 E_x，这种测量方法又称补偿法。

应用对消法测量电动势有下列优点：

（1）在两次平衡中指零仪都指零，没有电流通过它。也就是说，电位差计既不从标准电池中吸取能量，也不从被测电池中吸取能量。这表明标准电池的电动势 E_n 在测量中仅作为电动势的参考标准，而且测量时并不改变被测对象的状态，即被测电动势能高度准确地保持其原有的数值。

（2）不需要测出线路中所通过的电流 I 的数值，只需测得 R_n 与 R_x 的值就可以了。

（3）测量结果的准确性依赖于电动势 E_x 即被测电动势的补偿电阻 R_x 与标准电池的补偿电阻 R_n 的比值的准确性，标准电池及电阻 R_x、R_n 都可以制造达到较高的精度，再与高灵敏度的检流计配合，可使测量结果极为准确。

实验十三　极化曲线的测定

Ⅰ　恒电位法测定极化曲线

一、实验目的
（1）掌握稳态恒电位法测定金属极化曲线的基本原理和测试方法。
（2）了解极化曲线的意义和应用。
（3）掌握恒电位仪的使用方法。

二、实验原理
1. 极化现象与极化曲线

为了探索电极过程机理及影响电极过程的各种因素，必须对电极过程进行研究，其中极化曲线的测定是重要方法之一。我们知道，在研究可逆电池的电动势和电池反应时，电极上几乎没有电流通过，每个电极反应都是在接近平衡状态下进行的，因此电极反应是可逆的。但当明显地有电流通过电池时，电极的平衡状态被破坏，电极电势偏离平衡值，电极反应处于不可逆状态，而且随着电极上电流密度的增加，电极反应的不可逆程度也随之增大。由于电流通过电极而导致电极电势偏离平衡值的现象称为电极的极化。描述电流密度与电极电势之间关系的曲线称作极化曲线，如图 2-20 所示。

金属的阳极过程是指金属作为阳极时在一定的外电势下发生的阳极溶解过程，如下式所示：

$$M \longrightarrow M^{n+} + ne$$

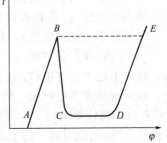

图 2-20　极化曲线
AB—活性溶解区；B—临界钝化点；
BC—过渡钝化区；CD—稳定钝化区；
DE—超（过）钝化区

此过程只有在电极电势正于其热力学电势时才能发生。阳极的溶解速度随电位变正而逐渐增大,这是正常的阳极溶出,但当阳极电势正到某一数值时,其溶解速度达到最大值,此后阳极溶解速度随电势变正反而大幅度降低,这种现象称为金属的钝化现象。图 2-20 中曲线表明,从 A 点开始,随着电位向正方向移动,电流密度也随之增加。电势超过 B 点后,电流密度随电势增加迅速减至最小,这是因为在金属表面生产了一层电阻高、耐腐蚀的钝化膜。B 点对应的电势称为临界钝化电势,对应的电流称为临界钝化电流。电势到达 C 点以后,随着电势的继续增加,电流却保持在一个基本不变的很小的数值上,该电流称为维钝电流。直到电势升到 D 点,电流才又随着电势的上升而增大,表示阳极又发生了氧化过程,可能是高价金属离子产生的,也可能是水分子放电析出氧气,DE 段称为过钝化区。

2. 极化曲线的测定

恒电位法测定原理见实验十金属钝化曲线的测定原理。

三、仪器和试剂

仪器:恒电位仪一台;饱和甘汞电极 1 支;碳钢电极 1 支;铂电极 1 支;三室电解槽 1 只(见图 2-21);盐桥(饱和氯化钾溶液);试剂瓶 2 个(一个放饱和 KCl 溶液,一个放 3% NaCl 溶液);铁夹;1200 号金相砂纸棉球。

试剂:$2mol/L (NH_4)_2CO_3$ 溶液;$0.5mol/L\ H_2SO_4$ 溶液;丙酮(AR);无水乙醇(AR)。

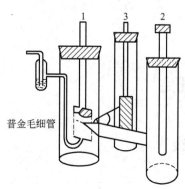

图 2-21 三室电解槽
1—研究电极;2—参比电极;3—辅助电极

四、实验步骤

1. 碳钢预处理

用金相砂纸将碳钢研究电极打磨至镜面光亮,用石蜡蜡封,留出 $1cm^2$ 面积,如蜡封多可用小刀去除多余的石蜡,保持切面整齐。然后在丙酮、无水乙醇中除油,在 $0.5mol/L$ 的硫酸溶液中除去氧化层,浸泡时间分别不低于 10s。每次测量前都需要重复此步骤。电极处理的好坏对测量结果影响很大。

2. 恒电位法测定极化曲线的步骤(HDY-Ⅱ恒电位仪)

(1) 将制好的碳钢电极和饱和甘汞电极一起插入装有 70mL 2mol/L 碳酸铵溶液的烧杯中。

(2) 仪器开启前,连接好线路,"恒电位粗调"旋到最左端。打开电源开关,"工作方式"选为"参比",负载选择电解池,"通/断"置"通",此时为自然电位(应在 0.8V 以上,否则应重新处理电极),并记录下来。

(3) "通/断"置"断","工作方式"选为"恒电位","通/断"置"通",负载选择模拟,调节电位至自然电位。

(4) 负载选择电解池,调节电位,每次减少 20mV,同时记录下电流值。当电位值接近 0 左右时,按仪器上的"+/−"键,然后顺时针调节数字,每次减少 20mV,直到 −1.20V 可停止,"恒电位粗调"旋至最左端,关闭电源。

五、数据记录和处理

(1) 列表记录数据

自腐电位——(如:−0.805V)

阴极极化数据:

电位/V	电流/mA	电位/V	电流/mA	电位/V	电流/mA	电位/V	电流/mA	电位/V	电流/mA

阳极极化数据：

电位/V	电流/mA	电位/V	电流/mA	电位/V	电流/mA	电位/V	电流/mA	电位/V	电流/mA

(2) 以电流密度为纵坐标，电极电势（相对饱和甘汞电极）为横坐标，绘制极化曲线。

(3) 讨论所得实验结果及曲线的意义，指出钝化曲线中的活性溶解区、过渡钝化区、稳定钝化区、过钝化区，并标出临界钝化电流密度（电势）、维钝电流密度等数值。

活性溶解区： 　　　　　　　　　　　　　　过渡钝化区：

稳定钝化区： 　　　　　　　　　　　　　　过钝化区：

临界钝化电流密度（电势）： 　　　　　　　维钝电流密度：

六、注意事项

(1) 按照实验要求，严格进行电极处理。

(2) 将研究电极置于电解槽时，要注意与鲁金毛细管之间的距离每次应保持一致。研究电极与鲁金毛细管应尽量靠近，但管口离电极表面的距离不能小于毛细管本身的直径。

(3) 每次做完测试后，应在确认恒电位仪或电化学综合测试系统在非工作的状态下关闭电源，取出电极。

七、思考与讨论

(1) 比较恒电流法和恒电位法测定极化曲线有何异同，并说明原因。

(2) 测定阳极钝化曲线为何要用恒电位法？

(3) 做好本实验的关键有哪些？

(4) 在测量过程中参比电极和辅助电极各起什么作用？

八、补充

1. 电化学稳态的含义

在指定的时间内，被研究的电化学系统的参量包括电极电势、极化电流、电极表面状态、电极周围反应物和产物的浓度分布等，随时间变化甚微，该状态通常被称为电化学稳态。电化学稳态不是电化学平衡态。实际上，真正的稳态并不存在，稳态只具有相对的含义。到达稳态之前的状态被称为暂态。在稳态极化曲线的测试中，由于要达到稳态需要很长的时间，而且不同的测试者对稳态的认定标准也不相同，因此人们通常人为界定电极电势的恒定时间或扫描速度，此法尤其适用于考察不同因素对极化曲线的影响时。

2. 三电极体系

极化曲线描述的是电极电势与电流密度之间的关系。被研究电极过程的电极称为研究电极或工作电极。与工作电极构成电流回路，以形成对研究电极极化的电极称为辅助电极，也叫对电极，其面积通常要较研究电极为大，以降低该电极上的极化。参比电极是测量研究电极电势的比较标准，与研究电极组成测量电池。参比电极应是一个电极电势已知且稳定的可逆电极，该电极的稳定性和重现性要好。为减少电极电势测试过程中的溶液电位降，通常两者之间以鲁金毛细管相连。鲁金毛细管应尽量但也不能无限制靠近研究电极表面，以防对研究电极表面的电力线分布造成屏蔽效应。

3. 影响金属钝化过程的几个因素

金属的钝化现象是常见的，人们已对它进行了大量的研究工作。影响金属钝化过程及钝化性质的因素，可以归纳为以下几点：

（1）溶液的组成。溶液中存在的 H^+、卤素离子以及某些具有氧化性的阴离子，对金属的钝化现象起着颇为显著的影响。在中性溶液中，金属一般比较容易钝化，而在酸性或某些碱性的溶液中，钝化则困难得多，这与阳极产物的溶解度有关。卤素离子，特别是氯离子的存在，则明显地阻滞了金属的钝化过程，已经钝化了的金属也容易被它破坏（活化），而使金属的阳极溶解速度重新增大。溶液中存在的某些具有氧化性的阴离子（如 CrO_4^{2-}）则可以促进金属的钝化。

（2）金属的化学组成和结构。各种纯金属的钝化性能不尽相同，以铁、镍、铬三种金属为例，铬最容易钝化，镍次之，铁较差些。因此添加铬、镍可以提高钢铁的钝化能力及钝化的稳定性。

（3）外界因素（如温度、搅拌等）。一般来说，温度升高以及搅拌加剧，可以推迟或防止钝化过程的发生，这显然与离子的扩散有关。

II 稳态恒流法阴极极化曲线的测定*

一、实验目的

（1）理解并掌握经典恒电流法测量稳态阴极极化曲线的基本原理和测量技术。
（2）测定锌电极在碱性溶液中的阴极极化曲线。

二、实验原理

恒电流法是控制电流密度使其依次恒定在不同的数值，同时测定相应的稳定电极电位值，然后把测得的一系列电流密度和电极电位绘成曲线，就是恒流稳态极化曲线。在此情况下，电流密度是自变量，极化曲线表示电极电位和电流密度之间的函数关系：$\varphi = f(i)$。

在恒电流极化中，电流的恒定可用两种方法来实现：一种是恒电流仪，它通过电子线路的反馈作用自动调整，使电流维持稳定；另一种是经典恒电流法，即利用高压直流电源串联一组高电阻来维持电流恒定。

本实验采用高压高阻法恒流。由于电解池的阻抗远远小于外线路中串联的限流电阻，所以在测量过程中由于电极极化、钝化等原因引起电解池的阻抗变化或电路中接触点电阻的变化相对于限流电阻而言是微不足道的，因此，它引起的电流变化可以忽略不计，达到恒定电流的目的。

与控制电位法相比，控制电流法所用仪器简单，容易实现，所以应用较早。但控制电流法只适用于测量单值函数的稳态极化曲线,即一个电流密度值对应一个电极电位值,一个电流密度对应几个电极电位值时必须采用控制电位法才能测得一条完整的极化曲线。

采用恒电流法测量极化曲线时,在每一个给定的电流密度下,读取相应的电极电位值。但由于种种原因,在给定电流后,电流不能立即达到稳态,即电极电位还将随时间发生变化。不同的电极体系,电位趋于稳定所需要的时间也不同。那么,在实际测量时应该怎样来读取实验数据呢?大家知道,所谓稳态是相对暂态而言的,绝对的稳态是不存在的,暂态和稳态的划分是以物理量变化是否显著为标准,这种划分也是相对的,因为其还与采用仪器的灵敏度及观察的时间长短有关。所以,在实际测量中,往往电位接近稳定时(即1~3min内读数无大变化)就读取电位值,或者硬性规定时间间隔,给定电流后停一定时间(如3min、5min、10min)测取电位值。显然,这种测得的极化曲线并非稳态,而只是接近于稳态,是"准稳态"。

在稳态情况下,极化曲线表示电极反应速率(即电流密度)与电极电位的关系。极化曲线是研究电极过程动力学最基本、最重要的方法。利用极化曲线可以测量电极反应的动力学参数,如交换电流密度 $i^{\ominus}$,传递系数 α 或 β,还可以研究电极反应机理。此外,极化曲线在应用电化学如电解、电镀、化学电源和金属腐蚀等方面得到广泛应用。

本实验测量锌电极在 1mol/L KOH 溶液中的极化曲线。电极反应:

阴极(Zn电极):$2H_2O+2e \longrightarrow 2OH^- + H_2 \uparrow$

阳极(Pt电极):$2OH^- \longrightarrow H_2O + \frac{1}{2}O_2 \uparrow + 2e$

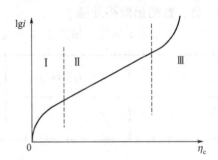

图 2-22 锌电极在碱性溶液中的阴极极化曲线

图 2-22 为锌电极在碱性溶液中的阴极极化曲线,Ⅰ、Ⅱ、Ⅲ区域分别对应弱极化区、Tafel 极化区和析氢区,电极过程为电化学控制。

三、仪器和试剂(测量体系)

仪器:直流稳压稳流电源1台,数字电压表1台,指针式电流表1台,10000Ω精密电阻箱1台,电解池1套,导线,鲁金毛细管。

测量体系:研究电极;Zn 电极(直径 3mm,纯度 99.95%);辅助电极;Pt 电极;参比电极;氧化汞电极;电解液,1mol/L KOH 溶液。

实验使用的标准氧化汞电极(天津艾达恒晟科技发展有限公司)参数如表 2-4 所示,所以其电极电位 $\varphi^{\ominus}=0.098-1.12\times10^{-4}(t-25)$ (V)。

表 2-4 标准氧化汞电极结构和性能参数

电极	电极结构	25℃电极电位/V	温度系数/(mV/K)	使用介质
氧化汞电极	Hg/HgO/KOH(a=1mol/L)	0.098	−1.12	碱性

四、实验步骤

(1) 将研究电极用金相砂纸磨光,除油后装入电解池,位置固定后调整鲁金毛细管的位置;辅助电极清洗后也装入电解池;加入电解液。

(2) 电路图如图 2-23 所示,接通极化回路,极化电流从 0.05mA 开始测量,一直测量到电极电位 2.0V 左右结束。在初始阶段每间隔 0.1mA 测量一次电位值,随后可适当增大电流间隔。

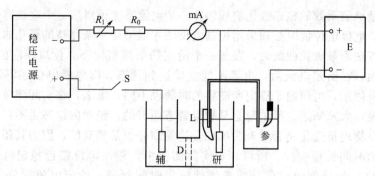

图 2-23 采用经典恒电流法测定阴极极化曲线电路图

(3) 极化电流由小到大测量一次，然后由大到小再测量一次。然后关闭电源、拆掉导线，电极和电解池中冲洗、干燥。

五、数据记录和处理

(1) 逐点记录数据，格式参考下表：

I/mA	i/(mA/cm^2)	lg i	$-\varphi$/V(η/V)	
			负向极化	正向极化

(2) 注意在极化开始前记录 Zn 电极的开路电位。
(3) 用 Origin 软件处理数据，得到电子版的 (η 或 φ)-lg i 图。
(4) 准确判定测量曲线的 Tafel 区，Tafel 方程式 $\eta = a + b \lg i$，由 η-lg i 图可以得到 Tafel 常数 a 和 b。

六、思考与讨论

(1) 三个电极各有何作用？
(2) 通过测量的极化曲线还可以获取哪些重要的电化学参数？

七、补充

(1) 影响氢超电势的因素较多，在实验过程中除应避免电阻超电势和浓差超电势外，特别要注意电极的处理和溶液的清洁，这是做好本实验的关键。如果电极表面有杂质会使铂电极中毒，严重影响实验结果。

(2) 电池的极化分别是由两个电极共同作用的结果，所以超电势为阴、阳两极共同贡献的。因此研究每个电极的极化，比研究整个电池的极化更为重要和明了。

＊参考资料：天津大学化学（工）学院实验中心编. 应用化学（工）专业技术实验指导书（电化学方向）. 天津：天津大学出版社，2012：9-11.

实验十四 离子迁移数的测定

一、实验目的

(1) 掌握希托夫法测定电解质溶液中离子迁移数的基本原理和操作方法。

(2) 测定 $CuSO_4$ 溶液中 Cu^{2+} 和 SO_4^{2-} 的迁移数。
(3) 掌握库仑计的使用。

二、实验原理

当电流通过电解质溶液时,溶液中的正负离子各自向阴、阳两极迁移,由于各种离子的迁移速度不同,各自所带过去的电量也必然不同。每种离子所带过去的电量与通过溶液的总电量之比,称为该离子在此溶液中的迁移数。若正负离子传递电量分别为 q^+ 和 q^-,通过溶液的总电量为 Q,则正负离子的迁移数分别为:

$$t^+ = q^+/Q$$
$$t^- = q^-/Q$$

离子迁移数与浓度、温度、溶剂的性质有关,增加某种离子的浓度则该离子传递电量的百分数增加,离子迁移数也相应增加;温度改变,离子迁移数也会发生变化,但温度升高正负离子的迁移数差别较小;同一种离子在不同电解质中迁移数是不同的。

离子迁移数可以直接测定,方法有希托夫法、界面移动法和电动势法等。

用希托夫法测定 $CuSO_4$ 溶液中 Cu^{2+} 和 SO_4^{2-} 的迁移数时,在溶液中间区浓度不变的条件下,分析通电前原溶液及通电后阳极区(或阴极区)溶液的浓度,读取阳极区(或阴极区)溶液的体积,可计算出通电后迁移出阳极区(或阴极区)的 Cu^{2+} 和 SO_4^{2-} 的量。通过溶液的总电量 Q 由串联在电路中的电量计测定,可算出 t^+ 和 t^-。

在迁移管中,两电极均为 Cu 电极,其中放 $CuSO_4$ 溶液。通电时,溶液中的 Cu^{2+} 在阴极上发生还原析出 Cu,而在阳极上金属铜溶解生成 Cu^{2+}。

对于阳极,通电时一方面阳极区有 Cu^{2+} 迁移出,另一方面电极上 Cu 溶解生成 Cu^{2+},因而有:

$$n_{迁,Cu^{2+}} = \frac{q^+}{Q} = n_{原始,Cu^{2+}} - n_{阳极,Cu^{2+}} + n_电$$

对于阴极,通电时一方面阴极区有 Cu^{2+} 迁移入,另一方面电极上的 Cu^{2+} 析出生成 Cu,因而有:

$$n_{迁,Cu^{2+}} = \frac{q^+}{Q} = n_{阴极,Cu^{2+}} - n_{原始,Cu^{2+}} + n_电$$

$$t_{Cu^{2+}} = \frac{n_{迁}\ Cu^{2+}}{n_电}, \quad t_{SO_4^{2-}} = 1 - t_{Cu^{2+}}$$

式中,$n_{迁,Cu^{2+}}$ 表示迁移出阳极区或迁入阴极区的 Cu^{2+} 的量;$n_{原始,Cu^{2+}}$ 表示通电前阳极区或阴极区所含 Cu^{2+} 的量;$n_{阳极,Cu^{2+}}$ 表示通电后阳极区所含 Cu^{2+} 的量;$n_{阴极,Cu^{2+}}$ 表示通电后阴极区所含 Cu^{2+} 的量;$n_电$ 表示通电时阳极上 Cu 溶解(转变为 Cu^{2+})的量,也等于铜电量计阴极上 Cu^{2+} 析出 Cu 的量,可以看出希托夫法测定离子的迁移数至少包括两个假定:

(1) 电的输送者只是电解质的离子,溶剂水不导电,这一点与实际情况接近。
(2) 不考虑离子水化现象。

实际上正、负离子所带水量不一定相同,因此电极区电解质浓度的改变部分是由水迁移所引起的,这种不考虑离子水化现象所测得的迁移数称为希托夫迁移数。希托夫法离子迁移数测定装置见图 2-24。

本实验用硫代硫酸钠溶液滴定铜离子浓度。其反应机理如下:

$$4I^- + 2Cu^{2+} \Longrightarrow 2CuI\downarrow + I_2$$
$$I_2 + 2S_2O_3^{2-} \Longrightarrow S_4O_6^{2-} + 2I^-$$

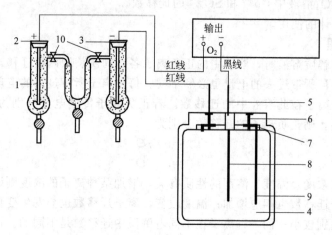

图 2-24 希托夫法离子迁移数测定装置
1—迁移管；2—阳极；3—阴极；4—库仑计；5—阴极插座；6—阳极插座；
7—电极固定板；8—阴极铜片；9—阳极铜片；10—活塞

1mol Cu^{2+} 消耗 1mol $S_2O_3^{2-}$。

三、仪器和试剂

仪器：迁移管 1 套；铜电极 2 只；离子迁移数测定仪 1 台；铜电量计 1 台；分析天平 1 台；碱式滴定管（250mL）1 只；碘量瓶（250mL）2 只；移液管（20mL）3 支；量筒（100mL）1 个。

试剂：KI 溶液（10%）；淀粉指示剂（0.5%）；硫代硫酸钠溶液（0.5000mol/L）；醋酸溶液（1mol/L）；硫酸铜溶液（0.5mol/L）。

四、实验步骤

（1）取 25mL 0.5mol/L 硫酸铜溶液于 250mL 干净容量瓶中，稀释至刻度，得 0.05mol/L 的 $CuSO_4$ 溶液。

（2）用水洗净迁移管，然后用 0.05mol/L 的 $CuSO_4$ 溶液润洗迁移管，并安装到迁移管固定架上。电极表面有氧化层时用细砂纸打磨。

（3）将铜电量计中阴极、阳极铜片取下，先用细砂纸磨光，除去表面氧化层，用蒸馏水洗净，用乙醇淋洗并吹干，在分析天平上称重，装入电量计中。

（4）连接好迁移管、离子迁移数测定仪和铜电量计。

（5）接通电源，调节电流强度为不超过 10mA，连续通电 90min。

（6）取 5mL 0.5000mol/L $Na_2S_2O_3$ 溶液于 50mL 干净容量瓶中，稀释至刻度，得 0.0500mol/L 的 $Na_2S_2O_3$ 溶液。

（7）通电前 $CuSO_4$ 溶液的滴定。用移液管从 250mL 容量瓶中移取 10mL 0.05mol/L 的 $CuSO_4$ 溶液于碘量瓶中，加入 5mL 1mol/L 的 HAc 溶液，加入 3mL 10% 的 KI 溶液，塞好瓶盖，振荡，置暗处 5～10min，以 0.0500mol/L 的 $Na_2S_2O_3$ 标准溶液滴定至溶液呈淡黄色，然后加入 1mL 淀粉指示剂，继续滴定至蓝色恰好消失（乳白色），记录消耗的 $Na_2S_2O_3$ 标准溶液的体积。

（8）通电后 $CuSO_4$ 溶液的滴定。停止通电后，关闭活塞 10，分别测量阴极、阳极区 $CuSO_4$ 溶液的体积，并分别移取 10mL 阴、阳极区 $CuSO_4$ 溶液，用 $Na_2S_2O_3$ 标准溶液滴定，分别记录消耗的 $Na_2S_2O_3$ 标准溶液体积。

(9) 将铜电量计中阴极、阳极铜片取下，用蒸馏水洗净，用乙醇淋洗并吹干，在分析天平上称重。

五、数据记录和处理
(1) 数据记录。

室温/℃		电流强度/mA		通电时间/min		
库仑计铜片质量/g		铜片1		铜片2		
		通电前	通电后	通电前	通电后	
$CuSO_4$溶液的体积/mL		左侧		右侧		
$Na_2S_2O_3$原液浓度/(mol/L)			$Na_2S_2O_3$标准溶液浓度/(mol/L)			
Cu^{2+}浓度滴定	试样体积/mL	滴定前$Na_2S_2O_3$标准溶液读数/mL	滴定后$Na_2S_2O_3$标准溶液读数/mL	消耗$Na_2S_2O_3$标准溶液体积/mL	Cu^{2+}浓度/(mol/L)	
通电前						
左侧电极区						
右侧电极区						

(2) 判断铜片1、铜片2哪片是阳极、阴极？判断左侧电极区、右侧电极区哪侧是阳极区、阴极区？

(3) 由电量计中阴极铜片的增量，算出通入的总电量，即铜片的增量/铜的原子量=$n_电$。

(4) 计算Cu^{2+}和SO_4^{2-}的迁移数。

六、注意事项
(1) 实验中的铜电极必须是纯度为99.999%的电解铜。

(2) 实验过程中凡是能引起溶液扩散、搅动的因素必须避免。电极阴、阳极的位置能对调，迁移数管及电极不能有气泡，两极上的电流密度不能太大。

(3) 本实验中各部分的划分应正确，不能将阳极区与阴极区的溶液错划入中部，这样会引起实验误差。因此，停止通电后，必须先关闭活塞10，然后才能测量阴、阳极区$CuSO_4$溶液的体积。

(4) 阴极、阳极区$CuSO_4$溶液的浓度差别很小，为了避免误差，宜分别用干净的移液管直接移取通电后的阴、阳极区$CuSO_4$溶液进行滴定，测量体积时将用于滴定的体积数计算在内。

(5) 本实验由铜库仑计的增重计算电量，因此称量及前处理都很重要，需仔细进行。

七、思考与讨论
(1) 通过电量计阴极的电流密度为什么不能太大？

(2) 通电前后中部区溶液的浓度改变，必须重做实验，为什么？

(3) 0.1mol/L KCl和0.1mol/L NaCl中的Cl^-迁移数是否相同？

(4) 如以阳极区电解质溶液的质量计算$t(Cu^{2+})$，应如何进行？

第三节　化学动力学

实验十五　电导法测定乙酸乙酯皂化反应的速率常数

一、实验目的
(1) 了解电导法测定化学反应速率常数的方法。
(2) 理解二级反应的特点，学会用图解法求二级反应的速率常数及其活化能。
(3) 熟悉电导率仪的使用。

二、实验原理

乙酸乙酯皂化反应为二级反应，其反应式如下式所示。设在时间 t 时生成物的浓度为 x，乙酸乙酯和氢氧化钠的起始浓度分别为 a、b，则反应物与生成物的浓度与时间的关系为：

$$CH_3COOC_2H_5 + NaOH \longrightarrow CH_3COONa + C_2H_5OH$$

$t=0$	a	b	0	0
$t=t$	$a-x$	$b-x$	x	x
$t\to\infty$	$\to 0$	$\to 0$	$\to c$	$\to c$

则该反应的动力学方程式为：

$$\frac{dx}{dt}=k(a-x)(b-x)$$

式中，k 为反应速率常数。反应速率与两个反应物浓度都是一次方的关系，称为二级反应。为了便于计算，设乙酸乙酯与氢氧化钠的反应起始浓度相等，$a=b$，则上式变为：

$$\frac{dx}{dt}=k(a-x)^2 \tag{2-21}$$

积分式(2-21)，且 $t=0$ 时，$x=0$ 得：

$$\frac{1}{a-x}=kt+\frac{1}{a} \tag{2-22}$$

或

$$k=\frac{1}{ta}\times\frac{x}{a-x} \tag{2-23}$$

由式(2-22)、式(2-23)可知，以 $\frac{1}{a-x}$（或 $\frac{x}{a-x}$）对 t 作图，均得一直线。同样，亦可将测得不同 t 时的 x 值代入上式，得 k 为常数，据此则能证明反应为二级反应。通常用的是作图法，并由直线的斜率计算反应速率常数 k。如时间单位为 min，浓度单位为 mol/L，则 k 的单位为 L/(mol·min)。

不同时间下生成物的浓度可用化学分析法（如分析反应液中 OH^- 的浓度）确定，也可用物理法测定（如测量电导），本实验用电导法测定。此方法的根据是：

(1) 反应物与生成物的电导率相差很大，在反应进行过程中，电导率大的 OH^- 逐渐被电导率小的 CH_3COO^- 所取代，溶液电导率有显著降低。

(2) 在稀溶液中，可以近似认为每种强电解质的电导率与其浓度成正比，并且溶液的电导率就等于溶液中各电解质离子电导率之和。

乙酸乙酯和乙醇的导电性极小，反应时，它们浓度的改变认为不影响溶液的电导值，溶液的导电能力取决于溶液中能导电的 Na^+、OH^- 和 CH_3COO^-。25℃时无限稀释水溶液中离子的摩尔电导率分别为：Na^+，0.005011S·m^2/mol；OH^-，0.01980S·m^2/mol；CH_3COO^-，0.00409S·m^2/mol。

可见，OH^- 的摩尔电导率约为 CH_3COO^- 的 5 倍，随着反应的进行，OH^- 不断地被导电能力远比它小的 CH_3COO^- 所代替（Na^+ 浓度则不变），从而使溶液的电导率逐渐降低，最后趋于定值。

由此可见，溶液电导率的变化和 CH_3COONa 的浓度成正比。即

$$t=t \text{ 时}, x=f(\kappa_0-\kappa_t)$$
$$t\to\infty \text{ 时}, x\to a, a=f(\kappa_0-\kappa_\infty)$$

两式相比，得：

$$\frac{x}{a}=\frac{\kappa_0-\kappa_t}{\kappa_0-\kappa_\infty}$$

式中　κ_0——反应起始（$t=0$）时溶液的电导率；

κ_∞——反应终了（$t=\infty$）时溶液的电导率；

κ_t——反应到 t 时溶液的电导率。

将上式代入式(2-23)，得：

$$k=\frac{1}{ta}\times\frac{\kappa_0-\kappa_t}{\kappa_t-\kappa_\infty} \tag{2-24}$$

整理上式得：

$$\kappa_t=\frac{1}{ak}\times\frac{\kappa_0-\kappa_t}{t}+\kappa_\infty \tag{2-25}$$

这是处理结果的基本式。以 κ_t 为纵坐标，$\dfrac{\kappa_0-\kappa_t}{t}$ 为横坐标绘图可得一直线，直线的斜率为 $\dfrac{1}{ak}$，截距为 κ_∞，故：

$$k=\frac{1}{a\times\text{斜率}} \tag{2-26}$$

实验测出 κ_0 及 κ_t 后用图解法便可求得反应速率常数 k 值。当浓度变化范围不大时，反应速率常数与温度的关系式如下：

$$\ln\frac{k_2}{k_1}=-\frac{E}{R}\times\left(\frac{1}{T_2}-\frac{1}{T_1}\right) \tag{2-27}$$

式中，k_1、k_2 分别为 T_1、T_2 时的反应速率常数；E 为反应的活化能。当测定了两个不同温度时的 k 值后便可由式(2-27) 计算出 E。

由于反应速率常数 k、溶液的电导率都与温度有关，因此反应必须在恒温的条件下进行。如上所述，本实验的数据处理基本式(2-24) 的推导前提是：实验中必须保证乙酸乙酯和氢氧化钠的起始浓度相同。为此，实验中根据 50mL 0.0100mol/L 的 NaOH 溶液量计算所需的 $CH_3COOC_2H_5$ 的体积为 0.0491mL。（20℃时，$CH_3COOC_2H_5$ 的密度为 0.9002g/mL，相对分子质量为 88.11）将如此少量的试剂注入 50mL 的 NaOH 溶液中，可认为溶液体积基本不变，保证了二者的起始浓度基本相同。

三、仪器和试剂

仪器：恒温水浴一台；电导率仪（带铂黑电极一支）一台；秒表一块；干燥大试管三支；烧杯两只；50mL 移液管一支；100μL 微量注射器一支。

试剂：0.0100mol/L NaOH 溶液；0.0100mol/L CH₃COONa 溶液；纯乙酸乙酯（AR）；工业滤纸。

四、实验步骤

(1) 调节恒温水浴使温度为（25.0±0.2）℃。

(2) 预热电导率仪并按操作规定进行调节（见第三章"第一节仪器简介"六）。

(3) 用移液管准确移取 50mL 0.0100mol/L NaOH 溶液于洁净、干燥的大试管中，并固定放置在恒温水浴中恒温。之后将上一步骤所用之电极取出，用滤纸轻轻吸干电极表面的溶液（注意不要用滤纸擦拭电极，以免破坏电极上的铂黑层）。将电极插入试管并与电导率仪连接好，待恒温 5min 后测其电导率 κ_0。用微量注射器准确吸取 49μL 乙酸乙酯（注意吸入前要排净注射器中的空气）迅速注入试管的溶液中，同时立即开动秒表记录时间 t，并将试管内溶液摇匀，使其瞬间混合（注意计时及时，混合均匀）。每隔 2min 测定一次 κ_t，反应进行 20min 即可停止测定，将试管取出。每次测量前，应对仪器进行校正。

(4) 调节恒温水浴至（35.0±0.2）℃，重复上述步骤测 35.0℃时的 κ_0 和 κ_t。

(5) 将试管全部洗净，电极用蒸馏水冲洗干净，置蒸馏水中存放。

五、数据记录和处理

(1) 反应温度：25.0℃，35.0℃。

反应物起始浓度 a：_____；电极常数：_____ cm^{-1}。

κ_0：_____（25.0℃）；_____（35.0℃）。

t/min	κ_t/(mS/cm)		$\kappa_0-\kappa_t$/(mS/cm)		$\dfrac{\kappa_0-\kappa_t}{t}$/[mS/(cm·min)]	
	25℃	35℃	25℃	35℃	25℃	35℃
2						
4						
6						
8						
10						
12						
14						
16						
18						
20						

(2) 以 κ_t 为纵坐标，$\dfrac{\kappa_0-\kappa_t}{t}$ 为横坐标作图，求出直线斜率，代入式(2-26)求 k。

(3) 利用式(2-27) 求 E。

六、注意事项

(1) 了解电导率仪的使用方法（校正、电极常数调节、测量读数的确定）。

(2) 本实验要求在反应液一开始混合就立刻计时。

(3) 乙酸乙酯皂化反应系吸热反应，混合后系统温度降低，所以在混合后的起始几分钟内所测的电导率偏低,因此在 2~4min 内的数据仅供参考。

(4) 不同温度下的数据作图可共用坐标系。

七、思考与讨论

(1) 本实验为何可用测定反应液的电导率变化来代替浓度变化?为什么要求反应的溶液浓度相当低?

(2) 二级反应有何特征?怎样由实验验证?

(3) 实验中如何保证乙酸乙酯和氢氧化钠的起始浓度相同?为什么要保证起始浓度相同?如果反应物起始浓度不相等,对本实验结果有无影响?

(4) 为什么实验要在恒温的条件下进行?

(5) 本实验处理结果的基本式是什么?基本式的推导前提是什么?需要测哪些物理量?

(6) 由式(2-24)可转化为:$\dfrac{1}{\kappa_t - \kappa_\infty} = \dfrac{ka}{\kappa_0 - \kappa_\infty} t + \dfrac{1}{\kappa_0 - \kappa_\infty}$,如何求 k 值?需要测哪些数据?

实验十六 量气法测定一级反应速率常数

一、实验目的

(1) 熟悉一级反应的特点,了解反应物浓度、温度和催化剂等因素对反应速率的影响。

(2) 掌握一种特殊的测定反应速率常数的方法——量气法。

(3) 用图解法求出一级反应表观反应速率常数。

二、实验原理

过氧化氢是很不稳定的化合物,在没有催化剂作用时也能分解,但分解速率很慢。当加入催化剂时能促使 H_2O_2 较快分解,分解反应按下式进行:

$$H_2O_2 = H_2O + \frac{1}{2}O_2$$

在催化剂 KI 作用下,H_2O_2 分解反应的机理为:

$$H_2O_2 + KI = KIO + H_2O \text{(慢)}$$

$$KIO = KI + \frac{1}{2}O_2 \text{(快)}$$

KI 与 H_2O_2 生成了中间产物 KIO,改变了反应的机理,使反应的活化能降低,反应加快。由于第一步比第二步慢得多,故整个分解反应的速率取决于第一步反应,第一步反应成为 H_2O_2 分解的控制步骤。

如果反应速率用单位时间内 H_2O_2 浓度的减少表示,则它与 KI 和 H_2O_2 的浓度成正比:

$$-\dfrac{dc_{H_2O_2}}{dt} = k_{H_2O_2} c_{KI} c_{H_2O_2}$$

式中,c 表示各物质的浓度,mol/L;t 为反应时间,s;$k_{H_2O_2}$ 为反应速率常数,其值仅取决于温度。

在反应过程中作为催化剂的 KI 的浓度保持不变,令 $k_1 = k_{H_2O_2} c_{KI}$,则:

$$-\frac{dc_{H_2O_2}}{dt} = k_1 c_{H_2O_2}$$

式中，k_1 为表观反应速率常数。此式表明，反应速率与 H_2O_2 浓度的一次方成正比，故称为一级反应。积分上式得：

$$\int_{c_0}^{c_t} -\frac{dc_{H_2O_2}}{c_{H_2O_2}} = -\int_0^t k_1 dt$$

$$\ln\frac{c_t}{c_0} = -k_1 t \tag{2-28}$$

在一定温度与催化剂浓度下，k_1 为定值，所以对一级反应而言，$\frac{c_t}{c_0}$ 的值仅与 t 有关，而与反应物初始浓度无关。

在 H_2O_2 催化分解过程中，t 时刻 H_2O_2 的浓度 c_t 可通过测量在相应的时间内反应放出的 O_2 体积求得。因为分解反应中放出 O_2 的体积与已分解了的 H_2O_2 浓度成正比，其比例常数为定值。令 V_∞ 表示 H_2O_2 全部分解所放出 O_2 的体积，V_t 表示 H_2O_2 在 t 时刻放出的 O_2 体积，则：

$$c_0 \propto V_\infty, c_t \propto (V_\infty - V_t)$$

将上面的关系式代入式(2-28)，得到：

$$\ln\frac{c_t}{c_0} = \ln\frac{V_\infty - V_t}{V_\infty} = -k_1 t$$

$$\ln(V_\infty - V_t) = -k_1 t + \ln V_\infty$$

若 H_2O_2 催化分解是一级反应，则以 $\ln(V_\infty - V_t)$ 对 t 作图应得一直线。这种利用动力学方程的积分式来确定反应级数的方法称为积分法，从直线的斜率可求出表观反应速率常数 k_1。

所以，我们可以很方便地采用量气法来测定反应在不同时间 t 时的氧气体积，从而计算出过氧化氢分解反应的表观反应速率常数。

但是，求 V_∞ 往往比较费事，无限长的时间固然是不能等的，一般常用加热来加快分解速度，但加热后的热平衡很难达到，而要保证加热前后的温度相同也很困难，再加上漏气问题，因此 V_∞ 的测定既费时费事又不够准确。故采用下列方法消去 V_∞。

消去 V_∞ 的方法如下：

(1) 按上面的方法，测定出第一套 t 和 V 的对应数据，即 $t_1, t_2, t_3, \cdots, t_n$；$V_1, V_2, V_3, \cdots, V_n$。

(2) 再以任意指定的 T 时间为起点（$T > t_n$）测定第二套 t 和 V 的对应数据，即 $(T+t_1), (T+t_2), (T+t_3), \cdots, (T+t_n)$；$V_1', V_2', V_3', \cdots, V_n'$。

按第一套数据，有方程式如下：令 $\ln V_\infty = D$

$$\ln(V_\infty - V_n) = -k_1 t_n + D \tag{2-29}$$

同样，按第二套数据有类似方程式如下：

$$\ln(V_\infty - V_n') = -k_1(T+t_n) + D \tag{2-30}$$

去掉式(2-29)与式(2-30)的对数得：

$$V_\infty - V_n = e^{-k_1 t_n} \cdot e^D \tag{2-31}$$

$$V_\infty - V_n' = e^{-k_1(T+t_n)} \cdot e^D \tag{2-32}$$

式(2-31) 减式(2-32) 得：

$$V'_n - V_n = e^{-k_1 t_n} \frac{1-e^{-k_1 T}}{e^{-D}}$$

取对数得：

$$\ln(V'_n - V_n) = -k_1 t_n + \ln \frac{1-e^{-k_1 T}}{e^{-D}}$$

令 $E = \ln \frac{1-e^{-k_1 T}}{e^{-D}}$（因 k_1、T、D 都为常数），则：

$$\ln(V'_n - V_n) = -k_1 t_n + E \tag{2-33}$$

式(2-33)表明，在恒温恒压下，只要测出 t_n 时氧气体积 V_n 及 $(T+t_n)$ 时氧气体积 V'_n，以 $\ln(V'_n - V_n)$ 对 t_n 作图，应得到一条直线，由斜率便可求出 k_1 值（单位：$\min^{-1}$）。

一级反应半衰期 $t_{\frac{1}{2}}$ 与起始浓度无关，$t_{\frac{1}{2}} = \frac{\ln 2}{k_1}$。

三、仪器和试剂

实验装置如图 2-25 所示。

试剂：0.6% H_2O_2 溶液（新配制）；0.25mol/L KI 溶液（配制的浓度因室温的变化要有所改动）。

仪器：移液管（20mL）三支；秒表一块；洗耳球。

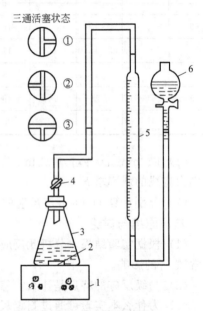

图 2-25　实验装置
1—磁力搅拌器；2—磁针；3—锥形瓶；
4—三通活塞；5—量气管；6—水准瓶

四、实验步骤

(1) 检漏：将三通活塞 4 旋转至状态①使系统、环境、量气管互通，举高水准瓶，使液体充满量气管，然后旋转三通活塞 4 至状态②，使系统与环境隔绝，将水准瓶下降一段距离并固定在支架上，注意观察量气管内液面是否下降，如果 2min 内能保持不变，则可认为不漏气，否则须检查漏气处并消除之。

(2) 在确认不漏气的情况下，将三通活塞 4 旋转至状态①，使系统、环境、量气管互通，提高水准瓶，使液体升至量气管顶部（靠近量气管零点刻线处），固定好水准瓶，分别用专用移液管取 20mL H_2O_2 溶液和 20mL KI 溶液，注入锥形瓶内，将磁针放入锥形瓶中，塞紧橡皮塞，开动磁力搅拌器，开始中速搅拌。（以上过程应在 1~2min 内完成。）

(3) 数据记录：上述过程完成后，旋转三通活塞 4 至状态②，使系统与环境隔绝，与量气管相通。取下固定在支架上的水准瓶，开始边计时边读取量气管上的体积刻度。

(4) 于 1min、2min、3min、…、10min，记录 10 个 V_n 体积数。于 11min、12min、13min、…、20min 记录 10 个 V'_n 体积数。（读数时，水准瓶与量气管水面一定要对齐，每次相隔一定是 1min。）

(5) 测完后，关掉磁力搅拌器，打开橡皮塞，倒掉反应液，洗净锥形瓶（注意勿倒掉磁针），以备后用。

(6) 用专用移液管分别取 10mL H_2O_2、10mL 蒸馏水、20mL KI 注入锥形瓶内，在中速搅拌下重复步骤 (3)~(5)。

(7) 用专用移液管分别取 20mL H_2O_2、10mL 蒸馏水、10mL KI 注入锥形瓶内，在中速搅拌下同法实验。

五、数据记录和处理

室温：____℃；大气压：____kPa

t_n /min	V_{n1} /mL	V_{n2} /mL	V_{n3} /mL	$T+t_n$ /min	V'_{n1} /mL	V'_{n2} /mL	V'_{n3} /mL	$\ln(V'_{n1}-V_{n1})$	$\ln(V'_{n2}-V_{n2})$	$\ln(V'_{n3}-V_{n3})$
1				11						
2				12						
3				13						
4				14						
5				15						
6				16						
7				17						
8				18						
9				19						
10				20						

（1）以 $\ln(V'_{n1}-V_{n1})$-t_n、$\ln(V'_{n2}-V_{n2})$-t_n、$\ln(V'_{n3}-V_{n3})$-t_n 作图，共用一个坐标系。分别由直线的斜率求 k_1。

（2）分别计算 H_2O_2 分解反应的半衰期 $t_{1/2}$。

六、思考与讨论

（1）根据实验结果，分析此反应中反应物浓度的改变、催化剂浓度的改变对表观反应速率常数 k_1 的影响。

（2）一级反应的特点是什么？怎样由实验验证？

（3）为什么本实验可通过测定氧气体积来求反应速率常数？

（4）本实验方法依据的公式是什么？需测定哪些数据，如何测定？

（5）若一开始反应速率过快，氧气量变化大，影响继续测量，此时可放出一些开始分解的氧气，重新测量，不必更换溶液，这不影响实验结果，为什么？

七、皂膜法

皂膜法与上述实验方法对比，不需要水准瓶和水。量气管用肥皂水润湿，并在量气管内制造一个肥皂薄膜，按照实验装置图2-26装好仪器。

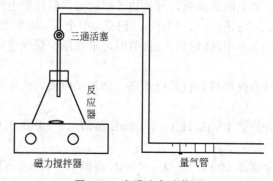

图2-26　皂膜法实验装置

实验十七 旋光法测定蔗糖转化反应的速率常数

一、实验目的
(1) 了解反应的反应物浓度与旋光度之间的关系。
(2) 了解旋光仪的基本原理，掌握其基本使用方法。
(3) 利用旋光法测定蔗糖水解反应的速率常数与半衰期。

二、实验原理
蔗糖在水中水解成葡萄糖与果糖的反应为：

$$C_{12}H_{22}O_{11}(蔗糖) + H_2O \xrightarrow{H^+} C_6H_{12}O_6(葡萄糖) + C_6H_{12}O_6(果糖)$$

为使水解反应加速，反应常常以 H^+ 为催化剂。由于在较稀的蔗糖溶液中水是大量的，反应到达终点时，虽然有部分水分了参加了反应，但与溶质（蔗糖）浓度相比可以认为它的浓度没有改变。因此，在一定的酸度下，反应速率只与蔗糖的浓度有关，所以该反应可视为一级反应（动力学中称之为准一级反应）。该反应的速率方程为：$-dc/dt = kc$，其中 c 为蔗糖溶液的浓度，k 为蔗糖在该条件下的水解反应速率常数。设蔗糖开始水解反应时的浓度为 c_0，水解到某时刻时的蔗糖浓度为 c_t，对上式进行积分得：$\ln c_0/c_t = kt$，该反应的半衰期与 k 的关系为：

$$t_{1/2} = \frac{\ln 2}{k} = \frac{0.693}{k}$$

测定反应过程中的反应物浓度，以 $\ln c$ 对 t 作图，就可以求出反应的速率常数 k。在这个反应中，利用体系在反应进程中的旋光度不同，来度量反应的进程。

蔗糖、葡萄糖、果糖都是具有旋光性的物质，即都能使透过它们的偏振光的振动面旋转一定的角度，称为旋光度，以 α 表示。其中蔗糖、葡萄糖能使偏振光的振动面按顺时针方向旋转，为右旋光性物质，旋光度为正值；而果糖能使偏振光的振动面按逆时针方向旋转，为左旋光性物质，旋光度为负值。

用旋光仪测出的旋光度值，与溶液中旋光物质的旋光能力、溶剂的性质、溶液的浓度、温度等因素有关，固定其他条件，可认为旋光度 α 与反应物浓度 c 成线性关系。物质的旋光能力用比旋光度来度量：

$$[\alpha]_D^t = \frac{\alpha \times 100}{lc}$$

式中，t 为实验温度；所用钠灯光源 D 线波长为 589nm；α 为旋光度；l 为液层厚度，dm；c 为浓度，g/100mL。当其他条件不变时，即 $\alpha = \beta c$，β 在一定条件下是一常数。

旋光度与浓度成正比，且溶液的旋光度为各组分旋光度之和。

蔗糖的比旋光度 $[\alpha]_D^{20} = 66.6°$，葡萄糖的比旋光度 $[\alpha]_D^{20} = 52.5°$，果糖是左旋性物质，它的比旋光度为 $[\alpha]_D^{20} = -91.9°$。因此，在反应过程中，溶液的旋光度先是右旋的，随着反应的进行右旋角度不断减小，过零后再变成左旋，直至蔗糖完全转化，左旋角度达到最大。

当 $t=0$ 时，蔗糖尚未开始转化，溶液的旋光度为：$\alpha_0 = \beta_{反应物} c_0$ (2-34)

当蔗糖已完全转化时，体系的旋光度为：$\alpha_\infty = \beta_{生成物} c_0$ (2-35)

此处，β 为旋光度与反应物浓度关系中的比例系数。

时间 t 时，蔗糖浓度为 c，旋光度应为：$\alpha_t = \beta_{反应物} c + \beta_{生成物}(c_0 - c)$ (2-36)

由式(2-34)、式(2-35) 得：$c_0 = \dfrac{\alpha_0 - \alpha_\infty}{\beta_{反应物} - \beta_{生成物}} = \beta'(\alpha_0 - \alpha_\infty)$

由式(2-35)、式(2-36) 得：$c = \dfrac{\alpha_t - \alpha_\infty}{\beta_{反应物} - \beta_{生成物}} = \beta'(\alpha_t - \alpha_\infty)$

代入 $\ln c = -kt + \ln c_0$，可得：$\ln(\alpha_t - \alpha_\infty) = -kt + \ln(\alpha_0 - \alpha_\infty)$

根据实验测得的反应过程中的旋光度值计算 $\ln(\alpha_t - \alpha_\infty)$，再对时间作图，可得一条直线，根据直线斜率可求得反应速率常数。

三、仪器和试剂

仪器：旋光仪 1 台，超级恒温槽 1 台，秒表 1 只，烧杯（100mL）1 个，移液管（25mL）2 支。

试剂：蔗糖（分析纯），盐酸溶液（4mol/L）。

四、实验步骤

1. 旋光仪零点的校正

用蒸馏水调试旋光仪。测试三次蒸馏水的旋光度值，取其平均值，此为旋光仪的零点。

2. 蔗糖水解过程中不同时间 t 下的 α_t 的测定

① 称取 10g 蔗糖于 50mL 水中溶解（定容为 50mL），如有混浊，需过滤。

② 再取 25mL 4mol/L HCl 于 25mL 蔗糖溶液（100mL 锥形瓶）中。同时记下反应开始的时间。混匀，立即用少量混合溶液润洗旋光管，然后装满旋光管，盖好，在旋光仪中测定旋光度值（第一个数值要求在反应起始时间 1~2min 内测定）。余下部分溶液保留好，用于测定 α_∞。

注：在加入 HCl 一半时开始计时，作为反应的开始时间。

③ 测定不同时间 t 时的 α_t。记下时间，每隔 2min 再读取旋光值。共测 28min。

3. 反应终了时的 α_∞ 的测定

将上面步骤 2.③中保留的混合液于 60℃下加热半小时，取出冷却至实验温度后测定其旋光值，此为 α_∞。

4. 结束整理

关闭旋光仪。将旋光管、烧杯中的溶液倒去，洗净。

五、数据处理

（1）数据记录与处理。

盐酸浓度：＿＿＿＿mol/L；实验温度：＿＿＿＿℃；大气压：＿＿＿＿kPa；α_∞：＿＿＿＿

编号	反应时间 t/min	α_t	$\alpha_t - \alpha_\infty$	$\ln(\alpha_t - \alpha_\infty)$
1				
2				
3				
4				
5				
6				
7				

续表

编号	反应时间 t/min	α_t	$\alpha_t - \alpha_\infty$	$\ln(\alpha_t - \alpha_\infty)$
8				
9				
10				
11				
12				
13				
14				

(2) 以 $\ln(\alpha_t - \alpha_\infty)$ 对 t 作图得一直线，从直线斜率可求得速率常数 k。

(3) 由截距求得 α_0。

(4) 计算蔗糖水解反应的半衰期 $t_{1/2}$。

六、注意事项

(1) 注意保护钠光灯，测到 30min 后，每次测量间隔时应将钠光灯熄灭，下次测量 10min 前再打开钠光灯。

(2) 实验完毕，一定要将旋光管清洗干净。

(3) 如有可能，实验数据可采用计算机进行处理，同手工处理相比较。推荐使用 Excel 或是 Origin 软件。

七、思考与讨论

(1) 为什么可以用蒸馏水来校正旋光仪的零点？

(2) 在旋光度的测量中，为什么要对零点进行校正？它对旋光度的精确测量有什么影响？在本实验中，若不进行校正对结果是否有影响？

(3) 蔗糖溶液为什么可粗略配制？蔗糖的转化速度和哪些因素有关？

(4) 溶液的旋光度与哪些因素有关？

(5) 反应开始时，为什么将盐酸溶液倒入蔗糖溶液中，而不是相反？

(6) 如果不测定 α_∞，以 $\ln(\alpha'_t - \alpha_t)$ 对 t 作图得一直线，从直线斜率可求得速率常数 k，如何记录数据和处理数据？

八、偏振光与旋光性知识：平面偏振光和物质的旋光性

（一）偏振光和偏振光的振动面

光波是电磁波，是横波。其特点之一是光的振动方向垂直于其传播方向。普通光源所产生的光线由多种波长的光波组成，它们都在垂直于其传播方向的各个不同的平面上振动。图 2-27（左）表示普通的单色光束直射时的横截面。光波的振动平面可以有无数个，但都与其前进方向相垂直。

当一束单色光通过尼科耳棱镜［由方解石晶体加工制成，图 2-27（中）］时，由于尼科

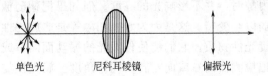

图 2-27　平面偏振光的形成

耳棱镜只能使与其晶轴相平行的平面内振动的光线通过，因而通过尼科耳棱镜的光线就只在一个平面上振动。这种光线叫作平面偏振光，简称偏振光［图 2-27（右）］。偏振光的振动方向与其传播方向所构成的平面，叫作偏振光的振动面。

当普通光线通过尼科耳棱镜成为偏振光后，再使偏振光通过另一个尼科耳棱镜时，则在第二个尼科耳棱镜后面可以观察到如下现象：两个尼科耳棱镜平行放置（晶体相互平行）时，光线的亮度最大［图 2-28（上）］；两个棱镜成其他角度时，则光线的亮度发生不同程度的减弱，接近 90°时较暗，接近 0°时较明亮。

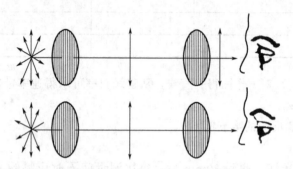

图 2-28　两个尼科耳棱镜平行放置（上）或垂直放置（下）时的情况

（二）旋光性物质和物质的旋光性

自然界中有许多物质对偏振光的振动面不发生影响，如水、乙醇、丙酮、甘油及氯化钠等；还有另外一些物质却能使偏振光的振动面发生偏转，如某种乳酸及葡萄糖的溶液。能使偏振光的振动面发生偏转的物质具有旋光性，叫作旋光性物质；不能使偏振光的振动面发生偏转的物质叫作非旋光性物质，它们没有旋光性。

当偏振光通过旋光性物质的溶液时，可以观察到有些物质能使偏振光的振动面向左旋转（逆时针方向）一定的角度（图 2-29），这种物质叫作左旋体，具有左旋性，以"−"表示；另一些物质则使偏振光的振动面向右旋转（顺时针方向）一定的角度，叫作右旋体，它们具有右旋性，以"+"表示。以前也曾用 l、d 表示左右旋。

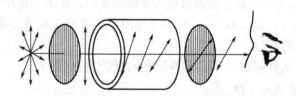

图 2-29　左旋体使偏振光的振动面向左旋转

（三）旋光度和比旋光度

将两个尼科耳棱镜平行放置，并在两个棱镜之间放一种溶液（图 2-30），在第一个棱镜（起偏振器）前放置单色可见光源，并在第二个棱镜（检偏振器）后进行观察。可以发现，在管中放置水、乙醇或丙醇时，并不影响光的亮度。但如果把葡萄糖或某种乳酸的溶液放于管内，则光的亮度就减弱以至变暗。这是因为水、乙醇等是非旋光性物质，不影响偏振光的振动面；而葡萄糖等是旋光性物质，它们能使偏振光的振动面向右或左偏转一定的角度。要达到最大的亮度，必须把检测器向右或向左转动同一角度。旋光性物质的溶液使偏振光的振动面旋转的角度，叫作旋光度，以 α 表示。

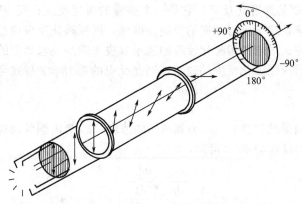

图 2-30 旋光性测定示意图

一种物质的旋光性主要取决于该物质的分子结构。但在测定物质的旋光度时，还明显地受测定条件的影响。影响旋光度的因素包括溶液浓度、液层厚度（即盛液管的长度）、所用光线（单色光）的波长、温度以及溶剂等。因此，同一种旋光性物质在不同条件下测定 α 值时，所得的结果也不一样。但如固定实验条件，则测得的物质的旋光度即为常数，它能反映该旋光性物质的本性，叫作比旋光度，以 $[\alpha]$ 表示。比旋光度与测得的旋光度（α）有以下的关系：

$$\alpha = lc_m [\alpha]_D^t$$

实验十八　丙酮碘化反应的速率方程

一、实验目的
（1）测定用酸作催化剂时丙酮碘化反应的速率常数及活化能。
（2）初步认识复杂反应机理，了解复杂反应的表观速率常数的求算方法。
（3）掌握分光光度计的使用方法。

二、实验原理
化学反应速率方程的建立是化学动力学研究的一个重要内容。通过实验测定不同时刻的反应物浓度，获得一系列数据，应用作图法、尝试法、半衰期法和微分法等方法以确定反应级数和速率常数，有了这些数据就可以确定有关反应的速率方程。对较复杂的反应级数确定常采用孤立浓度的微分法和改变物质数量比例的微分法。

丙酮碘化是一个复杂反应，其反应式为：

$$CH_3-CO-CH_3 + I_2 \xrightarrow{H^+} CH_3-CO-CH_2I + H^+ + I^-$$

一般认为该反应是按以下两步进行的：

$$CH_3-\underset{A}{CO}-CH_3 \underset{}{\overset{H^+}{\rightleftharpoons}} CH_3-\underset{B}{C(OH)}=CH_2 \tag{2-37}$$

$$CH_3-\underset{B}{C(OH)}=CH_2 + I_2 \longrightarrow CH_3-\underset{E}{CO}-CH_2I + H^+ + I^- \tag{2-38}$$

反应(2-37)是丙酮的烯醇化反应,它是一个很慢的可逆反应;反应(2-38)是烯醇的碘化反应,它是一个快速且趋于进行到底的反应。因此,丙酮碘化反应的总速率是由丙酮的烯醇化反应的速率决定的,丙酮的烯醇化反应的速率取决于丙酮及氢离子的浓度。如果以碘化丙酮浓度的增加来表示丙酮碘化反应的速率,则此反应的动力学方程式可表示为:

$$\frac{dc_E}{dt} = kc_A c_{H^+} \tag{2-39}$$

式中,c_E 为碘化丙酮的浓度;c_{H^+} 为氢离子的浓度;c_A 为丙酮的浓度;k 表示丙酮碘化反应总的速率常数。由反应(2-38)可知:

$$\frac{dc_E}{dt} = \frac{dc_{I_2}}{dt} \tag{2-40}$$

因此,如果测得反应过程中各时刻碘的浓度,就可以求出 dc_E/dt。由于碘在可见光区有一个比较宽的吸收带,所以可利用分光光度计来测定丙酮碘化反应过程中碘的浓度,从而求出反应的速率常数。若在反应过程中丙酮的浓度远大于碘的浓度且催化剂酸的浓度也足够大,则可把丙酮和酸的浓度看作不变,把式(2-39)代入式(2-40)积分得:

$$c_{I_2} = -kc_A c_{H^+} t + B \tag{2-41}$$

按照朗伯-比尔(Lambert-Beer)定律,某指定波长的光通过碘溶液后的光强为 I_t,通过蒸馏水后的光强为 I_0,则透光率可表示为:

$$T = \frac{I_t}{I_0} \tag{2-42}$$

并且透光率与碘的浓度之间的关系可表示为:

$$\lg T = -\varepsilon d c_{I_2} \tag{2-43}$$

式中,T 为透光率;d 为比色槽的光径长度;ε 为取以 10 为底的对数时的摩尔吸收系数。将式(2-41)代入式(2-43)得:

$$\lg T = k\varepsilon d c_A c_{H^+} t + B' \tag{2-44}$$

由 $\lg T$ 对 t 作图可得一直线,直线的斜率为 $k\varepsilon d c_A c_{H^+}$。式中 εd 可通过测定一已知浓度的碘溶液的透光率,由式(2-43)求得。当 c_A 与 c_{H^+} 浓度已知时,只要测出不同时刻丙酮、酸、碘的混合液对指定波长的透光率,就可以利用式(2-44)求出反应的总速率常数 k。

由两个或两个以上温度的速率常数,就可以根据阿伦尼乌斯(Arrhenius)关系式估算反应的活化能。

$$\ln \frac{k_2}{k_1} = \frac{E_a}{R}\left(\frac{1}{T_1} - \frac{1}{T_2}\right)$$

或

$$E_a = \frac{RT_2 T_1}{T_2 - T_1} \ln \frac{k_2}{k_1} \tag{2-45}$$

为了验证上述反应机理,可以进行反应级数的测定。根据总反应方程式,可建立如下关系式:

$$V = \frac{dc_E}{dt} = k c_A^\alpha c_{H^+}^\beta c_{I_2}^\gamma$$

式中,α、β、γ 分别表示丙酮、氢离子和碘的反应级数。由于碘在可见光区有一个比较宽的吸收带,所以可利用分光光度计来测定丙酮碘化反应过程中碘的浓度,从而求出反应的速率常数。若在反应过程中丙酮的浓度远大于碘的浓度且催化剂酸的浓度也足够大,则可把丙酮和酸的浓度看作不变,由 $\lg[I_2]$-t 作图,可得一直线,直线的斜率为反应速率。

若保持氢离子和碘的起始浓度不变,只改变丙酮的起始浓度,分别测定在同一温度下的反应速率，则：

$$\frac{V_2}{V_1} = \left[\frac{c_A(2)}{c_A(1)}\right]^\alpha$$

$$\alpha = \lg \frac{V_2}{V_1} \div \lg \frac{c_A(2)}{c_A(1)} \tag{2-46}$$

同理可求出 β、γ：

$$\beta = \lg \frac{V_3}{V_1} \div \lg \frac{c_{H^+}(2)}{c_{H^+}(1)}$$

$$\gamma = \lg \frac{V_4}{V_1} \div \lg \frac{c_{I_2}(2)}{c_{I_2}(1)} \tag{2-47}$$

三、仪器和试剂

仪器：紫外-可见分光光度计 1 套；比色皿；烧杯；容量瓶；量筒；移液管（1.5mL，3mL，5mL，10mL）；秒表。

试剂：碘溶液（0.02mol/L）；标准盐酸溶液（1mol/L）；丙酮溶液（4mol/L）。

四、实验步骤

(1) 调整分光光度计：将波长调到 565nm。

(2) 测定丙酮碘化反应的速率常数：取 10mL 碘溶液加 40mL 水，倒入比色皿，调整分光光度计为浓度模式，浓度值调为 400（代表实际浓度为 0.004mol/L），按确认键——参比溶液。以后再放入反应溶液，即可随时显示碘的浓度值。每分钟读一个数值，每组溶液读取 15 个数。

(3) 测定以下四组溶液的反应速率。

各反应物的用量如下：

编号	碘溶液(0.02mol/L)/mL	丙酮溶液(4mol/L)/mL	盐酸溶液(1mol/L)/mL	水/mL	总体积/mL
1	10.0	3.0	10.0	27.0	50.0
2	10.0	1.5	10.0	28.5	50.0
3	10.0	3.0	5.0	32.0	50.0
4	5.0	3.0	10.0	32.0	50.0

五、数据记录和处理

1. 把实验数据填入下表

时间/min			
c_{I_2} 浓度			
$\lg[I_2]$			

2. 求反应的速率常数

将 $\lg c_{I_2}$ 对时间 t 作图，得一直线，求直线的斜率，并求出反应的速率常数。

丙酮碘化反应的速率常数（文献值）：$k_{25℃} = 1.71 \times 10^{-3}$ L/(mol·min)，$k_{35℃} = 5.284 \times 10^{-3}$ L/(mol·min)。

摘自：Thon N. Tables of Chemistry Kinetics, Homogeneous Reactions, NBS Circular 510. U S Government Printing Office, 1951: 304.

3. 反应级数的测定

由上述四组溶液实验测得的数据，分别以 $\lg c_{I_2}$ 对 t 作图，得到四条直线。求出各直线斜率，即为不同起始浓度时的反应速率，再代入前述公式可求出 α、β、γ，即可求出反应的速率方程。

4. 求丙酮碘化反应的活化能

利用 25.0℃ 及 35.0℃ 时的 k 值，求丙酮碘化反应的活化能。

六、注意事项

（1）温度影响反应速率常数，实验时体系始终要恒温。

（2）当碘浓度较高时，丙酮可能会发生多元取代反应。因此，应记录反应开始一段时间的反应速率，以减小实验误差。

（3）向溶液中加入丙酮后，反应就开始进行。加入丙酮后应尽快操作，至少在 2min 之内应读出第一组数据。

（4）实验容器应用蒸馏水充分荡洗，否则会生成沉淀使实验失败。实验所需溶液均要准确配制。

七、思考题

（1）本实验中，是将丙酮溶液加到盐酸和碘的混合液中，但没有立即计时，而是当混合物稀释至 50mL，摇匀倒入恒温比色皿测透光率时才开始计时，这样做是否影响实验结果？为什么？

（2）影响本实验结果的主要因素是什么？

八、思考与讨论

虽然在反应(2-37)和反应(2-38)中从表观上看除 I_2 外没有其他物质吸收可见光，但实际上反应体系中却还存在着一个次要反应，即在溶液中存在着 I_2、I^- 和 I_3^- 的平衡：

$$I_2 + I^- \rightleftharpoons I_3^- \tag{2-48}$$

其中 I_2 和 I_3^- 都吸收可见光。因此反应体系的吸光度不仅取决于 I_2 的浓度而且与 I_3^- 的浓度有关。根据朗伯-比尔定律知，含有 I_3^- 和 I_2 的溶液的总消光度 E 可以表示为 I_3^- 和 I_2 两部分消光度之和，即

$$E = E_{I_2} + E_{I_3^-} = \varepsilon_{I_2} d c_{I_2} + \varepsilon_{I_3^-} d c_{I_3^-} \tag{2-49}$$

而摩尔消光系数 ε_{I_2} 和 $\varepsilon_{I_3^-}$ 是入射光波长的函数。在特定条件下，即波长 $\lambda = 565\text{nm}$ 时 $\varepsilon_{I_2} = \varepsilon_{I_3^-}$，所以式(2-49)就可变为：

$$E = \varepsilon_{I_2} d (c_{I_2} + c_{I_3^-}) \tag{2-50}$$

也就是说，在 565nm 这一特定的波长条件下，溶液的消光度 E 与总碘量（$I_2 + I_3^-$）成正比。因此常数 εd 就可以由测定已知浓度碘溶液的总消光度 E 来求出了。所以本实验必须选择工作波长为 565nm。

实验十九 甲酸氧化反应动力学的测定

一、实验目的

（1）利用电动势法测定甲酸被溴氧化的反应动力学。

（2）了解化学动力学实验和数据处理的一般方法。

(3) 加深理解反应速率方程、反应级数、速率系数、活化能等重要概念和一级反应动力学的特点、规律。

二、实验原理

甲酸被溴氧化的计量方程：$HCOO^- + Br_2 = CO_2 + H^+ + 2Br^-$

对该反应，除反应物外，$[Br^-]$ 和 $[H^+]$ 对反应速率也有影响，严格的速率方程非常复杂。在实验中，当使 Br^- 和 H^+ 过量，保持其浓度在反应方程中近似不变时，反应速率方程式可写成：

$$\frac{-d[Br_2]}{dt} = k[HCOOH]^m[Br_2]^n \tag{2-51}$$

如果初始的 $[HCOOH]$ 比 $[Br_2]$ 大得多，可认为在反应过程中 $[HCOOH]$ 保持不变，这时：

$$\frac{-d[Br_2]}{dt} = k'[Br_2]^n \tag{2-52}$$

式中，$k' = k[HCOOH]^m$。

因此，只要实验测得 $[Br_2]$ 随时间 t 变化的函数关系，即可确定反应级数 n 和速率系数 k'。如果在同一温度下，用两种不同浓度的 HCOOH 分别进行测定，则可得两个 k' 值。

$$k_1' = k[HCOOH]_1^m \tag{2-53}$$

$$k_2' = k[HCOOH]_2^m \tag{2-54}$$

联立求解式(2-53) 和式(2-54)，即可求出反应级数 m 和速率系数 k。

本实验采用电动势法跟踪 $[Br_2]$ 随时间的变化，以饱和甘汞电极（或银｜氯化银电极）和放在含 Br_2 和 Br^- 反应溶液中的铂电极组成如下电池：

$$(-)Hg, Hg_2Cl_2(s) | KCl^- || Br^-, Br_2 | Pt(+)$$

该电池的电动势是：

$$E = E_{Br_2/Br^-}^n + \frac{RT}{2F}\ln\frac{[Br_2]}{[Br^-]^2} - E_{甘汞} \tag{2-55}$$

当 $[Br^-]$ 很大时，在反应过程中 $[Br^-]$ 可认为保持不变，式(2-55) 可写成：

$$E = 常数 + \frac{RT}{2F}\ln[Br_2] \tag{2-56}$$

若甲酸氧化反应对 Br_2 为一级反应，则

$$\frac{-d[Br_2]}{dt} = k'[Br_2] \tag{2-57}$$

积分，得：

$$\ln[Br_2] = 常数 - k't \tag{2-58}$$

将式(2-58) 代入式(2-56)，得：

$$E = 常数 - \frac{RT}{2F}k't \tag{2-59}$$

因此，以 E 对 t 作图，如果得到的是直线，则证实上述反应对 Br_2 为一级，并可以从直线的斜率求得：

$$k' = -\frac{2F}{RT}\frac{dE}{dt}$$

上述电池的电动势约为 0.8V，而反应过程电动势的变化只有 30mV 左右。当用自动记录仪测量电势变化时，为了提高测量精度，用一恒定的电势对消掉一部分电动势，调整电位

器，使对消后剩下 20～30mV，因而可使测量电势变化的精度大大提高。

三、仪器和试剂

仪器：SunyLAB200 无纸记录仪（或 XWT-264 型台式自动记录仪）；超级恒温槽；分压接线盒；饱和甘汞电极（或 Ag｜AgCl 电极）；铂电极；电磁搅拌器；有恒温夹套的反应池（图 2-31）；移液管 5mL 4 支、10mL 1 支、25mL 1 支、50mL 1 支；洗瓶；洗耳球；倾倒废液的搪瓷量杯。

试剂：甲酸（HCOOH）溶液（4.00mol/L、2.00mol/L）；溴水（0.02mol/L）；KBr 溶液（1mol/L）；盐酸溶液（2mol/L）；铬酸洗液；去离子水。

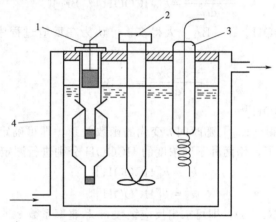

图 2-31　带恒温夹套的反应池
1—双液饱和甘汞电极；2—搅拌棒；3—铂电极；4—恒温槽

四、实验步骤

(1) 调节超级恒温水浴至所需温度（25℃），开动循环泵，使循环水在反应池夹套中循环，并将甲酸试剂瓶放在恒温槽内恒温。

(2) 认真处理铂电极表面。

(3) 用移液管向反应池中分别加入 75mL 水、10mL KBr、5mL 溴试剂，再加入 5mL 盐酸。

(4) 装好电极和搅拌棒，接好电路，开动搅拌器，使溶液在反应器内恒温。打开记录仪，当记录笔不随时间移动时，加入 5mL 2mol/L 甲酸溶液，开始记录。

(5) 使甲酸浓度增加一倍，保持温度及其他组分浓度不变，重复实验。

(6) 将反应温度调至 30℃，甲酸为原始浓度，其他组分不变，重复实验。

(7) 整理仪器，结束实验。

五、数据记录和处理

室温：____℃；大气压：____kPa

序号	温度/℃	甲酸浓度/(mol/L)	直线斜率	k'	k	m	n	E_a/J
1		2						
2		4						
3		2						

六、注意事项

(1) 实验中温度要恒定，测量必须在同一温度下进行。恒温槽的温度要控制在（25.0±

0.1)℃或（30.0±0.1)℃。

(2) 每次测定前，都必须将电导电极及电导池洗涤干净，以免影响测定结果。

七、思考与讨论

(1) 可以用一般的直流伏特计来测量本实验反应过程的电势差吗？为什么？

(2) 为什么用记录仪进行测量时要把电池电动势对消一部分？这样做对结果有没有影响？

(3) 写出本实验的电池反应，估计该电池的理论电动势约为多少？

(4) 本实验反应物之一溴（Br_2）是如何产生的？写出反应式。为什么加入 5mL 盐酸溶液？

实验二十　B-Z 化学振荡反应

一、实验目的

(1) 了解 Belousov-Zhabotinsky 反应（简称 B-Z 反应）的基本原理，掌握研究化学振荡反应的一般方法。

(2) 掌握计算机在化学实验中的应用，测定振荡反应的诱导期与振荡周期的表观活化能。

二、实验原理

化学振荡是一种周期性的化学现象。早在 17 世纪，波义耳就观察到磷放置在一瓶口松松塞住的烧瓶中时，会发生周期性的闪亮现象。1921 年，勃雷（W. C. Bray）在一次偶然的机会发现 H_2O_2 与 KIO_3 在硫酸稀溶液中反应时，释放出 O_2 的速率以及 I_2 的浓度会随时间周期变化。直到 1959 年，B. P. Belousov 首先观察到丙二酸在溶有硫酸铈的酸性溶液中被溴酸钾氧化的反应，随后 A. M. Zhabotinsky 对其进行了深入研究，再后来又发现了一大批可呈现化学振荡现象的含溴酸盐的反应系统。人们统称这类反应为 B-Z 反应。

由实验测得的 B-Z 系统典型铈离子和溴离子浓度的振荡曲线如图 2-32 所示。

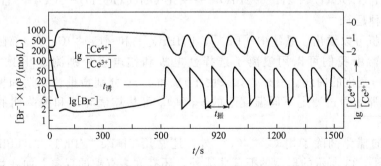

图 2-32　B-Z 系统典型铈离子和溴离子浓度的振荡曲线

关于 B-Z 反应的机理，已做了大量的研究，并取得了一些结果。目前为人们普遍接受的是由 Field、Koros 和 Noyes 提出的关于在硫酸介质中以金属铈离子作催化剂的条件下，丙二酸被溴酸钾氧化的机理，简称 FKN 机理。

FKN 机理对 B-Z 振荡反应解释如下：系统中存在两个受溴离子浓度控制的过程 A 和 B，当 Br^- 浓度高于临界浓度 $[Br^-]_{crit}$ 时，发生 A 过程；当 Br^- 浓度低于 $[Br^-]_{crit}$ 时，发生 B

过程。在 A 过程，由于化学反应，Br^- 浓度降低，当 Br^- 浓度达到 $[Br^-]_{crit}$ 时，B 过程发生。在 B 过程中，Br^- 再生，Br^- 浓度增加，当 Br^- 浓度达到 $[Br^-]_{crit}$ 时，A 过程发生。系统就是在 A 过程、B 过程间往复振荡。下面以 BrO_3^--Ce^{4+}-MA-H_2SO_4 系统为例说明：

当 Br^- 浓度足够高时，发生下列 A 过程：

$$BrO_3^- + Br^- + 2H^+ \xrightarrow{k_1} HBrO_2 + HOBr \quad (2-60)$$

$$HBrO_2 + Br^- + H^+ \xrightarrow{k_2} 2HOBr \quad (2-61)$$

其中第一步是速率控制步，此过程的特点是大量消耗 Br^-，产生能进一步反应的 HOBr，$HBrO_2$ 为中间体。当达到准定态时，有 $[HBrO_2]=k_1/k_2[BrO_3^-][H^+]$。过程 A 的总反应为：

$$BrO_3^- + 2Br^- + 3CH_2(COOH)_2 + 3H^+ \longrightarrow 3BrCH(COOH)_2 + 3H_2O$$

当 Br^- 浓度低时，发生下列 B 过程：

$$BrO_3^- + HBrO_2 + H^+ \xrightarrow{k_3} 2BrO_2\cdot + H_2O \quad (2-62)$$

$$BrO_2\cdot + Ce^{3+} + H^+ \xrightarrow{k_4} HBrO_2 + Ce^{4+} \quad (2-63)$$

$$2HBrO_2 \xrightarrow{k_5} BrO_3^- + HOBr + H^+ \quad (2-64)$$

反应(2-62)是速度控制步，经反应(2-62)、反应(2-63)将自催化产生 $HBrO_2$，当达到准定态时，$[HBrO_2]=k_3/(2k_5)[BrO_3^-][H^+]$。过程 B 的总反应为：

$$BrO_3^- + 4Ce^{3+} + 5H^+ \longrightarrow HOBr + 4Ce^{4+} + 2H_2O$$

由反应(2-61)和反应(2-62)可以看出：Br^- 和 BrO_3^- 是竞争 $HBrO_2$ 的，当 $k_2[Br^-] > k_3[BrO_3^-]$ 时，自催化过程(2-62)不可能发生。自催化是 B-Z 振荡反应中必不可少的步骤，否则该振荡不能发生。Br^- 的临界浓度为：

$$[Br^-]_{crit} = k_3/k_2[BrO_3^-] = 5\times 10^{-6} \times [BrO_3^-]$$

Br^- 的再生可通过下列实现：

$$BrCH(COOH)_2 + 4Ce^{4+} + H_2O + HOBr \longrightarrow 2Br^- + 4Ce^{3+} + 3CO_2 + 6H^+$$

综合上述 A、B 两过程，该系统的总反应为：

$$3CH_2(COOH)_2 + 2H^+ + 2BrO_3^- \longrightarrow 2BrCH(COOH)_2 + 3CO_2 + 4H_2O$$

振荡的控制物种是 Br^-。

从以上分析可以看出，系统中 $[Br^-]$、$[HBrO_2]$ 和 $[Ce^{4+}/Ce^{3+}]$ 都随时间作周期性变化。在实验中我们可以用溴离子选择性电极和铂电极分别测定 $[Br^-]$ 和 $[Ce^{3+}/Ce^{4+}]$ 随时间变化的曲线。另外，如果用 $1/t_{诱}$ 和 $1/t_{振}$ 分别衡量诱导期和振荡期间反应速率的快慢，那么通过测定不同温度下的 $t_{诱}$ 和 $t_{振}$ 可估算诱导期和振荡期的表观活化能 $E_{诱}$ 和 $E_{振}$。

B-Z 反应的催化剂除了用 Ce^{3+}/Ce^{4+} 外，还常用 Ph-Fe^{2+}/Ph-Fe^{3+}（Ph 代表苯基）。B-Z 反应除有图 2-33 所示的典型的振荡曲线外，还有许多有趣的现象。如在培养皿中加入一定量的溴酸钾、溴化钾、硫酸、丙二酸，待有 Br_2 产生并消失后，加入一定量的亚铁-邻菲罗啉试剂，半小时后红色溶液会呈现蓝色靶环的图样，这种现象在学术研究上非常有意义。

三、仪器和试剂

仪器：超级恒温槽 1 台，计算机 1 台，ZD-BZ 振荡装置一套（图 2-34），铂电极，参比电极甘汞电极，溴离子选择性电极各 1 支。

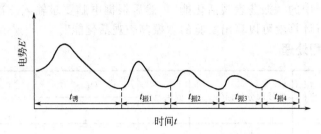

图 2-33　B-Z 反应的典型振荡曲线

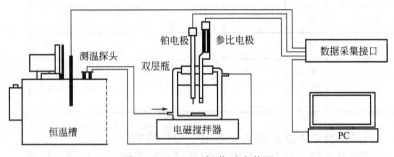

图 2-34　ZD-BZ 振荡反应装置

试剂：丙二酸，硫酸，溴酸钾，硫酸铈铵，均为分析纯。

四、实验步骤

(1) 将 ZD-BZ 振荡实验装置、恒温槽、电脑打开，并调节恒温槽使温度为 (25.0±0.2)℃ [或 (20.0±0.2)℃，参考室温而定]。

(2) 用蒸馏水清洗 B-Z 反应器，废液倒入仪器旁的废液杯内。往反应器中加入 20mL 丙二酸 (0.45mol/L)、20mL 硫酸 (3mol/L)、15mL 溴酸钾 (0.25mol/L)，搅拌。

(3) 将 15mL 的硫酸铈铵 (0.004mol/L) 加入带有塞子的试管中，用试管夹夹住放于恒温水槽中恒温 5min。

(4) 在 ZD-BZ 振荡装置上点击"清零"后，接电极。"铂电极"接"＋"，"参比电极甘汞电极"接"－"。

(5) 打开软件。点"设置"中的"设置坐标系"，输入纵坐标"0.5 到 1.2 伏"，x 轴坐标系："15 分钟"(可随实际情况而变动)。

(6) 将预热了 5min 的 15mL 硫酸铈铵溶液加入反应器 (注意电位值应为正值)，同时点"开始绘图"，此时坐标上出现动态曲线。

(7) 记录温度。(温度是通过恒温槽上的温度计来记录的。)

(8) 绘图停止后，进行数据处理。(不要关掉实验结果。)

点"数据处理"中的"诱导时间"，然后根据电脑要求选两点进行计算就可以算出来实验的诱导时间。(记录从 $t=0$ 到出现转折曲线的时间为诱导时间。)

点"数据处理"中的"振荡时间"，然后根据电脑要求选两点进行计算就可以算出来各个峰的间隔时间，即振荡时间。需计算 4~5 个振荡时间。

(9) 完成 25℃ (或 20℃) 振荡曲线后，重新设置温度 30℃、40℃ (或其他温度，与第 1 个温度间隔 5℃以上)，重复步骤 (2)~(8)。

(10) 点"数据处理"中的"诱导表观活化能"，然后根据电脑要求输入三次不同"温度"下的"诱导时间"进行计算就可以算出来实验的诱导表观活化能。

点"数据处理"中的"振荡表观活化能",然后根据电脑要求输入三次不同"温度"下的"振荡时间"进行计算就可以算出实验的"振荡表观活化能"。

五、数据记录和处理

温度/℃	$t_诱}$/s	起点坐标	曲线部分坐标(x,y)		颜色变化	$t_振$/s 1 2 3 4 5	$t_振$/s	$E_诱$/kJ	$E_振$/kJ
			峰高						
			峰谷						
			峰高						
			峰谷						
			峰高						
			峰谷						

(1) 观察并记录实验中溶液颜色变化与电位变化的关系。

(2) 分析不同温度下的诱导期,振荡周期及平均振荡周期随温度的变化。

(3) 做 $\ln \frac{1}{t_诱} - \frac{1}{T}$ 图,由斜率 $= -\frac{E_诱}{R}$ 求出表观活化能 $E_诱$,同理做 $\ln \frac{1}{t_振} - \frac{1}{T}$ 图,求出 $E_振$。(其中 R 为气体常数)

六、思考题

(1) 为什么 B-Z 振荡反应有诱导期?反应何时进入振荡期?

(2) 系统中哪一步反应步骤对振荡行为最关键?为什么?

(3) 分析铂电极记录的电位主要反映哪个电对电位的变化,说明理由。

七、思考与讨论

(1) 本实验中各个组分的混合顺序对系统的振荡行为有影响,因此实验中应固定混合顺序,先加入丙二酸、硫酸、溴酸钾,最后加入硝酸铈铵。振荡周期除受温度影响之外,还与各反应物的浓度有关,它们的关系是:

$$1/t_振 = k[MA]^\alpha [KBrO_3]^\beta [H_2SO_4]^\gamma$$

如果恒定 $KBrO_3$、H_2SO_4 的浓度,改变 MA 的浓度,由 $\ln(1/t_振)$-$\ln[MA]$ 作图,可求出 α。依此类推,可分别求出 β、γ。

(2) 化学振荡反应自 20 世纪 50 年代发现以来,在各方面的应用日益广泛,其中在分析化学中的应用较多。当体系中存在浓度振荡时,其振荡频率与催化剂浓度间存在依赖关系,据此可测定作为催化剂的某些金属离子,如 10^{-4} mol/L Ce(Ⅲ)、10^{-5} mol/L Mn(Ⅱ)、10^{-6} mol/L [Fe(phen)$_3^{2+}$] 等。

此外,应用化学振荡还可测定阻抑剂。当向体系中加入能有效地结合振荡反应中的一种或几种关键物质的化合物时,可以观察到振荡体系的各种异常行为,如振荡停止、在一定时间内抑制振荡的出现、改变振荡特征(频率、振幅、形式)等。而其中某些参数与阻抑剂浓度间存在线性关系,据此可测定各种阻抑剂。

另外,生物体系中也存在着各种振荡现象,如糖酵解是一个在多种酶作用下的生物化学振荡反应。还有微生物反应的振荡等等。通过葡萄糖对化学振荡反应影响的研究,可以检测糖尿病患者的尿液,这就是其中的一个应用实例。

第四节 表面与胶体化学

实验二十一 液体黏度的测定

一、实验目的
(1) 掌握正确使用水浴恒温槽的操作,了解其控温原理。
(2) 掌握用奥氏(Ostwald)黏度计测定乙醇水溶液黏度的方法。
(3) 通过作图,学会求出黏滞流动的活化能。

二、实验原理
当液体以层流形式在管道中流动时,可以看作是一系列不同半径的同心圆筒以不同速度向前移动。愈靠近中心的流层速度愈快,愈靠近管壁的流层速度愈慢,如图 2-35 所示。取面积为 A,相距为 dr,相对速度为 dv 的相邻液层进行分析,见图 2-36。

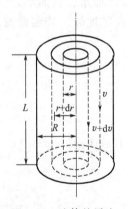

图 2-35 液体的层流

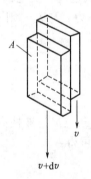

图 2-36 两液层相对速度差

由于两液层速度不同,液层之间表现出内摩擦现象,慢层以一定的阻力拖着快层。显然内摩擦力与两液层接触面积 A 成正比,也与两液层间的速度梯度成正比,即

$$f = \eta A \frac{dv}{dr} \tag{2-65}$$

式中,比例系数 η 称为黏度系数(或黏度)。可见,液体的黏度是液体内摩擦力的量度。在国际单位制中,黏度的单位为 Pa·s(帕·秒),但习惯上常用 P(泊)或 cP(厘泊)来表示,两者的关系:$1P = 10^{-1} Pa \cdot s$,$1cP = 10^{-3} Pa \cdot s$。

黏度的测定可在毛细管黏度计中进行。设有液体在一定的压力差 p 推动下以层流的形式流过半径为 R、长度为 L 毛细管(见图 2-35)。对于其中半径为 r 的圆柱形液体,促使流动的推动力 $F = \pi r^2 p$,它与相邻的外层液体之间的内摩擦力 f 为:

$$f = \eta A \frac{dv}{dr} = 2\pi r L \eta \frac{dv}{dr} \tag{2-66}$$

所以,当液体稳定流动时,$F + f = 0$

$$\pi r^2 p + 2\pi r L \eta \frac{dv}{dr} = 0 \tag{2-67}$$

在管壁处,即 $r = R$ 时,$v = 0$,对上式积分:

$$\int_0^v dv = -\frac{p}{2\eta L}\int_R^r r\,dr$$

$$v = \frac{p}{4\eta L}(R^2 - r^2) \tag{2-68}$$

对于厚度为 dr 的圆筒形流层，t 时间内流过液体的体积为 $2\pi r v t\,dr$，所以 t 时间内流过这一段毛细管的液体总体积为

$$V = \int_0^R 2\pi r v t\,dr = \frac{\pi R^4 p t}{8\eta L}$$

由此可得：

$$\eta = \frac{\pi R^4 p t}{8VL} \tag{2-69}$$

上式称为泊塞尔（Poiseuille）公式，由于式中 R、p 等数值不易测准，所以 η 值一般用相对法求得，其方法如下。

取相同体积的两种液体（被测液体"i"，参考液体"o"，如水、甘油等），在本身重力作用下，分别流过同一支毛细管黏度计，图 2-37 所示为奥氏黏度计。若测得流过相同体积 $V_{a\text{-}b}$ 所需的时间为 t_i 与 t_o，则

$$\eta_i = \frac{\pi R^4 p_i t_i}{8VL}$$

$$\eta_o = \frac{\pi R^4 p_o t_o}{8VL} \tag{2-70}$$

由于 $p = \rho g h$（h 为液柱高度，ρ 为液体密度，g 为重力加速度），若用同一支黏度计，根据式(2-70) 可得：

$$\eta_i = \frac{\rho_i t_i}{\rho_o t_o}\eta_o \tag{2-71}$$

若已知某温度下参比液体的黏度 η_o，并测得 t_i、t_o、ρ_i、ρ_o 即可求得该温度下的 η_i。

液体黏度和温度有直接关系，因为温度升高，分子间距逐渐增大，相互作用力相应减小，黏度就下降。这种变化的定量关系可用下列方程描述：

$$\ln\eta = \frac{A}{T} + B \tag{2-72}$$

式中，η 为黏度；T 为热力学温度；A 和 B 为常数。做 $\ln\eta$-$\frac{1}{T}$ 图，该图的斜率 $A = \frac{\Delta E_{黏}}{R}$，其中，$\Delta E_{黏}$ 为黏滞流动的活化能，R 为气体常数。

三、仪器和试剂

试剂：无水乙醇（分析纯）。

仪器：玻璃恒温水浴一台；奥氏黏度计一支；计时器一个；10mL 可调定量加液器两只；洗耳球一个；铁夹和十字夹一套。

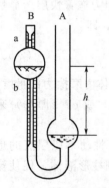

图 2-37　奥氏黏度计

四、实验步骤

（1）调节恒温水浴温度至（20.0±0.1）℃。

（2）在洗净烘干的奥氏黏度计中用可调定量加液器移入 7.00mL 蒸馏水，在毛细管端装

上乳胶管,然后垂直浸入恒温水浴中(黏度计上 a、b 两刻度线应浸没在水浴中)。

(3) 恒温 5min 后,用洗耳球通过乳胶管将液体吸到高于刻度线 a(注意不要将液体吸入乳胶管),再让液体由于自身重力下降,用秒表记下液面从 a 流到 b 的时间 t_0,重复 2 次,偏差应小于 0.3s,取其平均值。

(4) 将黏度计洗净并烘干,冷却后用可调定量加液器加入 7.00mL 无水乙醇,用同步骤 (3) 的方法再测得无水乙醇从 a 流到 b 的时间 t_i 的平均值。

(5) 调节恒温水浴温度至 (25.0±0.1)℃、(30.0±0.1)℃,用同步骤 (3) 的方法再测得无水乙醇从 a 流到 b 的时间 t_i 的平均值。

五、数据记录和处理

(1) 按下表记录实验数据,并计算乙醇在不同温度时对 20℃ 水的黏度。(计算需要的有关数据可查附录实验数据表)

流经刻度线间液体所需时间/s \ 所测液体 \ 温度/℃	20.00	20.00	25.00	30.00
	水	无水乙醇	无水乙醇	无水乙醇
第一次				
第二次				
平均值				
密度/(g/cm³)				
黏度理论值/Pa·s				
计算得无水乙醇黏度/Pa·s				
相对误差/%				

(2) 列下表,作 $\ln\eta$-$1/T$ 图,从图中斜率求 $\Delta E_{黏}$。(T 为热力学温度)

温度/℃	T/K	$1/T$/K^{-1}	η/cP	$\ln\eta$
20				
25				
30				

六、注意事项

(1) 黏度计在恒温水浴中的放置一定要保持垂直。

(2) 黏度计极易折断,操作时要格外小心,手拿 A 管,不能同时握住 A、B 两管,易折断。蒸馏水在不同温度下的黏度、运动黏度和密度见表 2-5。乙醇水溶液的黏度见表 2-6。

表 2-5　蒸馏水在不同温度下的黏度、运动黏度和密度

温度/℃	黏度/cP	运动黏度/cSt	密度/(g/cm³)
20	1.002	1.0038	0.99820
25	0.890	0.893	0.99705
30	0.797	0.801	0.99565
35	0.719	0.724	0.99406
40	0.653	0.658	0.99221

注:1cP=0.001Pa·s,1cSt=10^{-6}m²/s。

表 2-6　乙醇水溶液的黏度　　　　　　　　　　　　　　单位：cP

温度＼含量/%	10	20	30	40	50	60	70	80	90	100
20℃	1.538	2.183	2.71	2.91	2.87	2.67	2.370	2.008	1.610	1.200
25℃	1.323	1.815	2.18	2.35	2.40	2.24	2.037	1.748	1.424	1.096
30℃	1.160	1.332	1.87	2.02	2.02	1.93	1.767	1.531	1.279	1.003
35℃	1.006	1.332	1.58	1.72	1.72	1.66	1.529	1.355	1.147	0.914

七、思考与讨论

（1）恒温水浴由哪些部件组成？它们各起什么作用？如何调节恒温水浴到指定温度？

（2）奥氏黏度计在使用时为何必须烘干？是否可用两支黏度计分别测得待测液体和参比液体的流经时间？

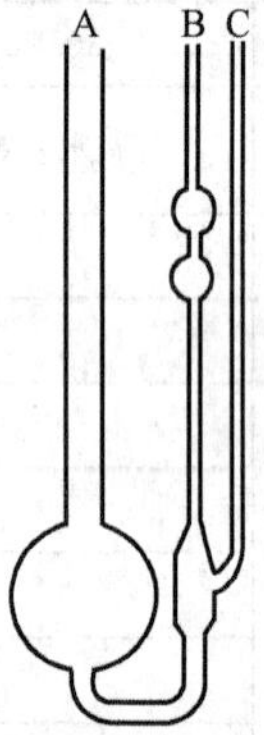

（3）为什么在奥氏黏度计中加入被测液体与参比液体的体积要相同？

（4）如何计算黏滞流动的活化能？

（5）实验室中常用另一种毛细管黏度计——乌氏（Ubbelode）黏度计，其结构如图 2-38 所示。有以下特点。

① 由于第三支管（C 管）的作用，毛细管出口通大气。这样，毛细管内的液体形成一个悬空液柱，液体流出毛细管下端时即沿着管壁流下，避免出口处产生涡流。

② 液柱高 h 与 A 管内液面高度无关，因此每次加入试样的体积不必恒定。

图 2-38　乌氏黏度计

③ 对 A 管体积较大的稀释型乌氏黏度计，可在实验过程中直接加入一定量的溶剂配制成不同浓度的溶液。故乌氏黏度计较多用于高分子溶液性质方面的研究。

实验二十二　最大气泡压力法测定溶液的表面张力

一、实验目的

（1）了解表面张力、表面超量、表面吸附的意义。

（2）了解表面张力的性质、表面能的意义以及表面张力和吸附的关系。

（3）掌握一种测定表面张力的方法——最大气泡压力法。

二、实验原理

物体表面分子和内部分子所处的环境不同，表面层分子受到向内的拉力，所以液体表面都有自动缩小的趋势。如果把一个分子由内部迁移到表面，就需要对抗拉力而做功。在温度、压力和组成恒定时，可逆地使表面增加 dA 所需对体系做的功，叫表面功，可以表示为：

$$-\delta W' = \sigma dA \tag{2-73}$$

式中，σ 为比例常数。

σ 在数值上等于当 T、p 和组成恒定的条件下增加单位表面积时所必须对体系做的可逆非膨胀功,也可以说是每增加单位表面积时体系自由能的增加值。环境对体系做的表面功转变为表面层分子比内部分子多余的自由能。因此,σ 称为表面自由能,其单位是焦耳每平方米(J/m^2)。若把 σ 看作是作用在界面上每单位长度边缘上的力,通常称其为表面张力。

从另外一方面考虑表面现象,特别是观察气液界面的一些现象,可以观察到表面上处处存在着一种张力,它力图缩小表面积,此力称为表面张力,其单位是牛顿每米(N/m)。表面张力是液体的重要特性之一,与所处的温度、压力、浓度以及共存的另一相的组成有关。纯液体的表面张力通常是指该液体与饱和了其本身蒸气的空气共存的情况而言。

纯液体表面层的组成与内部层相同,因此,液体降低体系表面自由能的唯一途径是尽可能缩小其表面积。对于溶液,由于溶质会影响表面张力,因此可以调节溶质在表面层的浓度来降低表面自由能。

根据能量最低原则,溶质能降低溶剂的表面张力时,表面层中溶质的浓度应比溶液内部的大。反之,溶质使溶剂的表面张力升高时,它在表面层中的浓度比在内部的浓度低,这种表面浓度与溶液内部浓度不同的现象叫"吸附"。显然,在指定温度和压力下,吸附与溶液的表面张力及溶液的浓度有关。Gibbs 用热力学的方法推导出它们间的关系式:

$$\Gamma = -\frac{c}{RT}\left(\frac{d\sigma}{dc}\right)_T \tag{2-74}$$

式中,Γ 为表面吸附量(也称为表面超量),mol/m^2;σ 为溶液的表面张力,J/m^2;T 为热力学温度,K;c 为溶液浓度,mol/m^3;R 为气体常数。

当 $\left(\frac{d\sigma}{dc}\right)_T < 0$ 时,$\Gamma > 0$,称为正吸附;反之,当 $\left(\frac{d\sigma}{dc}\right) > 0$ 时,$\Gamma < 0$,称为负吸附。前者表明加入溶质使液体表面张力下降,此类物质称为表面活性物质。后者表明加入溶质使液体表面张力升高,此类物质称为非表面活性物质。因此,从 Gibbs 关系式可看出,只要测出不同浓度溶液的表面张力,以 σ-c 作图,在图的曲线上作不同浓度的切线,把切线的斜率代入 Gibbs 吸附公式,即可求出不同浓度时气-液界面上的吸附量 Γ。

在一定的温度下,吸附量与溶液浓度之间的关系由 Langmuir 等温式表示:

$$\Gamma = \Gamma_\infty \frac{Kc}{1+Kc} \tag{2-75}$$

式中,Γ_∞ 为饱和吸附量;K 为经验常数,与溶质的表面活性大小有关。将式(2-75)化成直线方程,则

$$\frac{c}{\Gamma} = \frac{c}{\Gamma_\infty} + \frac{1}{K\Gamma_\infty} \tag{2-76}$$

以 $\frac{c}{\Gamma}$-c 作图可得一直线,由直线斜率即可求出 Γ_∞。

假若在饱和吸附的情况下,在气-液界面上铺满一单分子层,则可应用下式求得被测物质的横截面积 S_0。

$$S_0 = \frac{1}{\Gamma_\infty \tilde{N}} \tag{2-77}$$

式中,$\tilde{N}$ 为阿伏伽德罗常数。

本实验选用单管式最大气泡法,其装置和原理如图 2-39 所示。

表面张力的测定用最大气泡法:当表面张力仪中的毛细管端面与待测液体液面相切时,液面沿毛细管上升,打开分液漏斗的活塞,使水缓慢下滴而减少系统压力,则毛细管内液面上受到一个比试管中液面上大的压力(实为大气压与系统压力之差),当此压力差在毛细管

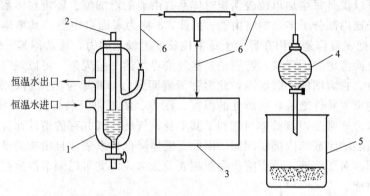

图 2-39 最大气泡压力法测定溶液的表面张力实验装置示意图
1—恒温套管；2—毛细管（r 在 $0.15\sim0.2$mm）；3—数字式微压差测量仪；
4—分液漏斗；5—塑料烧杯；6—连接橡皮管

端面上产生的作用力稍大于毛细管口液体的表面张力时，气泡就从毛细管口逸出，这一压力差可由微压差测量仪读出。其关系式为：

$$p_{最大}=p_{大气}-p_{系统}=\Delta p$$

从浸入液面下的毛细管端鼓出空气泡，需要高于外部大气压的附加压力以克服气泡的表面张力，此附加压力与表面张力 σ 成正比，与气泡的曲率半径 R 成反比，即 Laplace 方程：

$$p_{附}=\frac{2\sigma}{R}$$

由于 $\Delta p=p_{附}$，则：

$$\Delta p=\frac{2\sigma}{R}$$

如果毛细管半径很小，则形成的气泡基本上是球形的。当气泡开始形成时，表面几乎是平的，这时曲率半径最大；随着气泡的形成，曲率半径逐渐变小，直到形成半球形，这时曲率半径 R 等于毛细管半径 r，曲率半径达最小值，根据 Laplace 方程，此时附加压力达最大值。气泡进一步长大，R 增大，附加压力变小，直到气泡逸出。

$$\Delta p_{max}=2\sigma/r$$

即

$$\sigma=\frac{r}{2}\Delta p_{max}$$

则

$$\sigma=K\Delta p_{max}$$

式中，K 为仪器常数，可用已知表面张力 σ_0 的液体测其最大压力差 Δp_0 而求出（25℃，纯水 $\sigma_{H_2O}=71.97$mN/m）。

三、仪器和试剂

仪器：表面张力测定装置一套；液体比重天平一台；数字式微压差测量仪一台。

试剂：乙醇水溶液：5%、15%、20%、30%、50%、80%（质量分数）。

四、实验步骤

1. 仪器常数的测定

(1) 仔细洗净支管试管和毛细管，然后按图 2-39 所示连接装置，在滴液漏斗中装满水。

(2) 调试微压差测量仪，与大气相通时，压差为零。

(3) 加入适当蒸馏水于支管试管中，调节毛细管的高低使其端面与液面相切。注意使毛细管保持垂直并注意液面位置。

(4) 打开滴液漏斗活塞进行缓慢抽气，使气泡从毛细管口逸出。调节水的滴出速度，使气泡由毛细管口成单泡逸出，气泡逸出速度为 3～10s 一个，注意气泡形成的速度应保持稳定。然后仔细观察记录最大 Δp 值三次，求其平均值 $\overline{\Delta p}$。从第三章"第二节实验数据表"五中查出实验温度下纯水的表面张力 σ_{H_2O}，便可算出仪器常数 K。

2. 待测样品表面张力的测定

(1) 用待测溶液洗净支管试管和毛细管后，加入适量的样品于支管试管中。

(2) 按仪器常数测定时的操作步骤分别测定六种浓度乙醇溶液的 Δp 值。测定顺序由稀至浓，当各个浓度的 Δp 值测出后，便可计算出各个浓度所对应的 σ 值。

3. 待测样品摩尔浓度的测定

用液体比重天平测各溶液的密度 $\rho(g/cm^3)$，通过所测密度，将质量分数（w_t）化为物质的量浓度 $c(mol/L)$。液体比重天平使用方法见第三章"第一节仪器简介"五。

$$c = (1000 \times \rho \times w_t\%)/46.07$$

五、数据记录和处理

(1) 实验温度：____℃；大气压：____kPa

乙醇浓度 /%	密度 /(g/cm³)	乙醇浓度 /(mol/L)	Δp/Pa				仪器常数 $K=\sigma_水/\Delta p_水$	σ/(N/m)
			1	2	3	$\overline{\Delta p}$		
0								
5								
15								
20								
30								
50								
80								

(2) 作 σ-c 图（c 为物质的量浓度，横坐标浓度从零开始）。

(3) 在 σ-c 图上，用镜面微分法（或采用计算机软件）求曲线上不同浓度 c 点的 $d\sigma/dc$。（有关"镜面微分法"见第一章中实验数据处理的有关叙述。）

(4) 由吉布斯吸附方程求出不同浓度 c 对应的溶质吸附量 Γ，并作出 Γ-c 吸附等温线。

六、注意事项

(1) 测定用的毛细管一定要洗干净，否则气泡可能不能连续稳定地流过，而使压差计读数不稳定，如发生此种现象，毛细管应重洗。

(2) 毛细管一定要保持垂直，管口刚好插到与液面接触。

(3) 在数字式微压差测量仪上，应读出气泡单个逸出时的最大压力差。

七、思考与讨论

(1) 本实验用吉布斯吸附方程求什么量？要求出此量需什么数据？本实验用什么方法测取此数据？

(2) 为什么要测取仪器常数？

(3) 本实验中为什么要读取最大压力差？

(4) 使用液体比重天平时，测锤是否应浸没于被测液体中？为什么？

(5) 何为正吸附与负吸附？由实验结果判断乙醇溶液是正吸附还是负吸附。

(6) 为什么乙醇溶液的表面张力随着它的浓度变化而变化？

(7) 哪些因素影响表面张力测定的结果？如何减小以致消除这些因素对实验的影响？

(8) 实验中为什么毛细管口应处于刚好接触溶液表面的位置？如插入一定深度对实验将带来什么影响？

(9) 讨论。

若毛细管深入液面 H cm，则生成的气泡受到大气压和 $H\rho g$ 的静液压，如能准确测知 H 值，则根据 $\sigma = \frac{r}{2}\Delta p - \frac{r}{2}\Delta p_1 (\Delta p_1 = H\rho g)$ 来测定 σ 值。但若使毛细管口与液面相切，则 $H=0$，消除了 $H\rho g$ 项，但每次测定时不可能都使 $H=0$，故单管式表面张力仪总会引入一定的误差。有一种双管式表面张力测定仪，用两根半径不同的毛细管（细毛细管的半径 r_1 约 0.005～0.01cm，粗毛细管半径为 0.1～0.2cm），同时插入液面下相同深度，同法压入气体使在液面下生成气泡，由于管径不同，所需的最大压力也不相同，设粗、细两毛细管两者的压力差为 Δp，则所测液体的表面张力可通过下式求得：

$$\sigma = A\Delta p \left(1 + \frac{0.69 r_2 g\rho}{\Delta p}\right)$$

式中，r_2 为粗毛细管半径，可由读数显微镜直接测量；A 为仪器的特性常数，可由已知表面张力液体的压力差而求得；ρ 为被测液体的密度。这种仪器的优点是毛细管插入液面的高低对结果没有影响，其准确度可达 0.1%，但对粗、细毛细管的孔径有一定要求。

实验二十三 胶体的制备与电泳

一、实验目的

(1) 学会制备和纯化 $Fe(OH)_3$ 溶胶。

(2) 掌握电泳法测定 $Fe(OH)_3$ 溶胶电动电势的原理和方法。

二、实验原理

溶胶的制备方法可分为分散法和凝聚法。分散法是用适当的方法把较大的物质颗粒变为胶体大小的质点；凝聚法是先制成难溶物的分子（或离子）的过饱和溶液，再使之相互结合成胶体粒子而得到溶胶。$Fe(OH)_3$ 溶胶的制备就是采用的化学法，即通过化学反应使生成物呈过饱和状态，然后粒子再结合成溶胶。

制成的胶体体系中常有其他杂质存在，而影响其稳定性，因此必须纯化。常用的纯化方法是半透膜渗析法。

在胶体分散体系中，由于胶体本身的电离或胶粒对某些离子的选择性吸附，胶粒的表面带有一定的电荷。在外电场作用下，胶粒向异性电极定向泳动，这种胶粒向正极或负极移动的现象称为电泳。荷电的胶粒与分散介质间的电势差称为电动电势，用符号 ζ 表示，电动电势的大小直接影响胶粒在电场中的移动速度。原则上，任何一种胶体的电动现象都可以用来测定电动电势，其中最方便的是用电泳现象中的宏观法来测定，也就是通过观察溶胶与另一种不含胶粒的导电液体的界面在电场中的移动速度来测定电动电势。电动电势 ζ 与胶粒的性质、介质成分及胶体的浓度有关。在指定条件下，ζ 的数值可根据亥姆霍兹方程式计算。

即
$$\zeta = \frac{K\pi\eta u}{DH} \quad \text{（静电单位）}$$

或

$$\zeta = \frac{K\pi\eta u}{DH} \times 300 \text{(V)} \tag{2-78}$$

式中，K 为与胶粒形状有关的常数（球形胶粒 $K=6$，棒形胶粒 $K=4$，在实验中均按棒形粒子看待）；η 为介质的黏度，P；D 为介质的介电常数；u 为电泳速度，cm/s；H 为电位梯度，即单位长度上的电位差。

$$H = \frac{E}{300L} \text{（静电单位/cm）} \tag{2-79}$$

式中，E 为外电场在两极间的电位差，V；L 为两极间的距离，cm；300 为将伏特表示的电位改成静电单位的转换系数。把式(2-79)代入式(2-78)得：

$$\zeta = \frac{4\pi\eta Lu \times 300^2}{DH} \text{(V)} \tag{2-80}$$

由式(2-80)知，对一定溶胶而言，若固定 E 和 L 测得胶粒的电泳速度（$u=dt$，d 为胶粒移动的距离，t 为通电时间），就可以求算出 ζ 电位。

三、仪器和试剂

仪器：直流稳压电源 1 台；电导率仪 1 台；电泳仪 1 个；铂电极 2 个。

试剂：三氯化铁（AR）；棉胶液（AR）。

四、实验步骤

1. $Fe(OH)_3$ 溶胶的制备及纯化

(1) 半透膜的制备　在一个内壁洁净、干燥的 250mL 锥形瓶中，加入约 20mL 棉胶液，小心转动锥形瓶，使火棉胶液黏附在锥形瓶内壁上形成均匀薄层，倾出多余的火棉胶于回收瓶中。此时锥形瓶仍需倒置，并不断旋转，待剩余的火棉胶流尽，使瓶中的乙醚蒸发至闻不出气味为止（此时用手轻触火棉胶膜，已不粘手）。然后再往瓶中注满水（若乙醚未蒸发完全，加水过早，则半透膜发白），浸泡 10min。倒出瓶中的水，小心用手分开膜与瓶壁之间隙。慢慢注水于夹层中，使膜脱离瓶壁，轻轻取出，在膜袋中注入水，观察是否有漏洞，如有小漏洞，可将此洞周围擦干，用玻璃棒蘸火棉胶补之。制好的半透膜不用时要浸放在蒸馏水中。

(2) $Fe(OH)_3$ 溶胶的制备　将 0.5g 无水 $FeCl_3$ 溶于 20mL 沸水中，在搅拌的情况下将上述溶液滴入 200mL 沸水中（控制在 4～5min 内滴完），然后再煮沸 1～2min，即制得 $Fe(OH)_3$ 溶胶。

(3) 溶胶的纯化　将冷至约 50℃ 的 $Fe(OH)_3$ 溶胶转移至半透膜，用约 50℃ 的蒸馏水渗析，约 10min 换水一次，渗析 5 次。

将渗析好的 $Fe(OH)_3$ 溶胶冷至室温，测其电导率，用 0.1mol/L KCl 溶液和蒸馏水配制与溶胶电导率相同的辅助液。

2. 装置仪器和连接线路

用蒸馏水洗净电泳管后，再用少量溶胶洗一次，将渗析好的 $Fe(OH)_3$ 溶胶倒入电泳管中，使液面超过活塞（2）、（3）。关闭这两个活塞，把电泳管倒置，将多余的溶胶倒净，并用蒸馏水洗净活塞（2）、（3）以上的管壁。打开活塞（1），用自己配制的 HCl 溶液冲洗一次后，再加入该溶液，并超过活塞（1）少许。插入铂电极按装置图 2-40 连接好线路。

3. 测定溶胶电泳速度

同时打开活塞（2）和（3），关闭活塞（1），打开电键 7，经教师检查后，接通直流稳压电源 6，调节电压为 100V。接通电键 7，迅速调节电压为 100V，并同时计时和准确记下

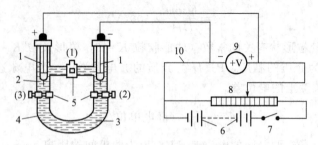

图 2-40 电泳仪器装置图

1—Pt 电极；2—HCl 溶液；3—Fe(OH)$_3$ 溶胶；4—电泳管；5—活塞（1）～(3)；6—直流稳压电源；
7—电键；8—滑线电阻；9—直流电压表；10—电源线路

溶胶在电泳管中的液面位置，约 1h 后断开电源，记下准确的通电时间 t 和溶胶面上升的距离 d，从伏特计上读取电压 E，并且量取两极之间的距离 L。

实验结束后，拆除线路。用自来水洗电泳管多次，最后用蒸馏水洗一次。

五、数据记录和处理

(1) 将实验数据记录如下：

电泳时间____ s；电压____ V；两电极间距离____ cm；溶胶液面移动距离____ cm。

(2) 将数据代入公式(2-80) 中计算 ζ。

六、注意事项

(1) 利用公式(2-80) 求算 ζ 时，注意各物理量的单位都需用 CGS（厘米·克·秒）制，有关数值从"第三章附录"的有关表中查得。如果改用 SI 制，相应的数值也应改换。对于水的介电常数，应考虑温度校正，由以下公式求得：

$$\ln D_t = 4.474226 - 4.54426 \times 10^{-3} t$$

式中，t 为温度，℃。

(2) 在制备半透膜时，一定要使整个锥形瓶的内壁上均匀地附着一层火棉胶液，在取出半透膜时，一定要借助水的浮力将膜托出。

(3) 制备 Fe(OH)$_3$ 溶胶时，FeCl$_3$ 一定要逐滴加入，并不断搅拌。

(4) 纯化 Fe(OH)$_3$ 溶胶时，换水后要渗析一段时间再检查 Fe^{3+} 及 Cl$^-$ 的存在。

(5) 量取两电极的距离时，要沿电泳管的中心线量取。

七、思考与讨论

(1) 决定电泳速度快慢的因素是什么？

(2) 电泳中电解质液的选择是根据哪些条件？

(3) 连续通电溶液发热的后果是什么？

实验二十四　溶液吸附法测定固体比表面积

一、实验目的

(1) 了解溶液吸附法测定固体比表面积的原理和方法。

(2) 用溶液吸附法测定活性炭的比表面积。

(3) 掌握分光光度计的工作原理及操作方法。

二、实验原理

单位质量（1g）固体所占有的总表面积为该物质的比表面积 S。

BET 法、色谱法等是目前广泛采用的测定比表面积的方法。溶液吸附法测定固体物质的比表面积虽不如上述方法准确，但设备简单，操作、计算简便，是了解固体吸附剂性能的一种简便途径。

在一定温度下，固体在某些溶液中吸附溶质的情况与固体对气体的吸附很相似。可用 Langmuir 单分子层吸附方程来处理。其方程为：

$$\varGamma = \varGamma_m \frac{Kc}{1+Kc} \tag{2-81}$$

式中，$\varGamma$ 为平衡吸附量，即单位质量吸附剂达吸附平衡时吸附溶质的物质的量，mol/g；$\varGamma_m$ 为饱和吸附量，即单位质量吸附剂的表面上吸满一层吸附质分子时所能吸附的最大量，mol/g；c 为达到吸附平衡时吸附质在溶液本体中的平衡浓度，mol/L；K 为经验常数，与溶质（吸附质）、吸附剂性质有关。

若能求得 $\varGamma_m$，则可由下式求得吸附剂比表面积 $S_{比}$：

$$S_{比} = \varGamma_m L A \tag{2-82}$$

式中，L 为阿伏伽德罗常数；A 为每个吸附质分子在吸附剂表面占据的面积。将式 (2-81) 写成：

$$\frac{c}{\varGamma} = \frac{1}{\varGamma_m} c + \frac{1}{\varGamma_m K} \tag{2-83}$$

配制不同吸附质浓度 c_0 的样品溶液，测量达吸附平衡后吸附质的浓度 c，用下式计算各份样品中吸附剂的吸附量。

$$\varGamma = \frac{(c_0 - c)V}{m} \tag{2-84}$$

式中，c_0 为吸附前吸附质的浓度，mol/L；c 为达吸附平衡时吸附质的浓度，mol/L；V 为溶液体积，L；m 为吸附剂质量，g。

根据式(2-83)，作 $\frac{c}{\varGamma}$-c 图，得一直线，由直线的斜率可求得 $\varGamma_m$。

研究表明，在一定浓度内，大多数固体对亚甲基蓝的吸附是单分子层吸附，即 Langmuir 单分子层吸附。

一般比表面积大、活性大的多孔物，吸附能力强。活性炭具有很强的吸附能力的原因是：活性炭是由木材、煤、果壳等含碳物质在高温缺氧条件下活化制成的，它具有巨大的比表面积（500~1700 m^2/g）。活性炭结构上有两大特点：一是内部与表面孔隙发达；二是比表面积大。孔隙结构越发达，比表面积越大，其吸附功能越强。

本实验选用活性炭为吸附剂，实验中要选择合适的吸附剂用量及吸附质原始浓度。亚甲基蓝水溶液为蓝色，可用分光光度法在 665nm 处测定其浓度。

亚甲基蓝（methylene blue）的分子式为：$C_{16}H_{18}ClN_3S \cdot 3H_2O$，其摩尔质量为 373.9g/mol。假设吸附质分子在表面是直立的，A 值（每个吸附质分子占据的面积）取为 $1.52 \times 10^{-18} m^2$。

三、仪器和试剂

仪器：分光光度计一台；恒温振荡器一台；干燥器一个；锥形瓶（磨口 100mL）、容量瓶（50mL、100mL）；移液管（20mL、25mL、50mL）；滴管若干。

试剂：亚甲基蓝水溶液（1.000×10^{-3} mol/L）；活性炭（AR）。

四、实验步骤

(1) 配制标准溶液：用 50mL 容量瓶配制浓度为 1.000×10^{-3} mol/L 的标准溶液，根据实际情况可以改变标准溶液的浓度。

(2) 此步骤应提前几天完成。用 0.0001g 精度的天平，称取 100.0mg 左右活性炭 6 份，分别放入 6 只洗净干燥的 100mL 磨口锥形瓶中，用移液管在六只锥形瓶中分别加入亚甲基蓝水溶液（1.000×10^{-3} mol/L）及去离子水。将六只锥形瓶的瓶塞盖好，放在恒温振荡器内，在恒温下振荡 1～3d，直到达吸附平衡。

(3) 仔细阅读分光光度计的使用方法（见说明书）。

(4) 吸附平衡后溶液浓度的测定：将吸附已达到平衡的溶液（取其上部清液）用分光光度计在 665nm 处分别测其浓度。如溶液浓度过大（$A>0.8$），用去离子水稀释一定倍数后测定。

(5) 实验完毕，将比色皿和盛过亚甲基蓝溶液的玻璃器皿先用酸洗，再用自来水清洗，最后用去离子水涮洗。

五、数据记录和处理

(1) 实验数据记录表

编号	活性炭质量 /g	亚甲基蓝水溶液/mL	水 /mL	溶液体积 /mL	吸附前溶液浓度 c_0 /(mmol/L)	吸附平衡时溶液浓度 c /(mmol/L)	吸附量 Γ /(mmol/g)

(2) 作 $\dfrac{c}{\Gamma}$-c 图，通过线性拟合，求得直线斜率，根据式(2-83)由斜率求得 Γ_m。

六、注意事项

(1) 测定溶液吸光度时，须用滤纸轻轻擦干比色皿外部，以保持比色皿暗箱内干燥。

(2) 测定原始溶液和平衡溶液的吸光度时，应注意没有活性炭颗粒在比色皿内。

(3) 活性炭颗粒要均匀，且三份称重应尽量接近。

(4) 测定吸光度时应按从稀到浓的顺序，每个溶液应该测定 3～4 次，求其平均值。

七、思考与讨论

(1) 如何确定吸附质浓度 c 是否已达吸附平衡的浓度？

(2) 本实验中，溶液浓度太浓时，为什么要稀释后再测量？

实验二十五　接触角的测定

一、实验目的

(1) 了解液体在固体表面的润湿过程以及接触角的含义与应用。

(2) 掌握用静滴接触角/界面张力测量仪测定接触角和表面张力的方法。

二、实验原理

润湿是自然界和生产过程中常见的现象。通常将固-气界面被固-液界面所取代的过程称为润湿。将液体滴在固体表面上，由于性质不同，有的会铺展开来，有的则黏附在表面上成为平凸透镜状，这种现象称为润湿作用。前者称为铺展润湿，后者称为黏附润湿。如水滴在干净玻璃板上可以产生铺展润湿。如果液体不黏附而保持椭球状，则称为不润湿。如汞滴到玻璃板上或水滴到防水布上的情况。此外，如果是能被液体润湿的固体完全浸入液体之中，则称为浸湿。上述各种类型示于图 2-41。

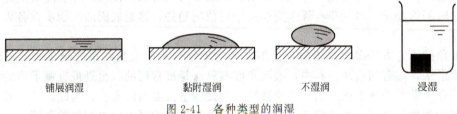

图 2-41　各种类型的润湿

当液体与固体接触后，体系的自由能降低。因此，液体在固体上润湿程度的大小可用这一过程自由能降低的多少来衡量。在恒温恒压下，当一液滴放置在固体平面上时，液滴能自动地在固体表面铺展开来，或以与固体表面成一定接触角的液滴存在，如图 2-42 所示。

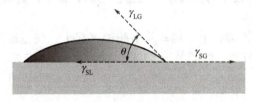

图 2-42　接触角

假定不同的界面间力可用作用在界面方向的界面张力来表示，则当液滴在固体平面上处于平衡位置时，这些界面张力在水平方向上的分力之和应等于零，这个平衡关系就是著名的 Young 方程，即

$$\gamma_{SG} - \gamma_{SL} = \gamma_{LG} \cdot \cos\theta \tag{2-85}$$

式中，γ_{SG}、γ_{LG}、γ_{SL} 分别为固-气、液-气和固-液界面张力；θ 为在固、气、液三相交界处自固体界面经液体内部到气液界面的夹角，称为接触角，为 $0°\sim180°$。接触角是反映物质与液体润湿性关系的重要尺度。

在恒温恒压下，黏附润湿、铺展润湿过程发生的热力学条件分别是：

$$\text{黏附润湿} \quad W_a = \gamma_{SG} - \gamma_{SL} + \gamma_{LG} \geq 0 \tag{2-86}$$

$$\text{铺展润湿} \quad S = \gamma_{SG} - \gamma_{SL} - \gamma_{LG} \geq 0 \tag{2-87}$$

式中，W_a、S 分别为黏附润湿、铺展润湿过程的黏附功、铺展系数。

若将式(2-85) 代入式(2-86)、式(2-87)，得到下面的结果：

$$W_a = \gamma_{SG} + \gamma_{LG} - \gamma_{SL} = \gamma_{LG}(1+\cos\theta) \tag{2-88}$$

$$S = \gamma_{SG} - \gamma_{SL} - \gamma_{LG} = \gamma_{LG}(\cos\theta - 1) \tag{2-89}$$

以上方程说明，只要测定了液体的表面张力和接触角，便可以计算出黏附功、铺展系数，进而可以据此来判断各种润湿现象。还可以看到，接触角的数据也能作为判别润湿情况的依据。通常把 $\theta=90°$ 作为润湿与否的界限，当 $\theta>90°$ 时，称为不润湿；当 $\theta<90°$ 时，称

为润湿；θ 越小，润湿性能越好；当 θ 角等于零时，液体在固体表面上铺展，固体被完全润湿。

接触角是表征液体在固体表面润湿性的重要参数之一，由它可了解液体在一定固体表面的润湿程度。接触角测定在矿物浮选、注水采油、洗涤、印染、焊接等方面有广泛的应用。

决定和影响润湿作用和接触角的因素很多。如固体和液体的性质及杂质、添加物的影响，固体表面的粗糙程度、不均匀性的影响，表面污染等。原则上说，极性固体易为极性液体所润湿，而非极性固体易为非极性液体所润湿。玻璃是一种极性固体，故易为水所润湿。对于一定的固体表面，在液相中加入表面活性物质常可改善润湿性质，并且随着液体和固体表面接触时间的延长，接触角有逐渐变小趋于定值的趋势，这是表面活性物质在各界面上吸附的结果。

接触角的测定方法很多，根据直接测定的物理量分为四大类：角度测量法、长度测量法、力测量法、透射测量法。其中，液滴角度测量法是最常用的，也是最直截了当的一类方法。它是在平整的固体表面上滴一滴小液滴，直接测量接触角的大小。为此，可用低倍显微镜中装有的量角器测量，也可将液滴图像投影到屏幕上或拍摄图像再用量角器测量，这类方法都无法避免人为作切线的误差。本实验所用的仪器静滴接触角/界面张力测量仪就可采取量角法和量高法这两种方法进行接触角的测定。

三、仪器和试剂

仪器：静滴接触角/界面张力测量仪；微量注射器；镊子；玻璃片；涤纶片；聚乙烯片；金属片（不锈钢、铜等）。

试剂：蒸馏水；无水乙醇；十二烷基苯磺酸钠（或十二烷基硫酸钠）；十二烷基苯磺酸钠溶液（质量分数）：0.01%、0.02%、0.03%、0.04%、0.05%、0.1%、0.15%、0.2% 及 0.25%。

四、实验步骤

1. 接触角的测定

（1）开机。将仪器插上电源，打开电脑，双击桌面上的 JC2000 应用程序进入主界面。点击界面右上角的活动图像按钮，这时可以看到摄像头拍摄的载物台上的图像。

调焦。将进样器或微量注射器固定在载物台上方，调整摄像头焦距到 0.7 倍（测小液滴接触角时通常调到 2~2.5 倍），然后旋转摄像头底座后面的旋钮，调节摄像头到载物台的距离，使得图像最清晰。

加入样品。可以通过旋转载物台右边的采样旋钮抽取液体，也可以用微量注射器压出液体。测接触角一般用 0.6~1.0μL 的样品量最佳。这时可以从活动图像中看到进样器下端出现一个清晰的小液滴。

接样。旋转载物台底座的旋钮使载物台慢慢上升，触碰悬挂在进样器下端的液滴后下降，使液滴留在固体平面上。

（2）冻结图像。点击界面右上角的冻结图像按钮将画面固定，再点击 File 菜单中的 Save as 将图像保存在文件夹中。接样后要在 20s（最好 10s）内冻结图像。

（3）量角法。点击量角法按钮，进入量角法主界面，按开始键，打开之前保存的图像。这时图像上出现一个由两直线交叉 45°组成的测量尺，利用键盘上的 Z、X、Q、A 键，即左、右、上、下键调节测量尺的位置：首先使测量尺与液滴边缘相切，然后下移测量尺使交叉点到液滴顶端，再利用键盘上＜和＞键即左旋和右旋键旋转测量尺，使其与液滴左端相交，即得到接触角的数值。另外，也可以使测量尺与液滴右端相交，此时用 180°减去所见的数值方为正确的接触角数据，最后求两者的平均值。

（4）量高法。点击量高法按钮，进入量高法主界面，按开始键，打开之前保存的图像。然后用鼠标左键顺次点击液滴的顶端和液滴的左、右两端与固体表面的交点。如果点击错误，可以点击鼠标右键，取消选定。

2. 表面张力的测定

（1）开机。将仪器插上电源，打开电脑，双击桌面上的 JC2000 应用程序进入主界面。点击界面右上角的活动图像按钮，这时可以看到摄像头拍摄的载物台上的图像。

调焦。将进样器或微量注射器固定在载物台上方，调整摄像头焦距到 0.7 倍，然后旋转摄像头底座后面的旋钮，调节摄像头到载物台的距离，使图像最清晰。

加入样品。可以通过旋转载物台右边的采样旋钮抽取液体，也可以用微量注射器压出液体。测表面张力时样品量为液滴最大时。这时可以从活动图像中看到进样器下端出现一个清晰的大液泡。

（2）冻结图像。当液滴欲滴未滴时点击界面的冻结图像按钮，再点击 File 菜单中的 Save as 将图像保存在文件夹中。

（3）悬滴法。单击悬滴法按钮，进入悬滴法程序主界面，按开始按钮，打开图像文件。然后顺次在液泡左右两侧和底部用鼠标左键各取一点，随后在液泡顶部会出现一条横线与液泡两侧相交，然后再用鼠标左键在两个相交点处各取一点，这时会跳出一个对话框，输入密度差和放大因子后，即可测出表面张力值。

注：密度差为液体样品和空气的密度之差；放大因子为图中针头最右端与最左端的横坐标之差再除以针头的直径所得的值。

3. 考察的内容

（1）考察在载玻片上水滴的大小（体积）与所测接触角读数的关系，找出测量所需的最佳液滴大小。

（2）考察水在不同固体表面上的接触角。

（3）等温下醇类同系物（如甲醇、乙醇、异丙醇、正丁醇）在涤纶片和玻璃片上的接触角和表面张力的测定。

（4）等温下不同浓度的乙醇溶液在涤纶片和玻璃片上的接触角和表面张力的测定。

（5）等温下不同浓度表面活性剂溶液在固体表面的接触角和表面张力的测定。

液体为十二烷基苯磺酸钠溶液，浓度（质量分数）为：0.01%，0.02%，0.03%，0.04%，0.05%，0.1%，0.15%，0.2% 及 0.25%。

（6）测浓度为 0.1% 的十二烷基苯磺酸钠水溶液液滴在涤纶片和玻璃片表面上接触角随时间的变化。

五、数据记录和处理

（1）水在不同固体表面的接触角的测量（实验温度＿＿＿）。

固体表面	θ（量角法）/(°)			θ（量高法）/(°)
	左	右	平均	
玻璃				
涤纶				
金属				

（2）醇类物质在涤纶片和玻璃片上的接触角和表面张力的测定（实验温度＿＿＿）。

醇类同系物	$\theta/(°)$	$\cos\theta$	$\gamma/(mN/m)$
甲醇			
乙醇			
异丙醇			
正丁醇			

(3) 等温下不同浓度表面活性剂溶液在固体表面的接触角和表面张力的测定（实验温度____）。

浓度/%	$\theta/(°)$		$\cos\theta$		$\gamma/(mN/m)$	$W_a/(mN/m)$		$S/(mN/m)$	
	涤纶	玻璃	涤纶	玻璃		涤纶	玻璃	涤纶	玻璃
0.01									
0.02									
0.03									
0.04									
0.05									
0.10									
0.15									
0.20									
0.25									

表中 W_a 为黏附功；S 为铺展系数。

用所测得的表面张力数值对十二烷基苯磺酸钠溶液的浓度作图，根据其表面张力曲线了解表面活性剂的特性。

六、注意事项

多次测量取平均值。

七、思考与讨论

(1) 液体在固体表面的接触角与哪些因素有关？

(2) 在本实验中，滴到固体表面上的液滴的大小对所测接触角读数是否有影响？为什么？

(3) 实验中滴到固体表面上的液滴的平衡时间对接触角读数是否有影响？

实验二十六　电导法测定表面活性剂临界胶束浓度

一、实验目的

(1) 用电导法测定十二烷基硫酸钠的临界胶束浓度。

(2) 了解表面活性剂的特性及胶束形成原理。

(3) 掌握电导率仪的使用方法。

二、实验原理

具有明显"两亲"性质的分子，既含有亲油的足够长的（大于10～12个碳原子）烃基，又含有亲水的极性基团（通常是离子化的），由这一类分子组成的物质称为表面活性剂，如肥皂和各种合成洗涤剂等，表面活性剂分子都是由极性部分和非极性部分组成的，若按离子的类型分类，可分为三大类：①阴离子型表面活性剂，如羧酸盐（肥皂），烷基硫酸盐（十二烷基硫酸钠），烷基磺酸盐（十二烷基苯磺酸钠）等；②阳离子型表面活性剂，主要是铵盐，如十二烷基二甲基叔胺和十二烷基二甲基氯化铵；③非离子型表面活性剂，如聚氧乙烯类。

表面活性剂进入水中，在低浓度时呈分子状态，并且三三两两地把亲油基团靠拢而分散在水中。当溶液浓度加大到一定程度时，许多表面活性物质的分子立刻结合成很大的基团，形成"胶束"。以胶束形式存在于水中的表面活性物质是比较稳定的。表面活性物质在水中形成胶束所需的最低浓度称为临界胶束浓度（critical micelle concentration，CMC）。CMC可看作是表面活性对溶液的表面活性的一种量度。因为CMC越小，则表示此种表面活性剂形成胶束所需浓度越低，达到表面饱和吸附的浓度越低。也就是说只要很少的表面活性剂就可起到润湿、乳化、加溶、起泡等作用。在CMC点上，由于溶液的结构改变导致其物理及化学性质（如表面张力、电导、渗透压、浊度、光学性质等）同浓度的关系曲线出现明显的转折，如图2-43所示。因此，通过测定溶液的某些物理性质的变化，可以测定CMC。

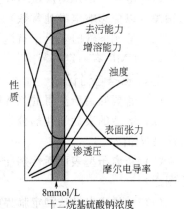

图2-43 十二烷基硫酸钠水溶液的物理性质和浓度的关系

这个特征行为可用生成分子聚集体或胶束来说明。当表面活性剂溶于水中后，不但定向地吸附在溶液表面，而且达到一定浓度时还会在溶液中发生定向排列而形成胶束。表面活性剂为了使自己成为溶液中的稳定分子，有可能采取的两种途径：一是把亲水基留在水中，亲油基伸向油相或空气；二是让表面活性剂的亲油基团相互靠在一起，以减少亲油基与水的接触面积。前者就是表面活性剂分子吸附在界面上，其结果是降低界面张力，形成定向排列的单分子膜；后者就形成了胶束。胶束的亲水基方向朝外，与水分子相互吸引，使表面活性剂能稳定溶于水中。

随着表面活性剂在溶液中浓度的增长，球形胶束可能转变成棒形胶束，以致层状胶束。后者可用来制作液晶，它具有各向异性的性质。

本实验利用DDS-307型电导率仪测定不同浓度的十二烷基硫酸钠水溶液的电导值（也可换算成摩尔电导率），并作电导值（或摩尔电导率）与浓度的关系图，从图中的转折点求得临界胶束浓度。

三、仪器和试剂

仪器：DDS-307型电导率仪1台（附带电导电极1支）；容量瓶（100mL）12只；恒温水浴1套；容量瓶（1000mL）1只。

试剂：氯化钾（分析纯）；十二烷基硫酸钠（分析纯）；电导水。

四、实验步骤

(1) 用电导水或重蒸馏水准确配制0.01mol/L的KCl标准溶液。

(2) 取十二烷基硫酸钠在80℃烘干3h，用电导水或重蒸馏水准确配制0.002mol/L、

0.004mol/L、 0.006mol/L、 0.007mol/L、 0.008mol/L、 0.009mol/L、 0.010mol/L、0.012mol/L、0.014mol/L、0.016mol/L、0.018mol/L、0.020mol/L 的十二烷基硫酸钠溶液各 100mL。

(3) 打开恒温水浴调节温度至 25℃ 或其他合适温度，开通电导率仪。

(4) 用 0.001mol/L KCl 标准溶液标定电导池常数。

(5) 用 DDS-307 型电导率仪从稀到浓分别测定上述各溶液的电导率。然后一个溶液荡洗前一个溶液的电导池 3 次以上，各溶液测定时必须恒温 10min，每个溶液的电导率读数 3 次，取平均值。列表记录各溶液对应的电导率，换算成摩尔电导率。

(6) 实验结束后洗净电导池和电极，并测量水的电导率。

五、数据记录和处理

(1) 计算各浓度的十二烷基硫酸钠水溶液的电导率和摩尔电导率。

(2) 将数据列表，做 κ-c 图与 λ_m-c 图，由曲线转折点确定临界胶束浓度。

六、注意事项

(1) 电极不使用时应浸泡在蒸馏水中，用时用滤纸轻轻沾干水分，不可用纸擦拭电极上的铂黑（以免影响电导池常数）。

(2) 配制溶液时，由于有泡沫，要保证表面活性剂完全溶解，否则影响浓度的准确性。

(3) CMC 有一定的范围。

七、思考与讨论

(1) 若要知道所测得的临界胶束浓度是否准确，可用什么实验方法验证之？

(2) 溶液的表面活性剂分子与胶束之间的平衡同浓度和温度有关，试问如何测出其热能效应 ΔH 值？

(3) 非离子型表面活性剂能否用本实验方法测定临界胶束浓度？若不能，则可用何种方法测之？

(4) 试说出电导法测定临界胶束浓度的原理。

(5) 实验中影响临界胶束浓度的因素有哪些？

八、补充

表面活性剂的渗透、润湿、乳化、去污、分散、增溶和起泡作用等基本原理广泛应用于石油、煤炭、机械、化工、冶金、材料及轻工业、农业生产中，研究表面活性剂溶液的物理化学性质（吸附）和内部性质（胶束形成）有着重要意义。而临界胶束浓度（CMC）可以作为表面活性剂的表面活性的一种量度。因为 CMC 越小，则表示这种表面活性剂形成胶束所需浓度越低，达到表面（界面）饱和吸附的浓度越低，因而改变表面性质起润湿、乳化、增溶和起泡等作用所需的浓度越低。另外，临界胶束浓度又是表面活性剂溶液性质发生显著变化的一个"分水岭"。因此，表面活性剂的大量研究工作都与各种体系中的 CMC 测定有关。

测定 CMC 的方法很多，常用的有表面张力法、电导法、染料法、增溶作用法、光散射法等。这些方法，原理上都是从溶液的物理化学性质随浓度变化关系出发求得。其中表面张力和电导法比较简便准确。表面张力法除了可求得 CMC 之外，还可以求出表面吸附等温线。此外还有一优点，就是无论是对高表面活性还是低表面活性的表面活性剂，其 CMC 的测定都具有相似的灵敏度，此法不受无机盐的干扰，也适合非离子表面活性剂，电导法是经典方法，简便可靠，只限于离子性表面活性剂。此法对有较高活性的表面活性剂准确性高，但过量无机盐存在会降低测定灵敏度，因此配制溶液应该用电导水。

实验二十七 黏度法测定高聚物的相对分子质量

一、实验目的
(1) 掌握用乌氏黏度计测定高聚物溶液黏度的原理和方法。
(2) 测定线型聚合物聚乙二醇的黏均相对分子质量。

二、实验原理
高聚物相对分子质量不仅反映高聚物分子的大小，而且直接关系到它的物理性能，是个重要的基本参数。与一般的无机物或低分子的有机物不同，高聚物多是相对分子质量大小不同的大分子混合物，所以通常所测定的高聚物相对分子质量是一个统计平均值。

高聚物相对分子质量的测定方法很多，对线型高聚物有端基分析、沸点升高、凝固点降低、等温蒸馏、渗透压、光散射和超离心沉降及扩散等分析方法。这些方法除端基分析外，一般都需要较复杂的仪器设备，并且操作复杂。黏度法测定高聚物相对分子质量适用的相对分子质量范围为 $1\times10^4 \sim 1\times10^7$，方法类型属于相对法。

高聚物在稀溶液中的黏度主要反映液体在流动时存在的内摩擦。其中有溶剂分子与溶剂分子之间的内摩擦，表现出的黏度叫纯溶剂黏度，记做 η_0，还有高聚物分子间的内摩擦，以及高聚物分子与溶剂分子之间的内摩擦，三者的总和表现为溶液的黏度，记为 η。

因为液体黏度的绝对值测定很困难，所以一般都是测定溶液与溶剂的相对黏度 η_r：

$$\eta_r = \frac{\eta}{\eta_0}$$

相对于溶剂，溶液黏度增加的分数称为增比黏度，记为 η_{sp}，即

$$\eta_{sp} = \frac{\eta - \eta_0}{\eta_0} = \eta_r - 1$$

相对黏度 η_r 反映的是溶液的黏度行为，增比黏度 η_{sp} 扣除了溶剂分子之间的内摩擦效应，仅留下纯溶剂与高聚物分子之间，以及高聚物分子之间的内摩擦效应。

溶液的浓度越大，黏度也越大，为了便于比较，引入比浓黏度 η_{sp}/c 及比浓对数黏度 $\ln\eta_r/c$。当溶液无限稀释时，每个高聚物分子彼此相隔极远，其相互间的内摩擦可忽略不计，此时溶液所表现出的黏度主要反映高聚物分子与溶剂分子间的内摩擦，定义为特性黏度 $[\eta]$，其值与浓度无关，仅取决于溶剂的性质及高聚物分子的形态与大小。

$$[\eta] = \lim_{c \to 0} \frac{\eta_{sp}}{c} = \lim_{c \to 0} \frac{\ln\eta_r}{c}$$

在足够稀的高聚物溶液中：

$$\frac{\eta_{sp}}{c} = [\eta] + K[\eta]^2 c$$

$$\frac{\ln\eta_r}{c} = [\eta] - \beta[\eta]^2 c$$

外推法求特性黏度及乌氏黏度计示意分别见图 2-44 和图 2-45。

测定液体黏度的方法主要有毛细管法（测定液体通过毛细管的流出时间）、落球法（测定圆球在液体里的下落速度）及转筒法或旋转法（测定液体在同心轴圆柱体间相对转动的影

响)。在测定高分子溶液的特性黏度 $[\eta]$ 时,以毛细管法最为方便。当液体在毛细管黏度计内因重力作用而流出时,遵守泊塞尔(Poiseuille)定律:

$$\frac{\eta}{\rho} = \frac{\pi h g r^4 t}{8lV} - m \frac{V}{8\pi lt}$$

式中,ρ 为溶液的密度;l 为毛细管长度;r 为毛细管半径;t 为流出时间;h 为流经毛细管液体的平均液柱高度;g 为重力加速度;V 为流经毛细管液体的体积;m 为与仪器的几何形状有关的常数,在 $r/l \ll 1$ 时,可取 $m=1$。

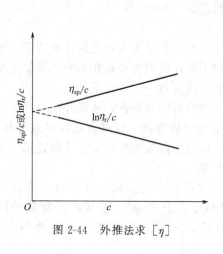

图 2-44 外推法求 $[\eta]$

图 2-45 乌氏黏度计示意图
A—宽管;B—主管;C—支管;D—悬挂水平贮器;E—测定球;F—贮器;G—缓冲球

使用同一黏度计,在足够稀的聚合物溶液里,$\eta_r = \eta/\eta_0 = t/t_0$,只要测定溶液和溶剂在毛细管中的流出时间就可得到 η_r;同时,在足够稀的溶液里,质量浓度 c、η_r 和 $[\eta]$ 之间符合经验公式:$\ln\eta_r/c = [\eta] - \beta[\eta]^2 c$,通过 $\ln\eta_r/c$ 对 c 作图,外推至 $c=0$ 时所得截距即为 $[\eta]$;同时,在足够稀的溶液里,质量浓度 c、η_{sp} 和 $[\eta]$ 之间符合经验公式:$\eta_{sp}/c = [\eta] + k[\eta]^2 c$,通过 η_{sp}/c 对 c 作图,外推至 $c=0$ 时所得截距即为 $[\eta]$。两个线性方程作图得到的截距应该在同一点。

聚合物溶液的特性黏度 $[\eta]$ 与聚合物相对分子质量之间的关系,可以通过 Mark-Houwink 经验方程来计算,$[\eta] = K M_\eta^\alpha$,M_η 是黏均相对分子质量;K、α 是与温度、聚合物及溶剂的性质相关的常数。聚乙二醇水溶液在 25℃ 的 K 值为 $156 \times 10^6 \, \text{m}^3/\text{kg}$,$\alpha$ 值为 0.5;在 30℃ 的 K 值为 $12.5 \times 10^6 \, \text{m}^3/\text{kg}$,$\alpha$ 值为 0.78。

三、仪器和试剂

仪器:恒温水浴装置 1 套;乌氏黏度计 1 支;100mL 容量瓶 5 只;移液管若干支;洗耳球 1 只;秒表 1 只。

试剂:聚乙二醇(AR)。

四、实验步骤

(1) 设定恒温水浴温度为 (30±0.1)℃。

(2) 配制溶液:分别移取 8%(质量分数)的聚乙二醇溶液 5.00mL、10.00mL、15.00mL、20.00mL、25.00mL,用蒸馏水稀释定容于 100mL 容量瓶中。

(3) 洗涤黏度计。

(4) 测定溶剂流出时间 t_0,测定不同浓度的溶液流出时间 t。平行测定 3 次,3 次的极差小于0.3s。

五、数据记录和处理

(1) 记录的数据及数据表。

t_0：纯溶剂在a、b线（图2-45）移动所需时间；

t_1：5mL 8%聚乙二醇溶液定容于100mL容量瓶中溶液在a、b线移动所需时间；

t_2：10mL 8%聚乙二醇溶液定容于100mL容量瓶中溶液在a、b线移动所需时间；

t_3：15mL 8%聚乙二醇溶液定容于100mL容量瓶中溶液在a、b线移动所需时间；

t_4：20mL 8%聚乙二醇溶液定容于100mL容量瓶中溶液在a、b线移动所需时间；

t_5：25mL 8%聚乙二醇溶液定容于100mL容量瓶中溶液在a、b线移动所需时间。

为了简化计算，所有溶液的密度以水的标准密度 $1\times10^3\,\text{kg/m}^3$ 代替。

项目	测定值/s			平均值/s	η_r	c	$\eta_{sp}=\eta_r-1$	η_{sp}/c	$\ln\eta_r$	$\ln\eta_r/c$
	1	2	3							
t_0										
t_1										
t_2										
t_3										
t_4										
t_5										

(2) η_{sp}/c 对 c 作图及 $\ln\eta_r/c$ 对 c 作图，通过外推法求出 $c=0$ 时的截距，即为 $[\eta]$ 值。

(3) $[\eta]$ 的平均值=_____；30℃时 $\alpha=$_____，$K=$_____；

黏均相对分子质量 M_η 为_____。

六、注意事项

(1) 温度要恒定。高聚物要保证在配制溶液时完全溶解。

(2) 乌氏黏度计中在a、b线间不能有气泡。

(3) 本实验稀释是直接在黏度计中进行的，因此，每加一次溶剂进行稀释时必须混合均匀，并抽洗E球和G球，要注意多次（不少于三次）用稀释液抽洗毛细管，保持黏度计内各处浓度相等。

(4) 测定时黏度计要垂直放置，实验过程中不要振动黏度计，否则，影响实验结果的准确性。

(5) 用洗耳球抽提液体时，要避免气泡进入毛细管以及G、E球内，若有气泡，则要让液体流回F球后，重新抽提。

七、思考与讨论

(1) 乌氏黏度计中的支管C有什么作用？除去支管C是否仍可以测黏度？

(2) 测黏度时为什么要维持体系温度不变？

(3) 利用黏度法测定高聚物的相对分子质量有何局限性，适用的相对分子质量范围是多少？

第五节　结构化学

实验二十八　配合物磁化率的测定

一、实验目的
（1）掌握用 Gouy 法测定配合物磁化率的原理和方法。
（2）通过配合物磁化率的测定，计算其中心金属离子的未成对电子数，并判断配合物中的配键。

二、实验原理
1. 磁（介）质的摩尔磁化率 χ_M

磁（介）质分为铁磁质（Fe、Co、Ni 及其化合物）和非铁磁质。

非铁磁质分为反磁质（即反磁性物质）和顺磁质（即顺磁性物质），顺磁质中含有未成对电子。

在不均匀磁场中，反磁质受到的磁场作用力很小，该作用力由磁场强度大的地方指向磁场强度小的地方。所以，本实验中反磁质处于不均匀磁场中时的质量比无外磁场时的稍小一点；而顺磁质受到的磁场作用力较大，作用力由磁场强度小的地方指向磁场强度大的地方。即，本实验中顺磁质处于不均匀磁场中时的质量比无外磁场时的质量有明显增大。

化学上人们感兴趣的是非铁磁质。非铁磁质中的反磁质具有反磁化率，顺磁质同时具顺磁化率和反磁化率，但其顺磁化率（正值）远大于其反磁化率（负值）。所以，对顺磁质而言，其摩尔磁化率：

$$\chi_M = \chi_\mu(摩尔顺磁化率) + \chi_0(摩尔逆磁化率) \approx \chi_\mu$$

而 $\chi_M = \dfrac{2gMh}{H^2}\left(\dfrac{W_H}{W_0} - 1\right)$（在本实验中 χ_μ 的单位为 cm^3/mol）

式中，g 为重力加速度，m/s^2；H 为磁场强度，Oe，读作"奥斯特"，在本实验的计算中其值也可消去，亦不必考虑其取值的大小及单位；M 为样品的摩尔质量，在本实验的计算中其单位取 g/mol；h 为样品管中所装样品粉末的高度，在本实验的计算中其单位取 cm；W_H 为有外加磁场时"样品+试管"的质量与"空试管"的质量之差，g；W_0 为无外加磁场时"样品+试管"的质量与"空试管"的质量之差，g。

2. 磁场强度 H 的标定

若已知某样品的磁化率，则可通过实验利用下式求出对应的磁场强度 χ_M（cm^3/mol）。

$$\chi_M = \dfrac{2gMh}{H^2}\left(\dfrac{W_H}{W_0} - 1\right)$$

同理，若已知某样品的比磁化率（即单位质量磁介质的磁化率）χ_m（m^3/kg，或 cm^3/g），则亦可通过实验利用下式求出对应的磁场强度。

$$\chi_m = \dfrac{2gh}{H^2}\left(\dfrac{W_H}{W_0} - 1\right)$$

已知莫尔盐（六水合硫酸亚铁铵晶体）的比磁化率（m^3/kg）仅是热力学温度 $T(K)$ 的函数，具体关系为：

$$\chi_m = \dfrac{9.5 \times 10^{-6}}{T+1} \times 4\pi\ (其中，热力学温度\ T\ 的单位\ K\ 已预先消去了)$$

而根据 SI 制与 CGS 制的换算，有：$1\mathrm{m}^3/\mathrm{kg}=\frac{1}{4\pi}\times 10^3\mathrm{cm}^3/\mathrm{g}$ 所以：

$$\chi_\mathrm{m}=\frac{9.5\times 10^{-3}}{T+1}\ (\mathrm{cm}^3/\mathrm{g})$$

因此，只要在一定温度下用莫尔盐进行测定，即可由下式求出磁场强度的平方。

$$H^2=\frac{2gh(T+1)}{9.5\times 10^{-3}}\times\left(\frac{W_\mathrm{H}}{W_0}-1\right)$$

表面上看，本实验似乎需要求出磁场强度的平方用于后续计算，但实际上，在具体的数据处理中并不由上式求出具体数值，因为有些量可以消去（见后面的讨论）。式中 W 的意义见实验步骤部分。

3. 样品的摩尔磁化率 χ_M 的测定

$$\chi_\mathrm{M}\approx\chi_\mu=\frac{2gMh}{H^2}\left(\frac{W_\mathrm{H}}{W_0}-1\right)$$（式中 M 为样品的摩尔质量，单位 g/mol）

$$=\frac{2gM_{样}h_{样}\left(\frac{W_{\mathrm{H},样}}{W_{0,样}}-1\right)}{2gh_{莫}(T+1)\left(\frac{W_{\mathrm{H},莫}}{W_{0,莫}}-1\right)}\times 9.5\times 10^{-3}$$

$$=\frac{M_{样}h_{样}\left(\frac{W_{\mathrm{H},样}}{W_{0,样}}-1\right)}{h_{莫}(T+1)\left(\frac{W_{\mathrm{H},莫}}{W_{0,莫}}-1\right)}\times 9.5\times 10^{-3}\ (\mathrm{cm}^3/\mathrm{mol})$$（注意：顺磁质 $\chi_\mathrm{M}>0$，反磁质 $\chi_\mathrm{M}<0$）

可见，只要测出样品管中有关样品（两个样品以及莫尔盐）的高度、样品在有外磁场时的质量、样品在无外磁场时的质量，即可求出样品的摩尔磁化率，而不需计算磁场强度的平方。

4. 求样品的永久磁矩 μ_m

将上述计算所得的 χ_M（cm³/mol）代入下式，可得永久磁矩的平方值。

$$\mu_\mathrm{m}^2=\frac{3kT}{L}\chi_\mathrm{M}=\frac{3\times 1.3807\times 10^{-16}T}{6.023\times 10^{23}}\chi_\mathrm{M}\ (\mathrm{erg}^2/\mathrm{Oe}^2)$$

5. 样品的未成对电子数 n 的计算

$$n=\sqrt{1+\left(\frac{\mu_\mathrm{m}}{\mu_\mathrm{B}}\right)^2}-1$$

式中，μ_B 是电子的磁矩（玻尔磁子），$\mu_\mathrm{B}=9.27\times 10^{-21}\mathrm{erg/Oe}$。

三、仪器和试剂

仪器：古埃磁天平；电子天平；样品管；直尺；电吹风。

试剂：$(NH_4)_2SO_4\cdot FeSO_4\cdot 6H_2O$(AR)；$K_3Fe(CN)_6$(AR)；$K_4Fe(CN)_6\cdot 3H_2O$(AR)；$FeSO_4\cdot 7H_2O$(AR)。

四、实验步骤

(1) 阅读古埃磁天平的使用说明，理解其使用方法，复习电子天平的操作方法。

(2) 先将磁天平上的电流旋钮旋至电流为零的位置，再打开磁天平上的电源总开关。通过电流强度的增减调节磁天平的电磁铁的磁场强度时，应缓慢地增大或减小电流。增大磁场时，要由小到大缓慢地增大电流；关闭磁场时，要由大到小缓慢地减小电流。

(3) 调节电流大小使古埃磁天平电磁铁的磁场强度为 300mT 左右，再将空试管吊放于磁场的适当位置，测定有磁场时空试管的质量 $m_{\mathrm{H},管}$，再将电流调为零，称量无磁场时空试

管的质量 $m_{0,管}$。因使用电子天平称重,所以每次测定的读数只需读取一次。

(4) 装入样品莫尔盐粉末,并用玻棒将试管上部的固体轻轻压平,以方便量出样品的高度。然后调节电流大小使磁天平电磁铁的磁场强度达到 300mT 左右,小心地将已装样的试管挂到电子天平下的吊环上,称量有磁场时"莫尔盐+试管"的质量 $m_{H,管+莫}$;再将电流调为零,称量无磁场时"莫尔盐+试管"的质量 $m_{H,管+莫}$。一个样品用完后应按要求倒回到原试剂瓶中(切不可倒错试剂瓶),或丢弃于指定的其他容器中,然后先用自来水洗净试管,再用蒸馏水淌洗两次,倒去试管中的余水后,向试管中加入约 1mL 无水乙醇将试管淌洗一遍,淌洗后将乙醇倒入指定的试剂瓶中,而后用电吹风吹干试管用于另一个样品的称量。

(5) 重复第(4)步的操作,分别测定硫酸亚铁晶体、亚铁氰化钾晶体和铁氰化钾晶体(均为粉末)在有磁场时"样品+试管"的质量 $m_{H,管+样}$、无磁场时"样品+试管"的质量 $m_{H,管+样}$。

(6) 可用于数据处理的 W 值:

$$W_{H,莫} = m_{H,管+莫} - m_{H,管} \quad W_{0,莫} = m_{0,管+莫} - m_{0,管}$$

$$W_{H,样} = m_{H,管+样} - m_{H,管} \quad W_{0,样} = m_{0,管+样} - m_{0,管}$$

(7) 实验完毕后,将电流旋钮缓慢调到零,再关闭电源开关。

五、数据记录和处理

1. 原始数据记录

项目	$m_1(H_0)$	$m_1(H_1)$	$m_1(H_2)$	$m_2(H_2)$	$m_2(H_1)$	$m_2(H_0)$
空管						
空管+$(NH_4)_2Fe(SO_4)_2 \cdot 6H_2O$						
空管+$Fe(SO_4)_2 \cdot 7H_2O$						
空管+$K_4Fe(CN)_6 \cdot 3H_2O$						
空管+$K_3Fe(CN)_6$						

2. 数据处理

项目	$\Delta m_1(H_1)$	$\Delta m_2(H_1)$	$\Delta m(H_1)$	$\Delta m_1(H_2)$	$\Delta m_2(H_2)$	$\Delta m(H_2)$
空管						
空管+$(NH_4)_2Fe(SO_4)_2 \cdot 6H_2O$						
空管+$Fe(SO_4)_2 \cdot 7H_2O$						
空管+$K_4Fe(CN)_6 \cdot 3H_2O$						
空管+$K_3Fe(CN)_6$						

$\Delta m_1(H_1) = m_1(H_1) - m_1(H_0)$, $\Delta m_2(H_1) = m_2(H_1) - m_2(H_0)$
$\Delta m(H_1) = 1/2[\Delta m_1(H_1) - \Delta m_2(H_1)]$, $\Delta m(H_2) = 1/2[\Delta m_1(H_2) - \Delta m_2(H_2)]$

3. 计算莫尔盐与 $Fe(SO_4)_2 \cdot 7H_2O$ 的 x_m、H、H_1 及 H_2 值

六、注意事项

(1) 装样时要一边装样一边在桌面上轻轻地震动试管,使样品紧密均匀地填实试管,当样品表面距管口约 0.5cm 时停止装样,最后用各样品专用的小玻棒将管内表面的样品轻轻压平。

(2) 由于试管是被挂载于天平托盘底部所连接的一根细绳下面的挂钩上的，而电子天平的最大称重量只有约 100g，所以，要特别注意保护电子天平，**任何时候都严禁向下拉动细绳**。挂载试管时要一手将细绳向上提起，另一手将试管挂于挂环上，然后再将细绳连同试管一起缓慢、轻轻地放下。取下试管时，则要首先将细绳向上提起，另一手取走试管，然后缓慢地放下细绳。操作中还要尽量减少试管的摆动，以保护天平。而且，挂载试管的细绳不应与任何物体接触。

(3) 称量过程中，试管应与地面垂直，试管底部则要刚好位于两块电磁铁的上下位置和左右位置的正中央。

七、思考与讨论

(1) 实验过程中，为什么每个实验小组始终只能使用同一支试管？

(2) 莫尔盐的什么特点使得它可用于标定实验中的磁场强度？

实验二十九　偶极矩的测定

一、实验目的

(1) 用溶液法测定乙酸乙酯的偶极矩。了解分子在外电场作用下的极化作用，以及偶极矩与摩尔极化度的关系。

(2) 了解溶液法测定偶极矩的原理、方法和计算。

(3) 掌握测定液体介电常数的实验技术。

二、实验原理

1. 偶极矩与极化度

分子结构可近似地看成是由电子云和分子骨架（原子核及内层电子）所构成的，分子本身呈电中性，但由于空间构型的不同，正、负电荷中心可重合也可不重合，前者称为非极性分子，后者称为极性分子。分子极性的大小常用偶极矩来度量，其定义为：

$$\vec{\mu} = qd \tag{2-90}$$

式中，q 为正、负电荷中心所带的电荷；d 为正、负电荷中心间距离；$\vec{\mu}$ 为向量，其方向规定为从正到负。因分子中原子间距离的数量级为 10^{-10} m，电荷数量级为 10^{-20} C，所以偶极矩的数量级为 10^{-30} C·m。

极性分子具有永久偶极矩。若将**极性**分子置于均匀的外电场中，则偶极矩在电场的作用下会趋向电场方向排列。这时我们称这些分子被极化了。极化的程度可用摩尔定向极化度 P_μ 来衡量。P_μ 与永久偶极矩平方成正比，与热力学温度 T 成反比：

$$P_\mu = \frac{4}{3}\pi L \frac{\mu^2}{3kT} = \frac{4}{9}\pi N_A \frac{\mu^2}{kT} \left(\mu = \sqrt{\frac{9kTP_\mu}{4\pi N_A}} \right) \tag{2-91}$$

式中，k 为玻尔兹曼常数；N_A 为阿伏伽德罗常数。

在外电场作用下，不论是极性分子还是非极性分子，都会发生电子云对分子骨架的相对移动，分子骨架也会发生变形，这种现象称为诱导极化或变形极化，用摩尔诱导极化度 $P_{诱导}$ 来衡量。显然，$P_{诱导}$ 可分为两项，为电子极化和原子极化之和，分别记为 P_e 和 P_a，则摩尔极化度为：

$$P_m = P_e + P_a + P_\mu \tag{2-92}$$

对于非极性分子，因 $\mu=0$，所以 $P=P_e+P_a$。

外电场若是交变电场，则极性分子的极化与交变电场的频率有关。在电场的频率小于 $10^{10}\,s^{-1}$ 的低频电场或静电场条件下，极性分子产生的摩尔极化度 P_m 是定向极化、电子极化和原子极化的总和，即 $P_m=P_e+P_a+P_\mu$。而在电场频率为 $10^{12}\sim10^{14}\,s^{-1}$ 的中频电场下（红外光区），电场的交变周期小，使得极性分子的定向运动跟不上电场变化，即极性分子无法沿电场方向定向，则 $P_\mu=0$。此时分子的摩尔极化度 $P_m=P_e+P_a$。当交变电场的频率大于 $10^{15}\,s^{-1}$（即可见光和紫外光区）时，极性分子的定向运动和分子骨架变形都跟不上电场的变化，此时 $P_m=P_e$。

因此，原则上只要在低频电场下测得极性分子的摩尔极化度 P_m，在红外频率下测得极性分子的摩尔诱导极化度 $P_{诱导}$，两者相减得到极性分子的摩尔定向极化度 P_μ，代入式(2-91)，即可算出其永久偶极矩 μ。

因为 P_a 只占 $P_{诱导}$ 的 5%～15%，而实验时由于条件的限制，一般总是用高频电场来代替中频电场。所以通常近似地把高频电场下测得的摩尔极化度当作摩尔诱导偶极矩。

2. 极化度和偶极矩的测定

对于分子间相互作用很小的体系，Clausius-Mosotti-Debye 从电磁理论推得摩尔极化度 P 与介电常数 ε 之间的关系为：

$$P=\frac{\varepsilon-1}{\varepsilon+2}\times\frac{M}{d} \tag{2-93}$$

式中，M 为摩尔质量；d 为密度。上式是假定分子间无相互作用而推导出的，只适用于温度不太低的气相体系。但测定气相介电常数和密度在实验上困难较大，所以提出溶液法来解决这一问题。溶液法的基本思想是：在无限稀释的非极性溶剂的溶液中，溶质分子所处的状态和气相时相近，于是无限稀释溶液中溶质的摩尔极化度 P_2^∞ 就可看作为上式中的 P，即

$$P=P_2^\infty=\lim_{x_2\to0}P_2=\frac{3\alpha\varepsilon_1}{(\varepsilon_1+2)^2}\times\frac{M_1}{d_1}+\frac{\varepsilon_1-1}{\varepsilon_1+2}\times\frac{M_2-\beta M_1}{d_1} \tag{2-94}$$

式中，ε_1、M_1、d_1 为溶剂的介电常数、摩尔质量和密度；M_2 为溶质的摩尔质量；α、β 为两常数，可由下面两个稀溶液的近似公式求出：

$$\varepsilon_{12}=\varepsilon_1(1+\alpha x_2) \tag{2-95}$$

$$d_{12}=d_1(1+\beta x_2) \tag{2-96}$$

式中，ε_{12}、d_{12}、x_2 为溶液的介电常数、密度和溶质的摩尔分数。因此，从测定纯溶剂的 ε_1、d_1 以及不同浓度 (x_2) 溶液的 ε_{12}、d_{12}，代入式(2-94)就可以求出溶质分子的总摩尔极化度。

根据光的电磁理论，在同一频率的高频电场作用下，透明物质的介电常数 ε 与折射率 n 的关系为：

$$\varepsilon=n^2 \tag{2-97}$$

常用摩尔折射度 R_2 来表示高频区测得的极化度。此时 $P_\mu=0$，$P_a=0$，则

$$R_2=P_e=\frac{n^2-1}{n^2+2}\times\frac{M}{d} \tag{2-98}$$

同样测定不同浓度溶液的摩尔折射度 R，外推至无限稀释，就可求出该溶质的摩尔折射度公式：

$$R_2^\infty=\lim_{x_2\to0}R_2=\frac{n_1^2-1}{n_1^2+2}\times\frac{M_2-\beta M_1}{d_1}+\frac{6n_1^2M_1\gamma}{(n_1^2+2)^2d_1} \tag{2-99}$$

式中，n_1 为溶剂的摩尔折射率；γ 为常数，由下式求出：
$$n_{12} = n_1(1 + \gamma x_2) \tag{2-100}$$
式中，n_{12} 为溶液的摩尔折射率。

则：
$$P_\mu = P_2^\infty - R_2^\infty = \frac{4\pi N_A \mu^2}{9KT} \tag{2-101}$$

$$\mu = 0.0128\sqrt{(P_2^\infty - R_2^\infty)T} = 0.04274 \times 10^{-30}\sqrt{(P_2^\infty - R_2^\infty)T} \tag{2-102}$$

式中，μ 单位 D，$1D = 3.334 \times 10^{-30} C \cdot m$。

3. 介电常数的测定

介电常数是通过测定电容，计算而得到。按定义
$$\varepsilon = \frac{C}{C_0} \tag{2-103}$$

式中，C_0 为以真空为介质的电容；C 为充以介电常数为 ε 的介质时的电容。实验上通常以空气为介质时的电容为 C_0，因为空气相对于真空的介电常数为 1.0006，与真空作介质的情况相差甚微。由小电容测量仪测定电容时，除电容池两极间的电容 C_0 外，整个测试系统中还有分布电容 C_d 的存在，即

$$C_x' = C_x + C_d \tag{2-104}$$

式中，C_x' 为实验所测值；C_x 为真实的电容。

对于同一台仪器和同一电容池，在相同的实验条件下，C_d 基本上是定值，故可测定一已知介电常数的物质来求得 C_d。各次测量值减去 C_d 才能得到真实的 C 值。

三、仪器和试剂

仪器：精密电容测定仪 1 台；密度管 1 只；阿贝折射仪 1 台；容量瓶（25mL）5 只；注射器（5mL）1 支；超级恒温槽 1 台；烧杯（10mL）5 只；移液管（5mL）1 支；滴管 5 支。

试剂：乙酸乙酯（AR）；环己烷（AR）。

四、实验步骤

1. 配制溶液

配制摩尔分数 x_2 为 0.010、0.050、0.100、0.150、0.200 左右的乙酸乙酯-环己烷溶液各 25mL。为了配制方便，先计算出所需乙酸乙酯的毫升数，移液。然后称量配制。算出溶液的正确浓度，操作时注意防止溶质、溶剂的挥发和吸收极性较大的水气。溶液配好后迅速盖上瓶塞。

2. 折射率的测定

在（25±0.1）℃条件下，用阿贝折射仪测定环己烷及配制的 5 种浓度溶液的折射率。

3. 液体密度的测定

若无密度管，用比重瓶（可用 5mL 或 10mL 容量瓶代替）。
① 烘干比重瓶，冷却至室温，称重 W_0。
② 加水至刻度线，称重 W_1。
③ 加各个溶液，称重 W_2（注意：加溶液前，一定要吹干）。

则被测液体的密度为 $d_t = \dfrac{W_2 - W_0}{W_1 - W_0} d_{t,H_2O}$

4. 介电常数的测定

（1）C_d 的测定。以环己烷为标准物质，其介电常数的温度关系式为：$\varepsilon_{环己烷} = 2.052 - 1.55 \times 10^{-3} t$

测空气和环己烷的电容 $C_空'$ 和 $C_{环己烷}'$，算出实验温度 t 时环己烷的介电常数 $\varepsilon_标$，代入公

式 $C_d = (\varepsilon_{标} C'_{空} - C'_{标})/(\varepsilon_{标} - 1)$，求得 C_d。

用洗耳球将电容池样品室吹干，并将电容池与电容测定仪连接线接上，在量程选择键全部弹起的状态下，开启电容测定仪工作电源，预热 10min，用调零旋钮调零，然后按下（20pF）键，待数显稳定后记下，此即 $C'_{空}$。

用移液管量取 1mL 环己烷注入电容池样品室，然后用滴管逐滴加入样品，至数显稳定后记下，此即 $C'_{环己烷}$。（注意样品不可以多加，样品过多会腐蚀密封材料，渗入恒温腔，试验无法正常进行。）然后用注射器抽去样品室内样品，再用洗耳球吹扫，至数显的数字与 $C'_{空}$ 的值相差无几（<0.02pF），否则需再吹。

(2) 溶液电容的测定。按上述方法分别测定各浓度溶液的 $C'_{溶液}$，每次测 $C'_{溶液}$ 后均需复测 $C'_{空}$，以检验样品室是否还残留样品。

五、数据记录和处理

温度：____℃

样品号	0*	1	2	3	4	5
乙酸乙酯摩尔分数 x_2						
密度 $d/(g/mL)$						
折射率 n						
电容 C'_x/pF						
分布电容 C_d/pF						
C_0/pF						
电容 C_x/pF						
介电常数 ε						

注：0*号样品为环己烷。

(1) 作 d_{12}-x_2 图，由直线斜率求 β 值。
(2) 作 n_{12}-x_2 图，由直线斜率求 γ 值。
(3) 作 ε_{12}-x_2 图，由直线斜率求 α 值。
(4) 由 d_1、ε_1、α、β 值，求算 P_2^∞；由 d_1、n_1、β、γ 值，求算 R_2^∞。
(5) 由 P_2^∞、R_2^∞ 求算乙酸乙酯的永久偶极矩 μ。

文献值：25℃时乙酸乙酯在 CCl_4 中的偶极矩为 1.89D，允许：$\mu = (1.9 \pm 0.2)$D

六、注意事项

(1) 乙酸乙酯易挥发，配制溶液时动作应迅速，以免影响浓度。
(2) 本实验溶液中应防止含有水分，所配制溶液的器具需干燥，溶液应透明不发生浑浊。
(3) 测定电容时，应防止溶液的挥发及吸收空气中极性较大的水汽，影响测定值。
(4) 电容池各部件的连接应注意绝缘。

七、思考题

(1) 准确测定溶质摩尔极化度和摩尔折射度时，为什么要外推至无限稀释？
(2) 为什么不能直接用小电容测量仪上的读数 $C_{测}$ 来进行计算？
(3) 试分析实验中引起误差的因素，如何改进？

八、思考与讨论

(1) 从偶极矩的数据可以了解分子的对称性，判别其几何异构体和分子的主体结构等问题。偶极矩一般是通过测定介电常数、密度、折射率和浓度来求算的。对介电常数的测定除电桥法外，其他还有拍频法和谐振法等。对气体和电导很小的液体以拍频法为好，有相当电导的液体用谐振法较为合适；对于有一定电导但不大的液体用电桥法较为理想。虽然电桥法不如拍频法和谐振法精准，但设备简单，价格便宜。

测定偶极矩的方法除由对介电常数等的测定来求外，还有许多其他方法，如分子射线法、分子光谱法、温度法以及利用微波谱的斯塔克效应等。

（2）溶液法测得的溶质偶极矩和气相测得的真空值之间存在着偏差，造成这种偏差现象主要是因为在溶液中存在溶质分子与溶剂分子以及溶剂分子与溶剂分子间作用的溶剂效应。

实验三十　黏度法测定聚乙烯醇的相对分子质量及其分子构型的确定

一、实验目的

(1) 测定聚乙烯醇的平均相对分子质量。
(2) 掌握用乌氏黏度计测定溶液黏度的原理和方法。
(3) 以聚乙酸乙烯酯（PVAc）为原料制备聚乙烯醇（PVA）。
(4) 用乌氏黏度计测定自制 PVA 被高碘酸盐降解前后的黏均相对分子质量。
(5) 计算 PVA 分子链中"头碰头"键合方式的比率。

二、实验原理

单体分子经过加聚或缩聚反应后形成高聚物。由于其分子链长度远大于溶剂分子，在液体分子流动或相对流动时有内摩擦阻力，宏观表现为黏度，这种流动过程中的内摩擦主要有：纯溶剂分子间的内摩擦，记作 η_0；高聚物分子与溶剂分子间的内摩擦；以及高聚物分子间的内摩擦。这三种内摩擦的总和称为高聚物溶液的黏度，记作 η。实践证明，在相同温度下 $\eta > \eta_0$，为了比较这两种黏度，引入增比黏度的概念，以 η_{sp} 表示：

$$\eta_{sp} = (\eta - \eta_0)/\eta_0 = \eta/\eta_0 - 1 = \eta_r - 1 \tag{2-105}$$

式中，η_r 为相对黏度，反映的仍是整个溶液的黏度行为，而 η_{sp} 则扣除了溶剂分子间的内摩擦，仅仅是纯溶剂与高聚物分子间以及高聚物分子间的内摩擦之和。

高聚物溶液的 η_{sp} 往往随质量浓度 c 的增加而增加。为了便于比较，定义单位浓度的增比黏度 η_{sp}/c 为比浓黏度，定义 $\ln\eta_r/c$ 为比浓对数黏度。当溶液无限稀释时，高聚物分子彼此相隔甚远，它们的相互作用可以忽略，此时比浓黏度趋近于一个极限值，即

$$\lim_{c \to 0} \frac{\eta_{sp}}{c} = \lim_{c \to 0} \frac{\ln\eta_r}{c} = [\eta] \tag{2-106}$$

式中，$[\eta]$ 主要反映无限稀释溶液中高聚物分子与溶剂分子之间的内摩擦作用，称为特性黏度，可以作为高聚物摩尔质量的度量。由于 η_{sp} 与 η_r 均是无量纲量，所以 $[\eta]$ 的单位是浓度 c 单位的倒数。$[\eta]$ 的值取决于溶剂的性质及高聚物分子的大小和形态，可通过实验求得。因为根据实验，在足够稀的高聚物溶液中有如下经验公式：

$$\frac{\eta_{sp}}{c} = [\eta] + \kappa [\eta]^2 c \tag{2-107}$$

$$\frac{\ln\eta_r}{c} = [\eta] + \beta [\eta]^2 c \tag{2-108}$$

式中，κ 和 β 分别为 Huggins 和 Kramer 常数，这是两个直线方程，因此获得 $[\eta]$ 的方法如图 2-44 所示。一种方法是以 η_{sp}/c 对 c 作图，外推到 $c \to 0$ 的截距值；另一种是以 $\ln\eta_r/c$ 对 c 作图，也外推到 $c \to 0$ 的截距值，两条线应会合于一点，这也可校核实验的可靠性。

由于试验中存在一定的误差，交点可能在前，也可能在后，也有可能两者不相交，出现这种情况，就以 η_{sp}/c 对 c 作图求出特性黏度 $[\eta]$。

在一定温度和溶剂条件下，特性黏度 $[\eta]$ 和高聚物摩尔质量 M 之间的关系通常用带有两个参数的 Mark-Houwink 经验方程式来表示：

$$[\eta] = K \overline{M}^\alpha \tag{2-109}$$

式中，$\overline{M}$ 为黏均分子量；K 为比例常数；α 为与分子形状有关的经验参数。K 和 α 值与温度、聚合物、溶剂性质有关，也和相对分子质量大小有关。K 值受温度的影响较明显，而 α 值主要取决于高分子线团在某温度下某溶剂中舒展的程度，其数值介于 0.5～1。K 与 α 的数值可通过其他绝对方法确定，如渗透压法、光散射法等，黏度法只能测定得 $[\eta]$。

由上述可以看出，高聚物摩尔质量的测定最后归结为特性黏度 $[\eta]$ 的测定。本实验采用毛细管法测定黏度，通过测定一定体积的液体流经一定长度和半径的毛细管所需时间而获得。所使用的乌氏黏度计如图 2-45 所示，当液体在重力作用下流经毛细管时，其遵守泊塞尔（Poiseuille）定律：

$$\frac{\eta}{\rho} = \frac{\pi h g r^4 t}{8VL} - m\frac{V}{8\pi Lt} \tag{2-110}$$

式中，η 为液体的黏度；ρ 为液体的密度；L 为毛细管的长度；r 为毛细管的半径；t 为 V 体积液体的流出时间；h 为流过毛细管液体的平均液柱高度；V 为流经毛细管的液体体积；m 为毛细管末端校正的参数（一般在 $r/L \ll 1$ 时，可以取 $m=1$）。

对某一支指定的黏度计而言，式中许多参数是一定的，因此可以改写成：

$$\frac{\eta}{\rho} = At - \frac{B}{t} \tag{2-111}$$

式中，$B<1$，当流出的时间 t 在 2min 左右（大于 100s），该项（亦称动能校正项）可以忽略，即

$$\eta = A\rho t \tag{2-112}$$

又因通常测定是在稀溶液中进行（$c < 1 \times 10^{-2} \text{g/cm}^3$），溶液的密度和溶剂的密度近似相等，因此可将 η_r 写成：

$$\eta_r = \frac{\eta}{\eta_0} = \frac{t}{t_0} \tag{2-113}$$

式中，t 为测定溶液黏度时液面从 a 刻度流至 b 刻度的时间；t_0 为纯溶剂流过的时间。所以通过测定溶剂和溶液在毛细管中的流出时间，可从式(2-113)求得 η_r，再由图 2-45 求得 $[\eta]$。

聚乙烯醇的制备原理：聚乙烯醇不能直接通过烯类单体聚合得到，而是经过聚乙酸乙烯酯（PVAc）的高分子反应获得的。因为醇解比水解制得的产品性能好，因而多采用醇解法。本实验采用甲醇为醇解剂、氢氧化钠为催化剂进行醇解反应，并在较为缓和的醇解条件下进行，以适应要求。

PVAc 在 $NaOH/CH_3OH$ 溶液中醇解的主要反应为：

$$-CH_2-\overset{|}{CH}-OCOCH_3 + CH_3OH \longrightarrow -CH_2-\overset{|}{CH}-OH + CH_3COOCH_3$$

NaOH 仅为催化剂。但 NaOH 还可能参与副反应：

$$CH_3COOCH_3 + NaOH \longrightarrow CH_3COONa + CH_3OH$$

$$—CH_2—\overset{|}{CH}—OCOCH_3+NaOH \longrightarrow —CH_2—\overset{|}{CH}—OH+CH_3COONa$$

当反应体系含水量较大时，这两个副反应明显增加，消耗大量的氢氧化钠，从而降低对主反应的催化性能，使醇解反应进行不完全。因此为了避免这些副反应，对物料的含水量应严格控制，一般在5%以下。

高分子的测定原理见前面的介绍。

PVA分子链中键合形式的测定原理：在聚乙烯醇中，一个"头碰头"的键合是一个1,2-乙二醇结构，而乙二醇能被高碘酸或碘酸盐分解。通过黏度法来测定被高碘酸钾处理前后两种物质的相对分子质量，从而求出"头碰头"的键合方式的概率。

因为"头碰头"的键合方式的概率：

$$\Delta = 分子数的增加数目/体系中总的单体数目$$

又因为分子数的增加数目和体系中总的单体数目与摩尔质量成反比，所以

$$\Delta = (1/M'_n - 1/M_n)/(1/M_0)$$

式中，M'_n 和 M_n 为降解前后的平均分子摩尔质量；M_0 为单体的摩尔质量，$M_0=44$ g/mol，所以：

$$\Delta = 44 \times (1/M'_n - 1/M_n)$$

对单分散性的高聚物，有 $M_n=M_v$；可是对多分散性的高聚物则有 $M_n<M_v$。因为聚乙烯醇是一个多分散性的高聚物，所以不能用实验所测得的 M_v 直接代入上述公式计算聚乙烯醇的"头碰头"键合概率。但是 M_n 和 M_v 之间存在着以下的联系：

$$\frac{M_v}{M_n} = [\alpha\Gamma(\alpha+1)]^{\frac{1}{\alpha}}$$

其中，当温度为30℃时，$\alpha=0.64$。Γ 为广函数。

$$\frac{M_v}{M_n} = 1.82$$

所以公式可以改写成：

$$\Delta = 80.08 \times (1/M'_v - 1/M_v)$$

通过该公式就可以用实验所测得的平均黏均分子量计算聚乙烯醇的"头碰头"的键合方式的概率。

三、仪器和试剂

仪器：乌式黏度计1支；玻璃恒温水浴1套；洗耳球1个；移液管10mL和15mL各1支；烧杯（50mL）1只；洗瓶1个；止水夹1个；橡皮管（约5cm长）2根；铁架台（包括铁夹）1个；超声波清洗器1个；计时器1个；250mL三口烧瓶1个；100mL锥形瓶1个；搅拌器1台。

试剂：甲醇（AR）；石油醚（AR）；正丁醇（AR）；高碘酸钾（AR）；聚乙酸乙烯酯（PVAc）。

四、实验步骤

1. 聚乙烯醇的制备

在装有机械搅拌器和冷凝管的250mL的三口烧瓶中加入26%的PVAc的甲醇溶液60g，在30℃和搅拌下缓慢加入3%的NaOH/CH₃OH溶液15mL，水浴温度控制在32℃进行醇解，反应1.5h后体系出现冻胶。强力搅拌，继续反应0.5h。打碎胶冻，加入3%NaOH/CH₃OH溶液5mL，32℃下保温0.5h，再升温到60℃反应1h。用真空水泵减压除去大部分甲醇，在搅拌下将混合液加入到60mL石油醚中，产物颗粒逐渐变硬。抽滤，并用20mL甲醇洗涤，然后进行真空干燥。

2. 降解前聚乙烯醇溶液流出时间的测定

参照实验二十七黏度法测定高聚物的相对分子质量。

3. 用高碘酸降解 PVA 及降解后 PVA 溶液流出时间的测定

在恒温槽内装好黏度计（垂直，刻度清晰可见），把温度调节在 (30 ± 0.1)℃。称取高碘酸钾 $0.25\sim0.3$g，用移液管移取原溶液 50mL 于 200mL 烧杯中，加入已称取的高碘酸钾于 $70\sim80$℃氧化降解 1h，然后冷却到室温。用移液管将降解后的溶液 10mL 加入到黏度计中，通过胶管用洗耳球吸取溶液到基准刻度，释放，并开始计时，记录溶液流出的时间，用一组试液，操作 $2\sim3$ 次，再把溶液稀释到原溶液的 1/2、1/3、1/4、1/5 测定流出时间，每次操作 $2\sim3$ 次。

实验完毕，黏度计应洗净（尤其是毛细管部分，若有残留的高聚物溶液，特别容易堵塞），然后用洁净的蒸馏水浸泡或倒置使其晾干。

五、数据记录和处理

（1）数据记录表。为了简化计算，所有溶液的密度以水的标准密度 1×10^3 kg/m³ 代替。

项目	测量值/s			平均值/s	η_r	$\eta_{sp}=\eta_r-1$	η_{sp}/c'	$\ln\eta_r$	$(\ln\eta_r)/c'$
	1	2	3						
溶剂									
溶液 c'									
溶液 $1/2c'$									
溶液 $1/3c'$									
溶液 $1/4c'$									
溶液 $1/5c'$									

数据处理参照实验二十七黏度法测定高聚物的相对分子质量，计算 PVA 分子中"头碰头"的键合概率。

（2）η_{sp}/c 对 c 作图及 $(\ln\eta_r)/c$ 对 c 作图，通过外推法求出 $c=0$ 时的截距，由此求出 $[\eta]$ 值。

$[\eta]$ 的平均值＝＿＿＿＿＿。

30℃时 α＝＿＿＿＿＿；K＝＿＿＿＿＿。

黏均分子质量 $\overline{M}$＝＿＿＿＿＿。

（3）文献值。聚乙烯醇的水溶液在 25℃时，$\alpha=0.76$，$K=2\times10^{-2}$；在 30℃时，$\alpha=0.64$，$K=6.66\times10^{-2}$，M 为 74800～79200。

六、注意事项

（1）黏度计的拿法，拿 A 管。

（2）高聚物在溶剂中溶解缓慢，配制溶液时必须保证其完全溶解，否则会影响溶液起始浓度，而导致结果偏低。

（3）所用移液管和烧杯必须洁净；黏度计必须洁净，高聚物溶液中若有絮状物不能将它移入黏度计中。

（4）混合溶液时注意不要将溶液吹出。

（5）消泡用正丁醇，加入一滴或几滴即可。

（6）本实验溶液的稀释是直接在黏度计中进行的，因此每加入一次溶剂进行稀释时必须混合均匀，并抽洗 E 球和 G 球。

（7）实验过程中恒温槽的温度要恒定，溶液每次稀释恒温后才能测量。

（8）黏度计要垂直放置，实验过程中不要振动黏度计，否则影响结果的准确性。

（9）黏度计一定要洗干净，可用丙酮洗涤，以备下组使用。

七、思考题

(1) 在黏度测定实验中,特性黏度 $[\eta]$ 是怎样测定的?

(2) 在黏度测定实验中,为什么 $\lim\limits_{c \to 0} \dfrac{\eta_{sp}}{c} = \lim\limits_{c \to 0} \dfrac{\ln \eta_r}{c}$?

(3) 不同醇解度的 PVA 对"头碰头"键合概率有何影响?

(4) 降解时间与温度对 PVA 分子中对"头碰头"键合概率有何影响?

八、思考与讨论

1. 主要涉及的综合知识点

(1) 高分子化学中聚合物的制备方法和物理化学中关于高分子溶液黏度的测定方法。

(2) PVA 不能直接通过烯类单体聚合得到,而是 PVAc 经醇解反应获得的。

(3) 利用乌氏黏度计测定 PVA 溶液在降解前后的黏度,从而确定分子构型。

2. 讨论

(1) 黏度计和待测液体的清洁是决定实验成功的关键之一。若是新的黏度计,应先用洗液洗,再用自来水洗三次,蒸馏水洗三次,烘干待用。

(2) 降解时间、温度、氧化剂(高碘酸钾)的量均对测定结果有影响。

(3) 特性黏度 $[\eta]$ 的大小受下列因素影响。

相对分子质量:线型或轻度交联的聚合物相对分子质量增大,$[\eta]$ 增大。

分子形状:相对分子质量相同时,支化分子的形状趋于球形,支化分子的 $[\eta]$ 较线型分子的小。

溶剂特性:聚合物在良溶剂中,大分子较伸展,$[\eta]$ 较大;而在不良溶剂中,大分子较卷曲,$[\eta]$ 较小。

温度:在良溶剂中,温度升高对 $[\eta]$ 影响不大;而在不良溶剂中,温度升高使溶剂变为良好,则 $[\eta]$ 增大。

(4) 在相同的条件下,聚合温度越高,聚乙烯醇的相对分子质量越小,黏度越小;在相同的条件下,聚合温度越高,聚乙烯醇分子中"头碰头"键合概率大。

(5) 制备聚乙烯醇纤维,即制备缩醛度大的聚乙烯醇缩甲醛的最佳方法是采用"头碰头"键合概率小的聚乙烯醇为原料。也就是说,采用聚合温度低的聚乙烯醇为原料。

(6) 制备胶水,即制备缩醛度小的聚乙烯醇缩甲醛的最佳方法是采用"头碰头"键合概率大的聚乙烯醇为原料。也就是说,采用聚合温度高的聚乙烯醇为原料。

九、参考文献

苏育志. 基础化学实验(Ⅲ)——物理化学实验[M]. 北京:化学工业出版社,2010:143-147.

第六节 设计与研究探索性实验

1. 开设设计与研究探索实验的意义

设计性实验是在学生基本完成基础化学实验课的学习,已具有一定的基础化学实验知识和基本技能的基础上开设的。它不是基础化学实验的简单重复,而是要求学生运用所学知识完成指定要求的实验。设计性实验要求在规定的学时内完成。故所选的课题不应偏离基础实验太远,难度不能太大,花的时间不宜过多。因此,设计性实验既不是基础实验的重复,又区别于毕业论文和科学研究。

设计性实验是在教师指导下，学生选择适宜的实验课题，从查阅文献资料入手，确定实验方案，选择合理的仪器设备，组装实验仪器，进行独立的实验设计和操作，并以论文的形式写出实验报告。因而有利于对学生进行较全面的、综合性的实验技能训练，提高学生独立进行实验的能力和初步培养科学研究的能力。

设计性实验要针对学生能力的差异，提出不同的要求。因此，设计性实验的形式应该是多样的。对能力较强的学生，要引导他们在实验的改进和创新上下功夫，科研的色彩"浓"些；对能力一般的学生，引导他们从已做过的实验中去试用另外的方法获得结果，或用同样的方法测试其他体系，着重于运用和巩固已学实验的原理和方法。具体的内容，可以是一个完整的实验，也可以是某一种具体的实验手段。比如，在原有的实验的基础上增加实验内容，改进一些实验的装置和方法，使测量更方便，或更准确，或使用无毒或低毒的试剂代替有毒的试剂等，或摸索新的实验方法和条件，以获得更理想的实验结果。

学科的综合和渗透是学科不断发展的动力，要鼓励学生将所学的其他学科知识应用于化学实验中，不断提高自身的创造和综合能力。

2. 完成设计实验的一般步骤

要设计好一个实验，涉及的问题较多，一般需要经过下面的步骤来完成：

(1) 选择实验课题；
(2) 根据所选课题查阅资料；
(3) 拟订实验方案，包括前言、基本实验仪器和药品、基本实验步骤，交指导教师审批后形成详细的实验计划；
(4) 选择适当仪器，组装实验仪器；
(5) 进行条件实验，确定好的实验条件；
(6) 测定可靠的实验数据；
(7) 处理数据，进行误差分析；
(8) 以论文的形式写出实验报告。

3. 方案格式

(1) 前言：综述所选设计课题的作用和意义（文中标注参考文献的角标）；
(2) 说明所设计的实验原理和方法等；
(3) 所需仪器和药品；
(4) 实验方案（具体的实验方法和步骤等）；
(5) 列出参考文献（顺序：作者. 题目 [J]. 杂志名或书名，出版年，卷（期）：页码）。例如：[1] 陈萍华，蒋华麟，舒红英，等. 基础与创新并重的物理化学实验模式探索 [J]. 实验科学与技术，2015，13（1）：140-142.

4. 供参考和选择的设计性实验

在以下实验中提供了设计性实验的有关提示和设计要求。

实验三十一 硫酸铜水合反应热的测定

一、实验目的

(1) 进一步熟悉量热法的实验技术。
(2) 掌握过程温差校正的方法。

二、提示

硫酸铜水合反应为：$CuSO_4 + 5H_2O \Longrightarrow CuSO_4 \cdot 5H_2O$，"差热分析"通过 $CuSO_4 \cdot 5H_2O$ 的失水过程的热效应来测定。根据盖斯定律，$CuSO_4$ 和 $CuSO_4 \cdot 5H_2O$ 溶解于水形成相同浓度的热效应，应为此反应的反应热。但水合反应热数值不大，因此实验过程的温差记录和校正必须非常准确和仔细。

三、实验要求

（1）写出用溶解热测定的方法来测定硫酸铜水合反应热的原理。

（2）选择适当的测温器件，最好使用计算机采集数据。

（3）温差校正可直接在热谱图上进行。

四、思考与讨论

与用"差热分析"的方法和结果进行比较，各有什么特点？

实验三十二 振荡反应热谱曲线的测定

一、提示

Belousov-Zhabotion（B-Z）反应是非平衡态理论中典型的化学振荡反应。体系中作为氧化剂的溴酸根离子在金属离子的催化下，与还原剂丙二酸进行的自催化反应能呈现出丰富多彩的时空有序现象。在这个过程中同样伴随着吸热和放热的振荡，记录过程中的热谱（图 2-46），也能研究各种条件对化学振荡的有关参数（诱导期、周期等）的影响。

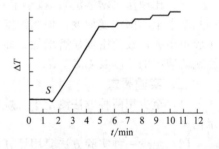

图 2-46 振荡反应热谱图

二、实验要求

（1）设计自动记录振荡反应热谱图的实验装置。

（2）设计研究物质浓度对振荡周期和振幅的影响的实验，并通过实验得出结论。

三、思考与讨论

振荡反应过程是复杂的，因此体系各种性质都随振荡而变化，还可以用什么方法来跟踪振荡过程？

四、参考文献

[1] 孙萍，郑佳喻，周华喜，等. B-Z 振荡反应实验 [J]. 物理实验，2009，29（1）：1-6.

[2] 李俊杰，黄燕梅. 物理化学实验 B-Z 振荡反应体系的选择 [J]. 广西大学学报，2011，33（6）：191-193.

实验三十三 表面活性剂的临界胶束浓度测定及其影响因素分析

一、提示

在溶液中当表面活性剂浓度超过一定值时，会从单体（离子或分子）缔合成胶态的聚合物，即形成胶束。对于某些表面活性剂，在溶液中开始形成胶束的浓度称为该表面活性剂溶液的临界胶束浓度，简称CMC。

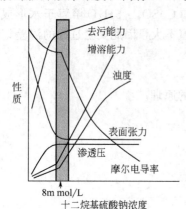

图2-47 表示活性剂水溶液的各种性质与浓度 c 的关系

临界胶束浓度CMC看作是表面活性剂对溶液的表面活性的一种量度。CMC越小，则表示此种表面活性剂形成胶束所需浓度越低，达到表面饱和吸附的浓度越低。也就是说只要很少的表面活性剂就可起到润湿、乳化、加溶、起泡等作用。临界胶束浓度还是含有表面活性剂水溶液的性质发生显著变化的一个"分水岭"，见图2-47。体系的多种性质在CMC附近都会发生一个比较明显的变化。因此，通过测定溶液中表面活性浓度从0逐渐增大的过程中体系的某些物理性质的变化，可以测定CMC。

可以采用的方法如下：
(1) 电导法。
(2) 表面张力法。
(3) 比色法（染料吸附法）。利用某些染料在水中和在胶束中的颜色有明显差别的性质，实验时先在大于CMC的表面活性剂溶液中加入很少的染料，染料被加溶于胶束中，呈现某种颜色。然后用水滴定稀释此溶液，直至溶液颜色发生显著变化，这时的浓度即为CMC。
(4) 比浊法（增溶法）。在小于CMC的稀表面活性剂溶液中，烃类物质的溶解度很小，而且基本上不随浓度而变，但当浓度超过CMC后，大量胶束的形成，使不溶的烃类物质溶于胶束中去，致使密度显著增加，即增溶作用。根据浊度的变化，可测出一种液体在表面活性剂溶液中的浓度及CMC值。

二、实验要求

(1) 至少用两种方法测定十二烷基硫酸钠水溶液的CMC，并将有关数据在同一图中表示出来。
(2) 至少一种实验方法要用计算机采集数据。

三、思考与讨论

讨论不同方法的特点和适用测量CMC的表面活性的类型。

实验三十四 镍在硫酸溶液中的钝化行为

一、提示

1. 金属的阳极过程

金属的阳极过程是指金属作为阳极发生电化学溶解的过程，如下式所示：

$$M \longrightarrow M^{n+} + ne$$

在金属的阳极溶解过程中，其电极电势必须高于其热力学电势，电极过程才能发生。这种电极电势偏离其热力学电势的现象称为极化。当阳极极化不大时，阳极过程的速率随着电势变正而逐渐增大，这是金属的正常溶解。但当电极电势正到某一数值时，其溶解速度达到最大，而后，阳极溶解速率随着电势变正反而大幅度地降低，这种现象称为金属的钝化现象。

金属钝化一般可分为两种。若把铁浸入浓硝酸（相对密度 $d>1.25$）中，一开始铁溶解在酸中并置换出 NO，这时铁处于活化状态。经过一段时间后，铁几乎停止溶解，此时的铁也不能从硝酸银溶液中置换出银，这种现象被称为化学钝化。另一种钝化称为电化学钝化，即用阳极极化的方法使金属发生钝化。金属处于钝化状态时，其溶解速度较小，一般为 $10^{-8}\sim10^{-6}\,\mathrm{A/cm^2}$。

金属由活化状态转变为钝化状态，至今还存在着两种不同的观点。有人认为金属钝化是由于金属表面形成了一层氧化物，因而阻止了金属进一步溶解；也有人认为金属钝化是由于金属表面吸附氧而使金属溶解速度降低。前者称为氧化物理论，后者称为表面吸附理论。

2. 影响的金属钝化过程的几个因素

金属钝化现象是十分常见的，人们已对它进行了大量的研究工作，影响金属钝化过程及钝态性质的因素可归纳为以下几点。

(1) 溶液的组成　溶液中存在的 H^+、卤素离子以及某些具有氧化性的阴离子对金属的钝化现象起着颇为显著的影响。在中性溶液中，金属一般是比较容易钝化的，而在酸性溶液或某些碱性溶液中要困难得多。这与阳极反应产物的溶解度有关。卤素离子，特别是氯离子的存在则明显地阻止金属的钝化过程，已经钝化了的金属也容易被它破坏（活化），而使金属的阳极溶解速率重新增加。溶液中存在某些具有氧化性的阴离子（如 CrO_4^{2-}）则可以促进金属的钝化。

(2) 金属的化学组成和结构　各种纯金属的钝化能力很不相同，以铁、镍、铬三种金属为例，铬最容易钝化，镍次之，铁较差些。因此添加铬、镍可以提高钢铁的钝化能力，不锈钢材是一个极好的例子。一般来说，在合金中添加易钝化的金属时可以大大提高合金的钝化能力及钝态的稳定性。

(3) 外界因素（如温度、搅拌等）　一般来说，温度升高以及搅拌加剧可以推迟防止钝化过程的发生，这明显与离子的扩散有关。

3. 恒电势阳极极化曲线的测量原理和方法

控制电势法测量极化曲线时，一般采用恒电位仪，它能将研究电极的电势恒定地维持在所需值，然后测量对应于该电势下的电流。由于电极表面状态在未建立稳定状态之前，电流会随时间而改变，故一般测出的曲线为"暂态"极化曲线。在实际测量中，常采用的控制电势测量方法有下列两种。

(1) 静态法　将电极电势较长时间地维持在某一恒定值，同时测量电流随时间的变化，直到电流值基本上达到某一稳定值。如此逐点地测量各个电极电势（例如每隔 20mV、50mV 或 100mV）下的稳定电流值，以获得完整的极化曲线。

(2) 动态法　控制电极电势以较慢的速度连续地改变（扫描），并测量对应电势下的瞬时电流值，并以瞬时电流与对应的电极电势作图，获得整个的极化曲线。所采用的扫描速度（即电势变化的速度）需要根据研究体系的性质选定。一般来说，电极表面建立稳态的速度愈慢，则扫描速度也应愈慢，这样才能使所测得的极化曲线与采用静态法接近。

实验装置示意图见图 2-48。

二、实验要求
(1) 设计采用动态法测量金属的阳极极化曲线。
(2) 绘制镍在硫酸溶液中的阳极极化曲线草图，

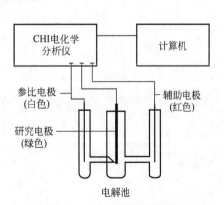

图 2-48　实验装置示意图

并指出钝化电流、钝化电势、稳定钝化区间、稳定钝化区电流。

（3）掌握用线性电位扫描法测定镍在硫酸溶液中的阳极极化曲线和钝化行为。

（4）测定氯离子浓度对镍钝化的影响。

三、思考与讨论

（1）在阳极极化曲线测量中，参比电极和辅助电极各起什么作用？

（2）讨论影响金属钝化过程及钝态性质的因素。

（3）在线性电位扫描法测定镍在硫酸溶液中的钝化行为的实验中，为什么要用恒电势法而不能用恒电流法？

（4）在阳极极化曲线测量中，如果扫描速度改变，测得的钝化电流和钝化电势有无变化？为什么？当溶液 pH 发生改变时，镍电极的钝化行为有无改变？

第三章　附　录

第一节　仪器简介

一、恒温水浴与超级恒温水浴

以蒸馏水作介质的恒温装置，称为恒温水浴。通常可分为普通恒温水浴和超级恒温水浴。

(一) 原理

在实验化学中所测得的许多数据，如折射率、表面张力、化学反应速率常数、黏度、电导、蒸气压等都必须在恒定温度下进行。欲控制待研究体系在某一恒定温度，通常可采用两种方式：一种方式是利用物质的相变点温度来实现。如液氮（－195.9℃）、冰-水（0℃）、沸水（100℃）、沸点萘（218.0℃）、沸点硫（444.6℃）等。这些物质处于相平衡时，温度恒定而构成一个恒温介质，可以为待研究体系提供一个高度稳定的恒温条件。另一种方式是利用电子调节系统的自动调节功能使待研究体系处于设定的温度之下。这里介绍的恒温水浴是一种常用的控温装置，它以蒸馏水为介质，通过电子继电器自动调节来实现恒温目的。当恒温水浴因热量损失，使体系温度低于设定温度时，继电器将迫使加热器工作，到体系再次达到设定温度时，又自动停止加热，这样周而复始，即可使体系温度保持恒定。

(二) 结构

1. 恒温水浴

恒温水浴一般由浴槽、加热器、搅拌器、温度计、感温元件、恒温控制仪等部分组成，现以 76-1 型（图 3-1）为例介绍如下。

(1) 浴槽　通常采用大玻璃缸浴槽（图 3-2），以利于直接观察，其容量和形状视需要而定，

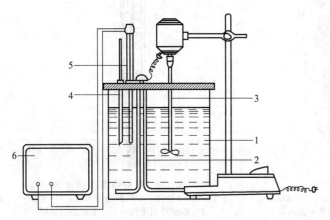

图 3-1　76-1 型恒温水浴装置图
1—浴槽；2—加热器；3—搅拌器；4—温度计；
5—感温元件；6—恒温控制仪

图 3-2　智能玻璃恒温水浴槽实物图

一般采用 5～10L 的圆形玻璃缸，浴槽内的液体一般使用蒸馏水，恒温温度超过 100℃ 时可采用石蜡、甘油等。

（2）加热器　常用的是电热器。根据恒温浴槽的容量、恒温温度以及与环境的温差大小来选择电热器的功率。如容量 20L、恒温 25℃ 的大型恒温槽一般需要功率为 250W 的加热器。为了提高恒温的效率和精度，可采用两套加热器。开始时，用功率较大的加热器加热，当温度达恒定时，改用功率较小的加热器来维持恒温。

（3）搅拌器　一般采用电动搅拌器，用变速器来调节搅拌速度，其功率视浴槽容积而定。

（4）温度计　通常采用 1/10℃ 温度计作观察温度用，所用温度计在使用前需进行校正。

（5）感温元件　它是恒温槽的感觉中枢，是提高恒温槽精度的关键所在。感温元件的种类很多，如接触温度计、热敏电阻感温元件等。这里使用感温头，直接与恒温控制仪相连。

（6）恒温控制仪　整个控温系统由交流感温电桥、交流放大器、相敏放大器、控温执行继电器四部分组成。热敏电阻和电位器组成交流感温电桥。当感温头感受的实际温度低于给定温度时，桥路输出为负讯号，接通外接加热回路。当感受温度与给定温度相同时，桥路平衡，断开加热回路。当实际温度再下降时继电器再动作，重复上述过程达到控温目的。

2. 超级恒温水浴

在某些需要直接加热和辅助加热的精密恒温实验中，常常应用超级恒温水浴。下面以 LB801 型超级恒温浴为例，介绍如下。

超级恒温水浴结构如图 3-3 所示。筒体由两层金属板制成，夹层中用玻璃纤维保温；筒盖用保温物质制成，盖上装有电动机与水泵，具有冷凝管进出嘴两只，加热器（加热元件三

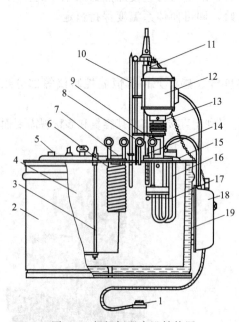

图 3-3　超级恒温水浴结构图
1—总电源插头；2—筒体外壳；3—恒温筒支架；4—恒温筒；
5—进水口；6—冷凝管；7—恒温筒盖；8—水泵进水口；
9—水泵出水口；10—温度计；11—接触温度计；
12—电动机；13—水泵；14—实验筒进水口；
15—加热器接线盒；16—加热器；17—搅拌
叶；18—控制器箱；19—保温层

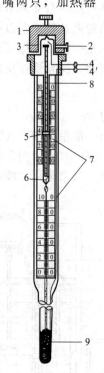

图 3-4　接触温度计构造图
1—调节帽；2—调节帽固定螺丝；3—磁铁；
4—螺丝杆引出线；4′—水银柱引出线；
5—标铁；6—触针；7—刻度板；
8—螺丝杆；9—水银槽

组），接触温度计及 1/10℃ 温度计各一支，进水口一个，槽内装有可以上下活动的恒温筒。电子继电器及供电部分均装在与恒温器相连的控制器箱内，箱上的接线柱用来连接控制部分。恒温筒因处于恒温槽内的恒温水中，故筒内恒温液体或恒温气体的温度稳定度高，适用于精密温度测量之用。超级恒温槽的另一特点在于内设有水泵，可将浴槽内恒温水对外输出并进行循环。

恒温水浴的恒温控制核心部分是接触温度计。接触温度计的构造如图 3-4 所示。它的构造与普通温度计类似，但接触温度计上下两段均有刻度板 7，上段由标铁指示温度，它焊接上一根钨丝，钨丝下端所指的位置与上端标铁 5 上端面所指的温度相同。它依靠顶端上部的调节帽内的一块磁铁的旋转来调节钨丝的上下位置。当旋转调节帽 1 时，磁铁带动内部螺丝杆 8 转动，使标铁 5 上下移动。下面水银槽和上面螺丝杆引出两根线 4、4′作为导电与断电用。当恒温水浴温度未达到标铁上端面所指示的温度时，水银柱与钨丝触针不接触；当温度上升并达到标铁上端面所指示的温度时，水银柱与钨丝触针接触，从而使两根导线 4、4′导通。

(三) 使用方法

1. 76-1 型恒温水浴使用方法

(1) 先将冷水或接近使用温度的清水放入玻璃缸内，分别安装好电动搅拌器及电热管和控温仪，然后接通电源。

(2) 电动搅拌器的转速，启动时先拨动变速器开关从"0"处转向"1"处，第一挡的转速约为 200r/min，然后逐挡加快至第六挡，转速约为 1000r/min，7～10 挡由于转速过快，不宜在水浴中使用，一般在 4、5、6 挡最适宜。

(3) 开启电源开关后，白灯即发光，表示水浴加热，到达所需要温度时，白灯熄灭，红灯发光，表示停止加热。

(4) 将恒温控制仪测量转化开关拨到"满"处，然后调整"校满"电位器，使电表指针与满量程刻度线重合。将感温元件头部良好地与待测部位接触，然后将测量转换开关拨到"测"处，此时测温仪表指示的温度值即为被测温度。

2. LB801 型超级恒温水浴使用方法

先将此超级恒温水浴的电源插头用万能表欧姆挡测量每相与地线是否有绝缘不好或短路情况，然后向槽内加水到离盖板 20～30mm，再将接触温度计调至所需要恒温的定点温度后插入电源，再开电源及电动泵开关，使水在槽内循环。为了加快加热时间，可先将水预热到与所需要温度相差 5～6℃ 再注入槽内。

恒温器槽内装有总功率为 1900W 的三组加热器，分为 300W、600W、1000W，在升温时为了提高工效可以三组同时使用，直到指示灯开始熄灭，这时槽内水已达到原调节接触温度计所调节的定点温度。如若标准温度计上的指示温度或高或低，应再调节接触温度计达到标准温度计指定温度为止。接触温度计上的磁帽应慢慢转动，不可过急过快。

当槽内水温达到所需要的温度时可任意选定一组作恒温热源之用。

二、Beckmann 温度计

一种能够精密测量温度差值的温度计，称为 Beckmann（贝克曼）温度计。常用于燃烧热、中和热、凝固点降低法测定相对分子质量等实验中测量温度差值。

（一）原理

普通水银温度计的水银球中，其水银量是固定不变的，因此我们用它可以测量温度的"绝对值"。但是，当水银球中的水银量是可变的时候，水银柱的刻度就不是温度的"绝对值"，而只能表示在一定范围内的温度差值。实验化学中，经常要精确测量某一量程范围内的温度差（如沸点升高、凝固点降低等）而不必测量温度的绝对值。这时，只要能制成一个水银球中的水银量能够调节的温度计，便可以达到这一目的。Beckmann 温度计就是根据这一原理设计的。

（二）结构

Beckmann 温度计的结构如图 3-5 所示，其基本结构是下端有一个水银球，上部有一水银贮槽，水银球与贮槽由均匀的毛细管连通。刻度尺上的量程一般只有 5℃ 左右，每摄氏度分为 100 等份，用放大镜可估读至 0.002℃。用它可测量 −20～+155℃ 范围内不超过 5℃ 的体系温差。

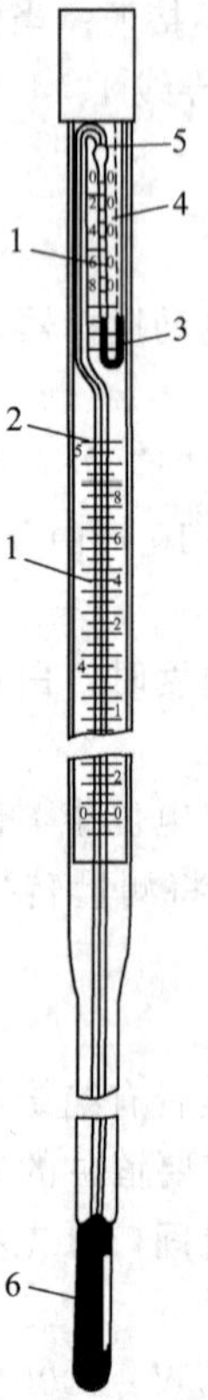

Beckmann 温度计通常有两种类型，一种是最小读数在刻度尺的上端，最大读数在下端，用来测量温度下降值的，称为下降式 Beckmann 温度计；另一种正好相反，用来测量温度升高值的，称为上升式 Beckmann 温度计。

Beckmann 温度计的主要特点是：

（1）测量精度高；

（2）只能测量两个温度间的差值 ΔT，不能测量温度的绝对值；

（3）使用前需要进行调节，使水银球中的水银量等于实验温度范围所需要的量，所测温度越高，球内的水银量越少。

（三）使用方法

首先，要根据实验情况确定选用哪种类型的 Beckmann 温度计。如果用来测量升温体系，则选用上升式，相反，则选用下降式。其方法如下。

1. 调整

在所测量的起始温度时，将温度计毛细管内的水银面调整在刻度尺的合适范围内。如果测量升温体系，则将调整好的温度计放入初始体系中，水银柱应停在刻度 1℃ 左右；如果测量降温体系，则应停在刻度 4℃ 左右处。常用的调整方法是恒温水浴法，具体步骤如下。

（1）确定恒温水浴的温度。首先测量（或估计）从刻度

图 3-5 Beckmann 温度计的结构
1—水银柱毛细管；2—温度最高刻度；
3—水银贮槽；4—温度标尺；5—毛
细管末端弯头；6—水银球

顶端（5℃）至贮槽毛细管顶端 5 处所相当的温度，通常为 3℃ 左右（随温度计的不同而不同，可能相差很大）。如果降温体系的初始温度为 T，水银柱应停在刻度上端，则 5 处的温度约为 $(T+4)℃$；如果用于升温体系，则 5 处的温度约为 $(T+7)℃$。因此可在 400mL 烧杯中调节好调整温度为 $(T+4)℃$ 或 $(T+7)℃$ 的水浴备用。

（2）连接两段水银。将 Beckmann 温度计毛细管中的水银柱与水银贮槽 3 中的水银相连接。方法是将 Beckmann 温度计的水银柱放在温度较高的水浴中，使水银柱在毛细管中升至顶端 5 处，然后从水浴中取出温度计，将其倒置，此时两段水银即相连接。

(3) 调节水银球中的水银量。将连接好的 Beckmann 温度计置于调好温度的水浴中，恒温 5min 以上，取出温度计，用右手握住温度计的中部，将温度计的 5 处在左手食指上轻轻一敲，或者用左手握住温度计的中部，使它垂直于地面，用右手轻击左手背，水银即可在毛细管顶端 5 处分开，多余的水银就贮存在水银贮槽中。当 Beckmann 温度计从恒温水浴中取出后，由于温度的差异，水银柱内的水银会发生变化，因此要求动作轻快迅速，但不必慌乱，以免造成失误。

(4) 检验。将调节好的 Beckmann 温度计放入 T℃ 的水浴中检验，观察温度计的读数是否在 0~2℃（升温体系）或 3~5℃（降温体系）范围内，如不合适，则需要按上述方法重调。

2. Beckmann 温度计刻度值的校正。

在不同的温度下使用，Beckmann 温度计水银球内的水银量是不同的。通常情况下，它的刻度是温度为 20℃（即在 Beckmann 温度计上水银柱高度指标在 0℃ 时，相当于实际温度 20℃）时定的，当调整温度是其他数值时，必须加以校正。表 3-1 为不同调整温度时的校正值。

例如，设调整温度为 5℃，Beckmann 温度计上的刻度差值 1℃ 相当于 0.995℃（见表 3-1），若测量的上限读数为 4.256℃，下限读数为 1.187℃，温度差为 (4.256－1.187)℃＝3.069℃，此温度差的校正值应为：

$$(3.069 \times 0.995)℃ = 3.054℃$$

注意事项：

(1) Beckmann 温度计尺寸较大，由玻璃制成，价格较贵，易损坏，所以不要任意放置。

(2) 调整时注意勿使其受到骤热、骤冷或重击。在分开水银的步骤中，应远离实验台。动作不可过大，以免损坏温度计。

(3) 调节好的温度计，注意不要使毛细管与水银球中的水银量再有变动。

(4) 恒温时，应用手握住温度计，不要将其直接放在烧杯中。

表 3-1 Beckmann 温度计的校正值　　　　　单位：℃

调整温度	校正值	调整温度	校正值	调整温度	校正值
0	0.9936	35	1.0043	70	1.0125
5	0.9953	40	1.0056	75	1.0135
10	0.9969	45	1.0069	80	1.0144
15	0.9985	50	1.0081	85	1.0153
20	1.0000	55	1.0093	90	1.0161
25	1.0015	60	1.0104	95	1.0169
30	1.0029	65	1.0115	100	1.0176

三、气压计

测定大气压力的仪器称为气压计，气压计的种类很多，实验室常用的是动槽式和定槽式气压计，其中以动槽式（福廷式）气压计最为常见，下面介绍动槽式气压计。

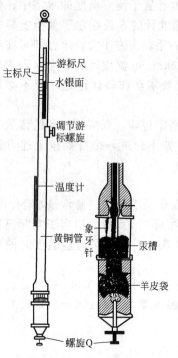

图 3-6 动槽式气压计

（一）结构

动槽式气压计结构如图 3-6 所示。它用一支长 90cm 的玻璃管封闭上端，管中装满水银，然后将开口端倒插入下部汞槽中，管中的汞由于重力作用而下降，因而在封闭的玻璃管上部出现一段真空，汞槽与大气相通。盛 Hg 的玻璃管装在黄铜管中，黄铜管上部刻有主标尺并在相对两边开有长方形小窗，在窗内装一可上下滑动的游标尺，通过转动调节游标螺旋可使游标尺上下移动。汞槽底部为一羊皮袋，可以借助下端的螺旋 Q 调节其中汞面的高度，汞面的高度应正好与固定在汞槽顶端的象牙针尖接触，这个汞面就是测定汞柱高度的"零点"，也就是铜管上主标尺的"零点"。气压计必须垂直安装，如果偏离垂直位置 1°时，对 101.325kPa（1 个大气压）来说，就会造成 13.33Pa 的误差。

（二）操作方法

（1）读取温度 首先从气压计所附温度计上读取温度。

（2）调节汞槽中汞面的高度 慢慢旋转底部螺旋 Q，使汞槽中的汞面与象牙针尖恰好接触。调节时可利用汞槽后面白瓷板的反光来观察汞槽的高度，调节动作要轻而慢，汞面调节好以后，稍待 30s 再次观察汞面与象牙针尖接触的情况，没有变化后继续下一步操作。

（3）调节游标尺 转动调节游标螺旋，使游标尺的下沿高于汞柱面，然后缓慢下降直至游标尺下沿和汞柱的凸面相切，此时观察者的眼睛及游标尺的下沿与汞柱的凸面在同一水平面上。

（4）读取气压计数值 先从主标尺上读出靠近游标尺下端且在其下面的刻度，即为大气压的整数部分，再从游标尺上找出一根与主标尺上某一刻度线相吻合的刻线，其刻度值即为大气压的小数部分，单位是 kPa（老式气压计的单位是毫米汞柱）。

（三）气压计读数的校正

由于气压计的刻度是以 0℃、纬度 45°的海平面高度为标准的，同时仪器本身还有误差，因此气压计的读数经过温度、纬度、海拔高度和仪器误差的校正后才能使用。

（1）仪器校正 由于仪器本身不精确造成的读数误差称为"仪器误差"。仪器在出厂时均附有校正表，从气压计上读出的数值，应先经此表校正。若表中是正值，应在读数上加上此值；若是负值，则应从读数中减去此值。

（2）温度校正 温度会影响汞密度及黄铜标尺的长度，考虑了这两个因素之后采用如下校正公式：

$$p_0 = p - p\frac{\alpha - \beta}{1 + \alpha t}t$$

式中 p——气压计的读数；

t——气压计的温度；

α——汞体膨胀系数（汞在 0～35℃ 之间的平均体膨胀系数 $\alpha = 0.0001818℃^{-1}$）；

β——黄铜的线膨胀系数（$\beta = 0.0000184℃^{-1}$）；

p_0——将大气压读数校正到0℃后的读数。

(3) 重力校正。重力加速度数值受海拔高度 H（单位：m）和纬度 λ 影响，因此需将测得的气压计读数用如下公式校正：

$$p_{校} = p_0(1 - 2.65 \times 10^{-3} \cos 2\lambda - 1.96 \times 10^{-7} H)$$

四、黏度计

流体黏度是相邻流体层以不同速度运动时所存在内摩擦力的一种量度。

黏度分绝对黏度和相对黏度。绝对黏度有两种表示方法：动力黏度、运动黏度。动力黏度指当单位面积的流层以单位速度相对于单位距离的流层流出时所需的切向力，用希腊字母 η 表示黏度系数（俗称黏度），其单位是帕斯卡·秒，用符号 Pa·s 表示。运动黏度是液体的动力黏度与同温度下该液体的密度 ρ 之比，用符号 ν 表示，其单位是平方米每秒（m^2/s）。

相对黏度系某液体黏度与标准液体黏度之比，无量纲。

化学实验室常用玻璃毛细管黏度计测量液体黏度。此外，恩格勒黏度计、落球式黏度计、旋转式黏度计等也广泛使用。

（一）毛细管黏度计

有乌氏黏度计和奥氏黏度计。这两种黏度计比较精确，使用方便，适合于测定液体黏度和高聚物的相对摩尔质量。

玻璃毛细管黏度计的使用原理：

测定黏度时通常测定一定体积的流体流经一定长度垂直的毛细管所需的时间，然后根据 Poiseuille 公式计算其黏度。

$$\eta = \frac{\pi p r^4 t}{8Vl} \tag{3-1}$$

式中，V 为时间 t 内流经毛细管的液体体积；p 为管两端的压力差；r 为毛细管半径；l 为毛细管长度。

直接由实验测定液体的绝对黏度是比较困难的。通常采用测定液体对标准液体（如水）的相对黏度的方法，已知标准液体的黏度就可以标出待测液体的绝对黏度。

假设相同体积的待测液体和水分别流经同一毛细管黏度计，则：

$$\eta_{待} = \frac{\pi r^4 p_1 t_1}{8Vl}$$

$$\eta_{水} = \frac{\pi r^4 p_2 t_2}{8Vl}$$

两式相比得：

$$\eta_{待} / \eta_{水} = \frac{p_1 t_1}{p_2 t_2} = \frac{h g \rho_1 t_1}{h g \rho_2 t_2} = \frac{\rho_1 t_1}{\rho_2 t_2} \tag{3-2}$$

式中，h 为液体流经毛细管的高度；ρ_1 为待测液体的密度；ρ_2 为水的密度。

因此，用同一根玻璃毛细管黏度计，在相同的条件下，两种液体的黏度比即等于它们的密度与流经时间的乘积比。若将水作为已知黏度的标准液（其黏度和密度可查阅手册），则通过式(3-2)即可计算出待测液体的绝对黏度。

（二）乌氏黏度计

乌氏黏度计的外形各异，但基本的构造如图 3-7 所示，其使用方法亦尽相同。

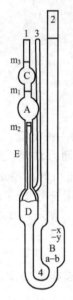

图 3-7　乌氏黏度计
1—主管；2—宽管；3—支管；4—弯管；
A—测定球；B—贮器；C—缓冲球；
D—悬挂水平贮器；E—毛细管；
x，y—充液线；m_1，m_2—环形测定线；
m_3—环形刻线；a，b—刻线

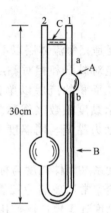

图 3-8　奥氏黏度计
A—球；B—毛细管；C—加固用的玻棒；
a，b—环形测定线

（三）奥氏黏度计

奥氏黏度计的结构如图 3-8 所示，适用于测定低黏滞性液体的相对黏度，其操作方法与乌氏黏度计类似。但是，由于乌氏黏度计有一支管 3，测定时主管 1 中的液体在毛细管中端出口处与宽管 2 中的液体断开，形成了气承悬液柱。这样流液下流时所受压力差 $\rho g h$ 与宽管 2 中液面高度无关，即与所加的待测液的体积无关，故可以在黏度计中稀释液体。而奥氏黏度计测定时标准液和待测液的体积必须相同，因为液体下流时所受的压力差 $\rho g h$ 与宽管 2 中的液面高度有关。

（四）使用玻璃毛细管黏度计的注意事项

（1）黏度计必须洁净，先用经 2 号砂芯漏斗过滤过的洗液浸泡一天。如用洗液不能洗干净，则改用 5% 的氢氧化钠乙醇溶液浸泡，再用水冲净，直至毛细管壁不挂水珠，洗干净的黏度计置于 110℃ 的烘箱中烘干。

（2）黏度计使用完毕，立即清洗，特别是测高聚物时，要注入纯溶剂浸泡，以免残存的高聚物黏结在毛细管壁上而影响毛细管孔径，甚至堵塞。清洗后在黏度计内注满蒸馏水并加塞，防止落进灰尘。

（3）黏度计应垂直固定在恒温槽内，因为倾斜会造成液位差变化，引起测量误差，同时会使液体流经时间 t 变大。

（4）液体的黏度与温度有关，一般温度变化不超过 ±0.3℃。

（5）毛细管黏度计的毛细管内径选择可根据所测物质的黏度而定，毛细管内径太细，容易堵塞，太粗则测量误差较大，一般选择测水时流经毛细管的时间大于100s，在120s左右为宜。表3-2是乌氏黏度计的有关数据。

表3-2　乌氏黏度计的有关数据

毛细管内径/mm	测定球容积/mL	毛细管长/mm	常数/k	测量范围/(10^{-6} m²/s)
0.55	5.0	90	0.01	1.5～10
0.75	5.0	90	0.03	5～30
0.90	5.0	90	0.05	10～50
1.1	5.0	90	0.5	20～100
1.6	5.0	90	0.5	100～500

毛细管黏度计种类较多，除乌氏黏度计和奥氏黏度计外，还有平氏黏度计和芬氏黏度计。乌氏黏度计和奥氏黏度计适用于测定相对黏度，平氏黏度计适用于测定石油产品的运动黏度，而芬氏黏度计是平氏黏度计的改良，其测量误差小。

（五）落球式黏度计

1. 落球式黏度计的测定原理

落球式黏度计是借助固体球在液体中运动受到黏性阻力，测定球在液体中落下一定距离所需的时间，这种黏度计尤其适用于测定具有中等黏性的透明液体。

根据斯托克斯（Stokes）方程式：

$$F = 6\pi r \eta v \tag{3-3}$$

式中，r为球体半径；v为球体下落速度；η为液体黏度。在考虑浮力校正之后，重力与阻力相等时：

$$\frac{4}{3}\pi r^3 (\rho_s - \rho) g = 6\pi r \eta v \tag{3-4}$$

故：

$$\eta = \frac{2gr^2(\rho_s - \rho)}{9v} \tag{3-5}$$

式中，ρ_s为球体密度；ρ为液体密度；g为重力加速度。

落球速度可由球降落距离h除以时间t而得：$v = \dfrac{h}{t}$，代入式(3-5)得：

$$\eta = \frac{2gr^2 t}{9h}(\rho_s - \rho) \tag{3-6}$$

当h和r为定值时，则得：

$$\eta = kt(\rho_s - \rho) \tag{3-7}$$

式中，k为仪器常数，可用已知黏度的液体测得。

落球法测相对黏度的关系式为：

$$\frac{\eta_1}{\eta_2} = \frac{(\rho_s - \rho_1) t_1}{(\rho_s - \rho_2) t_2} \tag{3-8}$$

式中，ρ_1、ρ_2分别为液体1和2的密度；t_1、t_2分别为球落在液体1和2中落下一定距离所需的时间。

2. 落球式黏度计的测定方法

落球式黏度计如图 3-9 所示，其测试方法如下。

① 用游标卡尺量出钢球的平均直径，计算球的体积。称量若干个钢球，由平均体积和平均质量计算钢球的密度 ρ_s。

② 将标准液（如甘油）注入落球管内并高于上刻度线 a。将落球管放入恒温槽内，使其达到热平衡。

③ 钢球从黏度计圆柱管上落下，用停表测定钢球由刻度 a 落到刻度 b 所需时间。重复 4 次，计算平均时间。

④ 将落球黏度计处理干净，按照上述测定方法测待测液体。

⑤ 准液体的密度和黏度可从手册中查得，待测液体的密度用比重瓶法测得。

落球式黏度计测量范围较宽，用途广泛，尤其适合于测定较高透明度的液体。但对钢球的要求较高，钢球要求光滑而圆，另外要防止球从圆柱管下落时与圆柱管的壁相碰，造成测量误差。

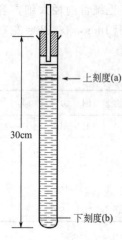

图 3-9 落球式黏度计

五、液体比重天平

（一）原理

本天平有一个标准体积与重量之测锤，浸没于液体之中获得浮力而使横梁失去平衡，然后在横梁的 V 形槽里放置相应重量的砝码，使横梁恢复平衡，从而能迅速测得液体密度。

该天平测定液体的最大相对密度为 2.0000；测锤体积为 5cm³；质量为 15g。等重砝码的质量为 15g，允许等重砝码与测锤有 ±0.0005g 的误差存在。

（二）结构

液体比重天平如图 3-10 所示。

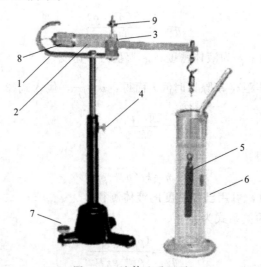

图 3-10 液体比重天平

1—托架；2—横梁；3—玛瑙刀座；4—支柱紧定螺钉；5—测锤；6—玻璃量筒；
7—水平调节螺钉；8—平衡调节器；9—重心调节器

(三) 使用方法

先将测锤 5 和玻璃量筒用纯水或酒精洗净，再将支柱紧定螺钉 4 旋松，把托架 1 升至适当高度。把横梁 2 置于托架之玛瑙刀座 3 上，用等重砝码（或测锤）挂于横梁右端之小钩上。调整水平调节螺钉 7，使横梁与支架指针成水平线，以示平衡。如无法调节平衡，将平衡调节器 8 上的小螺钉松开，然后略微转动平衡调节器 8 直至平衡。将等重砝码取下，换上测锤。如果天平灵敏度太高，则将重心调节器 9 旋低，反之旋高。一般情况下不必旋动重心调节器。然后将待测液体倒入玻璃量筒内，将测锤浸入待测液体中央。由于液体浮力使横梁失去平衡，在横梁 V 形刻度槽与小钩上加各种砝码使之平衡。在横梁上砝码的总和即为测得的液体的密度数值。

读数方法：横梁上 V 形槽与各种砝码的关系皆为十进位。

其代表的数值 砝码放在各个位置上	砝码的名义值	5g	500mg	50mg	5mg
放在第十位（小钩上）时则为		1	0.1	0.01	0.001
放在第九位（横梁 V 形槽上）时则为		0.9	0.09	0.009	0.0009
放在第八位（横梁 V 形槽上）时则为		0.8	0.08	0.008	0.0008

例如：测锤浸没入被测液体中，分别加 5g、500mg、50mg、5mg 于横梁之 V 形刻度槽位置第 9 位、第 8 位、第 7 位、第 4 位。从上表中可知，相对密度读数应为 0.9874，被测液体中插入的温度计可直接读取摄氏温度。

注意事项：
(1) 注意各部件安装正确。
(2) 要注意保护砝码，严格避免与腐蚀性液体接触。
(3) 称量时应用镊子夹取砝码，严禁用手拿。
(4) 测锤为玻璃制品，极易损坏，使用时要小心放置，测量时测锤不能碰到量筒壁。
(5) 挂钩不得浸入被测溶液中。

六、电导率仪

(一) 电导及电导率

电解质电导是熔融盐和碱的一种性质，也是盐、酸液和碱水溶液的一种性质。电导这个物理化学参量不仅反映了电解质溶液中离子存在的状态及运动的信息，而且由于稀溶液中电导与离子浓度之间的简单线性关系，而被广泛用于分析化学与化学动力学过程的测试。

电导是电阻的倒数，因此，电导值的测量实际上是通过电阻值的测量再换算的。由于离子在电极上会发生放电，产生极化。因而测量电导时要使用频率足够高的交流电，以防止电解产物的产生。所用的电极镀铂黑以减少超电位，并且用零点法使电导的最后读数是在零电流时记取，这也是超电位为零的位置。

对于化学家来说，更感兴趣的量是电导率。

$$\kappa = G\frac{l}{A} \tag{3-9}$$

式中，l 为测定电解质溶液时两电极间的距离，m；A 为电极面积，m²；G 为电导，S（西门子）；κ 为电导率，指面积为 1m²，两电极相距 1m 时溶液的电导，S/m（西门子/米）。

电解质溶液的摩尔电导率 Λ_m 是指把含有 1mol 电解质的溶液置于相距为 1m 的两个平行电极之间的电导。若溶液浓度为 c（mol/L），则含有 1mol 电解质溶液的体积为 $10^{-3}c$（m³）。摩尔电导率的单位为 S·m²/mol。

$$\Lambda_m = \kappa \times \frac{10^{-3}}{c} \tag{3-10}$$

若用同一仪器依次测定一系列液体的电导，由于电极面积（A）与电极间距离（l）保持不变，则相对电导就等于相对电导率。

（二）DDS-307 型电导率仪

1. 概述

DDS-307 型电导率仪（以下简称仪器）是实验室测量水溶液电导率必备的仪器，仪器采用全新设计的外形、大屏幕 LCD 液晶，显示清晰、美观。该仪器广泛地应用于石油化工、生物医药、污水处理、环境监测、矿山冶炼等行业及大专院校和科研单位。若配用适当常数的电导电极，可用于测量电子半导体、核能工业和电厂纯水或超纯水的电导率。

2. 仪器的主要技术性能

（1）测量范围：0.00μS/cm～200.0mS/cm。
（2）电子单元基本误差：±1.0%（FS）。
（3）仪器的基本误差：电导率，±1.5%（FS）。
（4）仪器正常工作条件：
① 环境温度：0～40℃；
② 相对湿度：不大于 85%；
③ 供电电源：AC（220±22）V；（50±1）Hz；
④ 除地球磁场外无外磁场干扰。

3. 仪器结构

仪器外形结构如图 3-11 所示。
仪器后面板如图 3-12 所示。

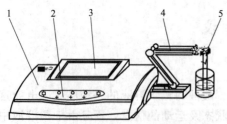 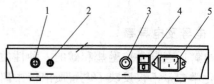

图 3-11 DDS-307 型电导率仪的外形结构　　图 3-12 DDS-307 型电导率仪的后面板
1—机箱；2—键盘；3—显示屏；　　　　　　1—测量电极插座；2—接地插座；3—保险丝；
4—多功能电极架；5—电极　　　　　　　　 4—电源开关；5—电源插座

4. 仪器的使用

（1）开机

① 电源线插入电导率仪电源插座，仪器必须有良好接地！

② 按电源开关，接通电源，预热 30min 后，进行校准。

（2）校准　仪器使用前必须进行校准！

将"选择"开关量程选择开关旋钮指向"检查"，"常数"补偿调节旋钮指向"1"刻度线，"温度"补偿调节旋钮指向"25"℃线，调节"校准"调节旋钮，使仪器显示 100.0μS/cm，至此校准完毕。

（3）测量

① 在电导率测量过程中，正确选择电导电极常数对获得较高的测量精度是非常重要的。可配用常数为 0.01、0.1、1.0、10 四种不同类型的电导电极。用户应根据测量范围参照表 3-3 选择相应常数的电导电极。

表 3-3　测量范围与推荐使用的电极参照表

测量范围/(μS/cm)	推荐使用的电极的电导常数
0～2	0.01,0.1
2～200	0.1,1.0
200～2000	1.0
2000～20000	1.0,10
20000～200000	10

注：对常数为 1.0、10 类型的电导电极有"光亮"和"铂黑"两种形式，镀铂电极习惯称作铂黑电极，对光亮电极其测量范围为 0～300μS/cm 为宜。

② 电极常数的设置方法如下：目前电导电极的电极常数为 0.01、0.1、1.0、10 四种不同类型，但每种类型电极具体的电极常数值制造厂均粘贴在每支电导电极上，根据电极上所标的电极常数值调节仪器面板"常数"补偿调节旋钮到相应的位置。

a. 将量程选择开关旋钮指向"检查"，"温度"补偿调节旋钮指向"25"℃线，调节"校准"调节旋钮，使仪器显示 100.0μS/cm。

b. 调节"常数"补偿调节旋钮使仪器显示值与电极上所标数值一致。

电极常数为 $0.01025cm^{-1}$，则调节常数补偿调节旋钮，使仪器显示值为 102.5。（测量值＝读数值×0.01）

电极常数为 $0.1025cm^{-1}$，则调节常数补偿调节旋钮，使仪器显示为 102.5。（测量值＝读数值×0.1）

电极常数为 $1.025cm^{-1}$，则调节常数补偿调节旋钮，使仪器显示为 102.5。（测量值＝读数值×1）。

电极常数为 $10.25cm^{-1}$，则调节常数补偿调节旋钮，使仪器显示为 102.5。（测量值＝读数值×10）。

③ 温度补偿的设置

a. 调节仪器面板上"温度"补偿调节旋钮，使其指向待测溶液的实际温度值，此时，测量得到的将是待测溶液经过温度补偿后折算为 25℃下的电导率值。

b. 如果将"温度"补偿调节旋钮指向"25"刻度线，那么测量的将是待测溶液在该温度下未经补偿的原始电导率值。

④ 常数、温度补偿设置完毕，应将量程选择开关旋钮按表 3-4 置于合适位置。当测量过程中显示值熄灭时，说明测量值超出量程范围，此时，应切换量程选择开关旋钮至上一挡量程。

表 3-4　量程开关与量程范围关系表

序号	选择开关位置	量程范围/(μS/cm)	被测电导率/(μS/cm)
1	Ⅰ	0～20.0	显示读数×C
2	Ⅱ	20.0～200.0	显示读数×C
3	Ⅲ	200.0～2000	显示读数×C
4	Ⅳ	2000～20000	显示读数×C

注：C 为电导电极常数值。例：当电极常数为 0.01 时，$C=0.01$；当电极常数为 0.1 时，$C=0.1$；当电极常数为 1.0 时，$C=1.0$；当电极常数为 10 时，$C=10$。

5. 注意事项

(1) 在测量高纯水时应避免污染，最好采用密封、流动的测量方式。

(2) 因温度补偿系采用固定的 2% 的温度系数补偿的，故对高纯水测量尽量采用不补偿方式进行测量后查表。

(3) 为确保测量精度，电极使用前应用 0.5μS/cm 的蒸馏水（或去离子水）冲洗两次，然后用被测试样冲洗三次方可测量。

(4) 电极插头座应绝对防止受潮，以免造成不必要的测量误差。

(5) 电极应定期进行常数标定。

6. 电导电极的贮存与清洗

(1) 电导电极的贮存　电极（长期不使用）应贮存在干燥的地方。电极使用前必须放入（贮存）在蒸馏水中数小时，经常使用的电极可以放（贮存）在蒸馏水中。

(2) 电导电极的清洗

① 可以用含有洗涤剂的温水清洗电极上的有机成分污物，也可以用酒精清洗。

② 钙、镁沉淀物最好用 10% 柠檬酸。

③ 镀铂黑的电极只能用化学方法清洗，用软刷子机械清洗时会破坏镀在电极表面的镀层（铂黑）。注意：用某些化学方法清洗可能再生或损坏被轻度污染的铂黑层。

④ 光亮的铂电极可以用软刷子机械清洗。但在电极表面不可以产生刻痕，绝对不可使用螺丝、起子之类硬物清除电极表面，甚至在用软刷子机械清洗时也需要特别注意。

7. 电导常数标定

电导电极出厂时，每支电极都标有电极常数值。用户若怀疑电极常数不正确，可以按照以下步骤重新标定。

(1) 标准溶液标定　根据电极常数选择合适的标准溶液（见表 3-5）、配制方法（见表 3-6），标准溶液与电导率值关系见表 3-7。

表 3-5　测定电极常数的 KCl 标准溶液

电极常数/cm^{-1}	0.01	0.1	1	10
KCl 溶液近似浓度/(mol/L)	0.001	0.01	0.01 或 0.1	0.1 或 1

表 3-6　标准溶液的组成

近似浓度/(mol/L)	KCl 溶液容量浓度(20℃空气中)/(g/L)
1	74.2650
0.1	7.4365
0.01	0.7440
0.001	将 100mL 0.01mol/L 的溶液稀释至 1L

表 3-7　KCl 溶液近似浓度及其电导率值关系

温度/℃	近似浓度/(mol/L)			
	1	0.1	0.01	0.001
	电导率/(S/cm)			
15	0.09212	0.010455	0.0011414	0.0001185
18	0.09780	0.011163	0.0012200	0.0001267
20	0.10170	0.011644	0.0012737	0.0001322
25	0.11131	0.012852	0.0014083	0.0001465
35	0.13110	0.015351	0.0016876	0.0001765

a. 将电导电极接入仪器，断开温度电极（仪器不接温度传感器），仪器则以手动温度作为当前温度值，设置手动温度为 25.0℃，此时仪器所显示的电导率值是未经温度补偿的绝对电导率值。

b. 用蒸馏水清洗电导电极；将电导电极浸入标准溶液中。

c. 控制溶液温度恒定为 (25.0±0.1)℃。

d. 把电极浸入标准溶液中，读取仪器电导率值 $K_测$。

e. 按下式计算电极常数 J：$J=K/K_测$。

式中，K 为溶液标准电导率（查表 3-7 可得）。

(2) 标准电极法标定

a. 选择一支已知常数的标准电极（设常数为 $J_标$）。

b. 选择合适的标准溶液（见表 3-5）、配制方法（见表 3-6），标准溶液与电导率值关系见表 3-7。

c. 把未知常数的电极（设常数为 J_1）与标准电极以同样的深度插入液体中（应事先清洗）。

d. 依次将电极接到电导率仪上，分别测出的电导率为 K_1 及 $K_标$。

e. 按下式计算电极常数 J_1：

$$J_1 = J_标 \times K_标 / K_1$$

式中，K_1 为未知常数的电极所测电导率值；$K_标$ 为标准电极所测电导率值。

七、阿贝折射仪

(一) 物质的折射率与物质浓度的关系

折射率是物质的重要物理常数之一，测定物质的折射率可以定量地求出该物质的浓度或纯度。许多纯的有机物质具有一定的折射率，如果纯的物质中含有杂质，则其折射率会发生变化，偏离纯物质的折射率，杂质越多，偏离越大，纯物质溶解在溶剂中折射率也发生变化，如蔗糖溶解在水中随着浓度越大，折射率也越大，所以通过测定蔗糖的水溶液的折射率，也就可以定量地测出蔗糖水溶液的浓度。异丙醇溶解在环己烷中，浓度愈大，其折射率越小。折射率的变化与溶液的浓度、测试温度、溶剂、溶质的性质以及它们的折射率等因素有关，当其他条件固定时，一般情况下当溶质的折射率小于溶剂的折射率时，浓度愈大，折射率越小。

测定物质的折射率，可以得到物质的浓度，其方法如下：

(1) 制备一系列已知浓度的样品,分别测定各浓度的折射率。
(2) 以浓度 c 与折射率 n_D^t 作图得一工作曲线。
(3) 测未知浓度样品的折射率,在工作曲线上可以查得未知浓度样品的浓度。

用折射率测定样品的浓度所需试样量少,操作简单方便,读数准确。

通过测定物质的折射率,还可以算出某些物质的摩尔折射度,反映极性分子的偶极矩,从而有助于研究物质的分子结构。

实验室常用的阿贝(Abbe)折射仪,它既可以测定液体的折射率,也可以测定固体物质的折射率,同时可以测定蔗糖溶液的浓度。其结构外形如图 3-13 所示。

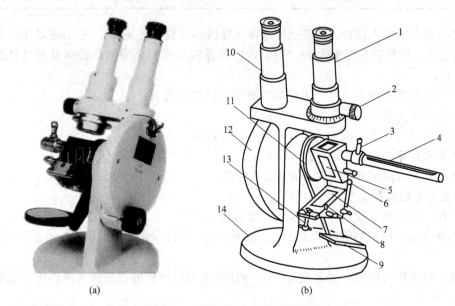

图 3-13 阿贝折射仪外形及结构图

1—测量望远镜;2—消色散手柄;3—恒温水入口;4—温度计;5—测量棱镜;6—铰链;7—辅助棱镜;8—加液槽;9—反射镜;10—读数望远镜;11—转轴;12—刻度盘罩;13—闭合旋钮;14—底座

(二) 阿贝折射仪的结构原理

当一束单色光从介质Ⅰ进入介质Ⅱ(两种介质的密度不同)时,光线在通过界面时会改变方向,这一现象称为光的折射,如图 3-14 所示。

根据折射率定律,入射角 i 和折射角 r 的关系为:

$$\frac{\sin i}{\sin r} = \frac{n_{\text{Ⅱ}}}{n_{\text{Ⅰ}}} = n_{\text{Ⅰ,Ⅱ}} \tag{3-11}$$

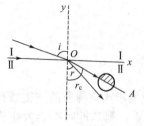

图 3-14 光的折射

式中,$n_{\text{Ⅰ}}$、$n_{\text{Ⅱ}}$ 分别为介质Ⅰ和介质Ⅱ的折射率;$n_{\text{Ⅰ,Ⅱ}}$ 为介质Ⅱ对介质Ⅰ的相对折射率。

若介质Ⅰ为真空,因规定 $n=1.00000$,故 $n_{\text{Ⅰ,Ⅱ}}=n_{\text{Ⅱ}}$,为绝对折射率。但介质Ⅰ通常用空气,空气的绝对折射率为 1.00029,这样得到的各物质的折射率称为常用折射率,也可称为对空气的相对折射率。同一种物质的两种折射率表示法之间的关系为:

绝对折射率=常用折射率×1.00029

由式(3-11)可知,当 $n_{\text{Ⅰ}} < n_{\text{Ⅱ}}$ 时,折射角 r 则恒小于入射角 i。当入射角增大到 90°时,折射角也相应增大到最大值 r_c,r_c 称为临界角。此时介质Ⅱ中从 Oy 到 OA 之间有光线通

过，为明亮区；而 OA 到 Ox 之间无光线通过，为暗区，临界角 r_c 决定半明半暗分界线的位置。当入射角 i 为 $90°$ 时，式(3-11) 可写为：

$$n_I = n_{II} \sin r_c \tag{3-12}$$

因而在固定一种介质时，临界折射角 r_c 的大小与被测物质的折射率呈现简单的函数关系，阿贝折射仪就是根据这个原理而设计的。图 3-15 是阿贝折射仪光学系统的示意。

它的主要部分由两块折射率为 1.75 的玻璃直角棱镜构成。辅助棱镜的斜面是粗糙的毛玻璃，测量棱镜是光学平面镜。两者之间有 0.1~0.15mm 厚度的空隙，用于装待测液体，并使液体展开成一薄层。当光线经过反光镜反射至辅助棱镜的粗糙表面时，发生漫散射，以各种角度透过待测液体，因而从各个方向进入测量棱镜而发生折射。其折射角都落在临界角 r_c 之内，因为棱镜的折射率大于待测液体的折射率，因此入射角从 $0°~90°$ 的光线都通过测量棱镜发生折射。具有临界角 r_c 的光线从测量棱镜出来反射到目镜上，此时若将目镜十字线调节到适当位置，则会看到目镜上呈半明半暗状态。折射光都应落在临界角 r_c 内，成为亮区，其他为暗区，构成明暗分界线。由式(3-12) 可知，若棱镜的折射率 $n_{棱}$ 为已知，只要测定待测液体的临界角 r_c，就能求得待测液体的折射率 $n_{液}$。事实上，测定 r_c 值很不方便，当折射光从棱镜出来进入空气又产生折射，折射角为 r_c'。$n_{液}$ 与 r_c' 间有如下关系：

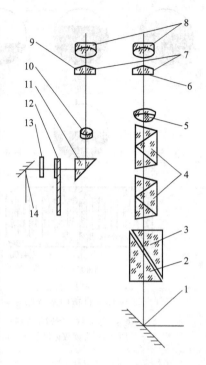

图 3-15 阿贝折射仪光学系统示意图
1—反学镜；2—辅助棱镜；3—测量棱镜；4—消色散棱镜；5,10—物镜；6,9—分划板；7,8—目镜；11—转向棱镜；12—照明度盘；13—毛玻璃；14—小反光镜

$$n_{液} = \sin\beta \sqrt{n_{液}^2 - \sin^2 r_c'} \tag{3-13}$$

式中，β 为常数；$n_{液} = 1.75$。

测出 r_c' 即可求出 $n_{液}$。由于设计折射仪时已经把读数 r_c' 换算成 $n_{液}$ 值，只要找到明暗分界线使其与目镜中的十字线吻合，就可以从标尺上直接读出液体的折射率。

阿贝折射仪的标尺上除标有 1.300~1.700 折射率数值外，在标尺旁边还标有 $20℃$ 糖溶液的百分浓度的读数，可以直接测定糖溶液的浓度。

在指定的条件下，液体的折射率因所用单色光的波长不同而不同。若用普通白光作光源〔波长 $4000~7000\text{Å}$（$1\text{Å}=10^{-10}\text{m}$）〕，由于发生色散而在明暗分界线处呈现彩色光带，使明暗交界不清楚，故在阿贝折射仪中还装有两个各由三块棱镜组成的阿密西 (Amici) 棱镜作为消色散棱镜（又称补偿棱镜）。通过调节消色散棱镜，使折射棱镜出来的色散光线消失，使明暗分界线完全清楚，这时所测的液体折射率相当于用钠光 D 线 (5890Å) 所测的折射率 n_D。

(三) 阿贝折射仪的使用方法

将阿贝折射仪放在光亮处，但避免阳光直接曝晒。用超级恒温槽将恒温水通入棱镜夹套内，其温度以折射仪上温度计读数为准。

扭开测量棱镜和辅助棱镜的闭合旋钮，并转动镜筒，使辅助棱镜斜面向上，若测量棱镜

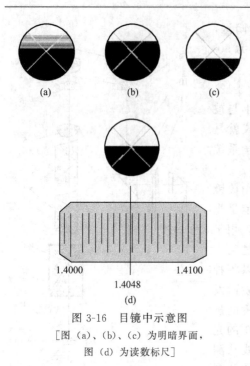

图 3-16 目镜中示意图
[图 (a)、(b)、(c) 为明暗界面，图 (d) 为读数标尺]

和辅助棱镜表面不清洁，可滴几滴丙酮，用擦镜纸顺单一方向轻擦镜面（不能来回擦）。

用滴管滴入 2~3 滴待测液体于辅助棱镜的毛玻璃面上（滴管切勿触及镜面），合上棱镜，扭紧闭合旋钮。若液体样品易挥发，动作要迅速，或将两棱镜闭合，从两棱镜合缝处的一个加液小孔中注入样品（特别注意不能使滴管折断在孔内，以致损伤棱镜镜面）。

转动镜筒使之垂直，调节反射镜使入射光进入棱镜，同时调节测量望远镜目镜的焦距，使目镜中十字线清晰明亮。再调节读数螺旋，使目镜中呈明半暗状态。

调节消色散棱镜至目镜中彩色光带消失，再调节读数螺旋，使明暗界面恰好落在十字线的交叉处。如此时又呈现微色散，必须重调消色散棱镜，直到明暗界面清晰为止，如图 3-16 所示。

从读数望远镜中读出标尺的数值即 n_D，同时记下温度，则 n_D^t 为该温度下待测液体的折射率。每测一个样品需重测 3 次，3 次误差不超过 0.0002，然后取平均值。测试完后，在棱镜面上滴几滴丙酮，并用擦镜纸擦干。最后用两层擦镜纸夹在两镜面间，以防镜面损坏。

对有腐蚀性的液体如强酸、强碱以及氟化物，不能使用阿贝折射仪测定。

（四）阿贝折射仪的校正

折射仪的标尺零点有时会发生移动，因而在使用阿贝折射仪前需用标准物质校正其零点。折射仪出厂时附有一已知折射率的"玻块"、一小瓶 α-溴萘。滴 1 滴 α-溴萘在玻块的光面上，然后把玻块的光面附着在测量棱镜上，不需合上辅助棱镜，但要打开测量棱镜背的小窗，使光线从小窗口射入，就可进行测定。如果测得的值与玻块的折射率值有差异，此差值为校正值，也可以用钟表螺丝刀旋动镜筒上的校正螺丝进行，使测得值与玻块的折射率相等。

这种校正零点的方法，也是使用该仪器测定固体折射率的方法，只要将被测固体代替玻块进行测定即可。

在实验室中一般用纯水作标准物质（$n_D^{25}=1.3325$）来校正零点。在精密测量中，须在所测量的范围内用几种不同折射率的标准物质进行校正，考察标尺刻度间距是否正确，把一系列的校正值画成校正曲线，以供测量对照校正。

（五）温度和压力对折射率的影响

液体的折射率是随温度变化而变化的，多数液态的有机化合物温度每增高 1℃，其折射率下降 3.5×10^{-4}~5.5×10^{-4}。在 15~30℃之间，温度每增高 1℃，纯水折射率下降 1×10^{-4}。若测量时要求准确度为 $\pm1\times10^{-4}$，测温度应控制在 $(t\pm0.1)$℃，此时阿贝折射仪需要有超级恒温槽配套使用。

压力对折射率有影响，但不明显，只有在很精密的测量中，才考虑压力的影响。

（六）阿贝折射仪的保养

仪器应放置在干燥、空气流通的室内，以防止受潮后光学零件发霉。

仪器使用完毕后要做好清洁工作，并将仪器放入箱内，箱内放有干燥剂硅胶。

经常保持仪器清洁，严禁油手或汗手触及光学零件。如光学零件表面有灰尘，可用高级麂皮或脱脂棉轻擦后，再用洗耳球吹去。如光学零件表面有油垢，可用脱脂棉蘸少许汽油轻擦后再用二甲苯或乙醚擦干净。

仪器应避免强烈振动或撞击，以防止光学零件损伤而影响精度。

八、pH 计

（一）概述

pH 6175 型是使用微处理器控制的智能型台式 pH 计，具有超大液晶显示、读数清晰、体积轻巧、操作简便等特点，可广泛用于测量溶液的 pH 值、电极的电位、溶液的温度和氧化还原值 ORP。

（二）仪器的主要技术指标

（1）测量范围、分辨力、精度如下表所示。

技术指标	pH	电极电位
量程	0.00～14.00pH	±1600mV
分辨力	0.01	1mV
精度	±0.02pH	±2mV

（2）其他特点

a. 单点、双点和三点 pH 校正，自动识别缓冲液。

b. 全按键操作。

c. 校准参数断电不丢失。

d. 电池电压低时提示更换电池。

e. 4h 自动关机，仪器进入休眠状态。

（3）温度补偿：自动和手动温度补偿。

（4）两组别标准缓冲液用于仪器校准：7.00，4.01，10.01 和 6.86，4.00，9.18pH（25℃）。

（5）pH/ORP 的测量都具有自动锁定功能（AUTO LOCK）。

（三）仪器的结构特征

外观如图 3-17 所示。

1. LCD 显示

WAIT——机器等待锁定。BAT——需要更换电池。pH——所测数据的模式及单位。mV——所测数据的模式及单位。ATU——机器接了温度探棒。MAN——机器未接

图 3-17　pH 计外观

温度探棒。CAL——机器进入校准状态。AUTO——机器在自动锁定模式。4.00/6.86/9.18标准缓冲溶液指示闪动表示机器等待校准，不闪动表示机器校准完成。LOCK——在自动锁定模式，所测数值已自动锁定，不再随输入的改变而改变。EFF（％）——电极效率百分比。当电极效率低于75％时，请更换新电极。

2. 键盘功能

ON/OFF——电源开/关；Mode——选择仪器的测量模式。

Clear——清除键。在测量模式下，除非长按此键2s，机器会删除所有校正值，否则此键不起作用。

Up/Down——上键和下键仅在手动温度补偿模式下起作用。

Stand/Slope——用于校正。

Mea./Eff.——测量键/效率键。按此键可解开所在的模式。按此键5s，可显示电极效率。

注意：在按键时，不要用力过大，要轻按，听到键声后，有一短暂停顿后，放开按键，以保证每一次按键都有效。

（四）仪器的操作使用

1. 标准溶液组别的选择

pH 6175 具有两组标准溶液组别：7.00pH，4.01pH，10.01pH 和 6.68pH，4.00pH，9.18pH。本机出厂设定组别为 6.68pH，4.00pH，9.18pH。

要改变组别，首先关机，然后同时按住"Stand"键和开关键开机，即可选择另组校正液组别。

2. pH 校正

pH 6175 可做单点、双点或三点校正。如果要做双点或三点校正，第一点校正必须是 6.68/7.00。

(1) 在 pH 自动锁定模式下，具有自动温度补偿的校正：

① 打开主机，按住"Clear"键2s，液晶显示将全显，机器将删除所有上次储存的校正值。

② 将 pH 电极的输入接头与主机的 BNC 头连接，温度输入接头与主机的温度接口连接："ATC"显示将亮起，"pH"和"AUTO"显示也将亮起，标准溶液显示将闪烁。

③ 将电极用蒸馏水冲洗，再用滤纸吸干后，放入第一杯标准缓冲溶液中（6.68或7.00），当温度读数值稳定后，请按住"Stand"键5s，机器进入校正模式，此时将闪烁。当数值稳定，机器将贮存此稳定值作为第一点的校正值，"WAIT"显示将消失，完成第一点校正，此时，"4.00，9.18或4.01，10.01"显示将间接闪烁，表示机器已准备第二点的校正。

注意：此刻，按"Mode"键，机器将离开校正模式，单点校正6.68或7.00完成。如果第一杯校正溶液为4.00、4.01、9.18或10.01，机器在校正单点完成后，自动退出校正模式。

④ 将电极用蒸馏水洗净并擦干，放入第二杯标准缓冲溶液中（4.00/4.01或9.18/10.01），当温度读数值稳定后，请按住"Slope"键，机器开始第二点校正，此时"WAIT"显示将闪烁。当数值稳定后，机器将储存此稳定值作为第二点的校正值，"WAIT"显示将消失，完成第二点校正，此时，"9.18/10.01或4.00/4.01"显示将间接闪烁，表示机器已准备第三点的校正。

注意：此刻，按"Mode"键，机器将离开校正模式，两点校正功能完成。

⑤ 将电极用蒸馏水洗净并擦干，放入第三杯标准缓冲溶液中（9.18/10.01或4.00/4.01），当温度读数值稳定后，请按住"Slope"键，机器开始第三点校正，此时"WAIT"

显示将闪烁。当数值稳定,机器将储存此稳定值作为第二点的校正值,"WAIT"显示将消失,完成第三点校正,并自动退出校正模式,三点校正功能完成。

⑥ 主机具有计算和补偿电极斜率偏差的功能,在完成两点或三点校正后,长按"Mea./Eff."键5s,机器可显示新电极的电极效率。

(2) 在pH自动锁定模式下,具有手动温度补偿的校正:

① 打开主机,按住"Clear"键2s,液晶显示将全显,机器将删除所有上次储存的校正值。

② 将pH电极的输入接头与主机的BNC头连接,"MAN"显示将亮起,"pH"和"AUTO"显示也将亮起,标准溶液显示将闪烁。

③ 将电极用蒸馏水冲洗,再用滤纸吸干后,放入第一杯标准缓冲溶液中(6.68或7.00),把手动温度通过按上键和下键调到第一杯标准缓冲溶液的温度,温度调准后,请按住"Stand"键5s,机器进入校正模式,此时将闪烁。当数值稳定后,机器将储存此稳定值作为第一点的校正值,"WAIT"显示将消失,完成第一点校正,此时,"4.00,9.18或4.01,10.01"显示将间接闪烁,表示机器已准备第二点的校正。

注意:此刻,按"Mode"键,机器将离开校正模式,单点校正6.68或7.00完成。如果第一杯校正溶液为4.00、4.01、9.18或10.01,机器在校正单点完成后,自动退出校正模式。

④ 其他同"(1) 在pH自动锁定模式下,具有自动温度补偿的校正"中的第④~⑥步。

(3) 在pH非自动锁定模式下,具有自动温度补偿的校正:

① 打开主机,按住"Clear"键2s,液晶显示将全显,机器将删除所有上次储存的校正值。

② 将pH电极的输入接头与主机的BNC头连接,温度输入接头与主机的温度接口连接:"ATC"显示将亮起,"pH"显示也将亮起,标准溶液显示将闪烁。

③ 其他同"(1) 在pH自动锁定模式下,具有自动温度补偿的校正"中的第③~⑥步。

(4) 在pH非自动锁定模式下,具有手动温度补偿的校正:

① 打开主机,按住"Clear"键2s,液晶显示将全显,机器将删除所有上次储存的校正值。

② 将pH电极的输入接头与主机的BNC头连接,"MAN"显示将亮起,"pH"显示也将亮起,标准溶液显示将闪烁。

将电极用蒸馏水冲洗,再用滤纸吸干后,放入第一杯标准缓冲溶液中(6.68或7.00),把手动温度通过按上键和下键调到第一杯标准缓冲溶液的温度,温度调准后,请按住"Stand"键5s,机器进入校正模式,此时将闪烁。当数值稳定,机器将储存此稳定值作为第一点的校正值,"WAIT"显示将消失,完成第一点校正,此时,"4.00,9.18或4.01,10.01"显示将间接闪烁,表示机器已准备第二点的校正。

③ 其他同"(1) 在pH自动锁定模式下,具有自动温度补偿的校正"中的第④~⑥步。

(5) 校准工作中需注意的几个问题。

① 作为校准的溶液应妥善保管,存储的温度不应过高,以防变质。

② 校准时,两种溶液的温度应尽量相近,以提高校准精度。

③ 校准时,将电极放入标准溶液中时,应观察仪表的显示值是否与标准溶液的标称值相近,待读数基本稳定后,再进行校准工作。仪器最大的校准偏差为0.5pH,若显示值与标准值相差过大,可能的问题是:a. 电极问题,可能该电极损坏钝化或内充液过少;b. 仪器校准问题,可能上一次已校正过该点,但温度设置相异较大,或使用了不同的电极。这时可将原校准参数清除掉,再进行校准。

3. pH 测量

在 pH 测量模式，标准溶液指示必须显示，表示机器已完成相应的校正，为测量做好了准备。如果标准溶液显示闪烁，表示机器未曾校正，请在测量模式之前进行校正。

在校准完后，把电极用蒸馏水洗净并擦干，放入被测溶液中，稍作搅动，赶走空气泡，让电极头与被测液充分接触。按"Mea."键，"WAIT"显示将闪烁。当数值稳定后，"WAIT"显示停止闪烁，机器将显示"LOCK"并将此稳定值储存为被测溶液的测定值，此时机器读数不再随电极的变动而变动。

注意：对于不稳定的被测溶液，建议使用"pH NON-AUTO LOCK"非自动锁定模式。

4. mV 测量

将 ORP 电极的输入接头与主机的 BNC 头连接，按"MODE"键直到"mV"和"AUTO"显示亮起，或"mV"显示亮起，将电极用蒸馏水洗净并擦干，放入被测溶液中，稍作搅动，赶走空气泡，让电极头与被测液充分接触。按"Mea."键，"WAIT"显示将闪烁。当数值稳定后，"WAIT"显示停止闪烁，机器将显示"LOCK"并将此稳定值储存为被测溶液的测定值，此时机器读数不再随电极的变动而变动。

（五）电极使用维护注意事项

电极的维护：电极易被污染，应该定期清洗电极。

1. 电极的存放

最好的方法是保持 pH 电极玻璃球泡湿润，建议放入 3.3mol/L 饱和 KCl 溶液中。其他 pH 缓冲溶液、自来水也可以作为电极的存放介质，内充缓冲液的塑料保护套是长期存放电极的理想之处。电极避免长期浸泡在去离子水（蒸馏水）、蛋白质溶液和酸性氟化物溶液中。电极避免与有机硅油接触。

2. 电极的清洁

电极测试完毕，用去离子水清洗，在胶黏性试样中测试后，应反复清洗，除去沾在电极上的试样残液，避免在电极的球泡上结膜使灵敏度降低，乃至测量失败。

3. 电极的活化

一般来说，严格按存放和维护步骤进行的话，电极可以立刻使用。然而，如果电极响应迟钝的话，很可能电极的球泡已经脱水。将电极浸入理想的存放液中，放置 1~2h，使球泡重新获得水分。

电极经长期使用后发现斜率降低，则可把电极浸泡在 4%HF（氢氟酸）中 3~5s，再用去离子水清洗电极，然后在 0.1mol/L 盐酸中浸泡，使之复新。

被测溶液中如含有易污染敏感球泡的物质而使电极钝化，会出现斜率降低的现象，显示读数不准，如发生该现象，则应根据污染物质的性质，用适当溶液清洗使电极复新。污染物质和清洗剂参考表见表 3-8。

注：选用清洗剂时，不能用四氯化碳、三氯乙烯、四氢呋喃等能溶解聚碳酸树脂的清洗液，因为电极的外壳是由聚碳酸树脂制成的，其溶解后极易污染敏感球泡，从而使电极失效，也不能用复合电极去测试上述溶液。

表 3-8 污染物质和清洗剂参考表

污染物	清洗剂
无机金属氧化物	低于 1mol/L 稀酸
有机油脂类物质	稀洗涤剂（弱碱性）
树脂高分子物质	酒精，丙酮，乙醚
蛋白质血细胞沉淀物	酸性酶溶液
染料类物质	稀漂白液，过氧化氢

(六) 对弱缓冲液（如水）的 pH 值的测试

（1）先用混合磷酸盐（pH6.86，25℃）和邻苯二甲酸氢钾（pH4.00，25℃）标准缓冲溶液校准仪器后测定供试液。并重取供试液再测试，直至 pH 的数值在 1min 内变化不超过 0.05。

（2）再用混合磷酸盐（pH6.86，25℃）和硼砂（pH9.18，25℃）标准缓冲溶液校准仪器，再用上法测定。

（3）两次 pH 值的读数相差应不超过 0.1，取两次读数的平均值为其 pH 值。

九、电泳仪

(一) 简介

电泳技术是分子生物学研究不可缺少的重要分析手段。电泳一般分为自由界面电泳和区带电泳两大类，自由界面电泳不需支持物，如等电聚焦电泳、等速电泳、密度梯度电泳及显微电泳等，这类电泳目前已很少使用。而区带电泳则需用各种类型的物质作为支持物，常用的支持物有滤纸、醋酸纤维薄膜、非凝胶性支持物、凝胶性支持物及硅胶-G 薄层等，分子生物学领域中最常用的是琼脂糖凝胶电泳。所谓电泳，是指带电粒子在电场中的运动，不同物质由于所带电荷及相对分子质量不同，因此在电场中的运动速度也不同，根据这一特征，应用电泳法便可以对不同物质进行定性或定量分析，或将一定混合物进行组分分析或单个组分提取制备，这在临床检验或实验研究中具有极其重要的意义。电泳仪正是基于上述原理设计制造的。

(二) 使用方法

（1）首先用导线将电泳槽的两个电极与电泳仪的直流输出端连接，注意极性不要接反。

（2）电泳仪电源开关调至关的位置，电压旋钮转到最小，根据工作需要选择稳压稳流方式及电压电流范围。

（3）接通电源，缓缓旋转电压调节钮直到达到所需电压，设定电泳终止时间，此时电泳即开始进行。

（4）工作完毕后，应将各旋钮、开关旋至零位或关闭状态，并拔出电源插头。

(三) 注意事项

（1）电泳仪通电进入工作状态后，禁止人体接触电极、电泳物及其他可能带电部分，也不能到电泳槽内取放东西，如需要应先断电，以免触电。同时要求仪器必须有良好接地端，以防漏电。

（2）仪器通电后，不要临时增加或拔除输出导线插头，以防短路现象发生，虽然仪器内部附设有保险丝，但短路现象仍有可能导致仪器损坏。

（3）由于不同介质支持物的电阻值不同，电泳时所通过的电流量也不同，其泳动速度及泳至终点所需时间也不同，故不同介质支持物的电泳不要同时在同一电泳仪上进行。

（4）在总电流不超过仪器额定电流时（最大电流范围），可以多槽关联使用，但要注意不能超载，否则容易影响仪器寿命。

（5）某些特殊情况下需检查仪器电泳输入情况时，允许在稳压状态下空载开机，但在稳流状态下必须先接好负载再开机，否则电压表指针将大幅度跳动，容易造成不必要的人为机器损坏。

（6）使用过程中发现异常现象，如较大噪声、放电或异常气味，须立即切断电源，进行检修，以免发生意外事故。

十、752型紫外-可见分光光度计

（一）操作规程

（1）打开仪器开关，仪器使用前应预热30min。

（2）转动波长旋钮，观察波长显示窗，调整至需要的测量波长。

（3）根据测量波长，拨动光源切换杆，手动切换光源。200～339nm使用氘灯，切换杆拨至紫外区；340～1000nm使用卤钨灯，切换杆拨至可见区。

（4）调"T零"。在透视比（T）模式下，将遮光体放入样品架，合上样品室盖，拉动样品架拉杆使其进入光路。按下"调0%"键，屏幕上显示"000.0"或"-000.0"时，调"T零"完成。

（5）调"100%T/OA"。先用参比（空白）溶液荡洗比色皿2～3次，将参比（空白）溶液倒入比色皿，溶液量约为比色皿高度的3/4，用擦镜纸将透光面擦拭干净，按一定的方向，将比色皿放入样品架。合上样品室盖，拉动样品架拉杆使其进入光路。按下"调100%"键，屏幕上显示"BL"，延时数秒便出现"100.0"（T模式）或"000.0"、"-000.0"（A模式）。调"100%T/OA"完成。

（6）测量吸光度。参照操作步骤（3）、步骤（4）。

在吸光度（A）模式下，参照步骤（5）调"100%T/OA"。用待测溶液荡洗比色皿2～3次，将待测溶液倒入比色皿，溶液量约为比色皿高度的3/4，用擦镜纸将透光面擦拭干净，按一定的方向，将比色皿放入样品架。合上样品室盖，拉动样品架拉杆使其进入光路，读取测量数据。

（7）测量透视比。参照操作步骤（3）、步骤（4）。

在透视比（T）模式下，参照步骤（5）调"100%T/OA"。用待测溶液荡洗比色皿2～3次，将待测溶液倒入比色皿，溶液量约为比色皿高度的3/4，用擦镜纸将透光面擦拭干净，按一定的方向，将比色皿放入样品架。合上样品室盖，拉动样品架拉杆使其进入光路，读取测量数据。

（8）浓度测量。参照操作步骤（3）、步骤（4）。在透视比（T）模式下，参照步骤（5）调"100%T/OA"。用标准浓度溶液荡洗比色皿2～3次，将标准浓度溶液倒入比色皿，溶液量约为比色皿高度的3/4，用擦镜纸将透光面擦拭干净，按一定的方向，将比色皿放入样品架。合上样品室盖，拉动样品架拉杆使其进入光路。

按下"功能键"切换至浓度（C）模式。

按下"▲"或"▼"键，设置标准溶液浓度，并按下"确认"键。

用待测溶液荡洗比色皿2～3次，将待测溶液倒入比色皿，溶液量约为比色皿高度的3/4，用擦镜纸将透光面擦拭干净，按一定的方向，将比色皿放入样品架。合上样品室盖，拉动样品架拉杆使其进入光路，读取测量数据。

(9) 斜率测量。参照操作步骤 (3)、步骤 (4)。在透视比 (T) 模式下,参照步骤 (5) 调 "100%T/OA"。按下 "功能键" 切换至斜率 (F) 模式。按下 "▲" 或 "▼" 键,设置样品斜率。

用待测溶液荡洗比色皿 2～3 次,将待测溶液倒入比色皿,溶液量约为比色皿高度的 3/4,用擦镜纸将透光面擦拭干净,按一定的方向,将比色皿放入样品架。合上样品室盖,拉动样品架拉杆使其进入光路,按下 "确认" 键[此时仪器自动切换至浓度 (C) 模式],读取测量数据。

(10) 测量完毕。测量完毕后,清理样品室,将比色皿清洗干净,倒置晾干后收起。关闭电源,盖好防尘罩,结束试验。

(二) 注意事项

(1) 调 "100%T/OA" 后,仪器应稳定 5min 再进行测量。
(2) 光源选择不正确或光源切换杆不到位,将直接影响仪器的稳定性。
(3) 比色皿应配对使用,不得混用。置入样品架时,石英比色皿上端的 "Q" 标记(或箭头)、玻璃比色皿上端的 "G" 标记方向应一致。
(4) 玻璃比色皿适用范围:320～1100nm;石英比色皿适用范围:200～1100nm。

十一、WZZ-1 自动指示旋光仪

(一) 仪器的用途及使用范围

旋光仪是测定物质旋光度的仪器。通过对样品旋光度的测定,可以分析确定物质的浓度、含量及纯度等。WZZ-1 自动旋光仪采用光电检测器及电子自动示数装置,具有体积小、灵敏度高、没有人为误差、读数方便等特点。对目视旋光仪难以分析的低旋光度样品也能适应。因此广泛应用于医药、食品、有机化工等各个领域。

农业:农用抗生素、农用激素、微生物农药及农产品成分分析。
医药:抗生素、维生素、葡萄糖等药物分析,草药药理研究。
食品:食糖、味精、酱油等生产过程的控制及成品检查,食品含糖量的测定。
石油:矿物油的分析、石油发酵工艺的监视。
香料:香精油的分析。
卫生事业:医院临床糖尿病分析。

(二) 仪器使用环境

(1) 温度:5～35℃。
(2) 相对湿度:不大于 85%。
(3) 电源:AC (220±22)V,(50±1)Hz。

(三) 仪器的主要技术指标和规格

(1) 测定范围:$-45°\sim+45°$。
(2) 准确度:$\pm\left(0.01°+测量值\times\dfrac{5}{10000}\right)$。
(3) 可测样品最低透过率:10% (对钠黄光而言)。

(4) 读数重复性：≤0.01°。
(5) 读数器：自动示数；速度，1.30°/s；整数盘，1°/格；小数盘，0.01°/格。
(6) 单色光源：钠光灯加橙色滤色片（589.3nm）。
(7) 试管：200mm、100mm 两种。
(8) 电源：AC（220±22）V，（50±1）Hz。
(9) 仪器尺寸：600mm×320mm×200mm。
(10) 仪器净重：29kg。

（四）仪器的结构及原理

仪器（图3-18）采用 20W 钠光灯用光源，由小孔光阑和物镜组成一个简单的点光源平行光管（图3-17），平行光经偏振镜（1）变为平面偏振光，其振动平面为 OO [图3-19(a)]，当偏振光经过有法拉第效应的磁旋线圈时，其振动平面产生 50Hz 的 β 角往复摆动 [图3-19(b)]，光线经过偏振镜（2）投射到光电倍增管上，产生交变的电信号。

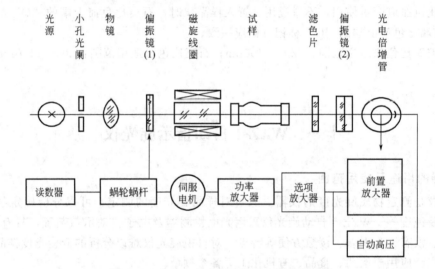

图 3-18 WZZ-1 自动指示旋光仪结构原理图

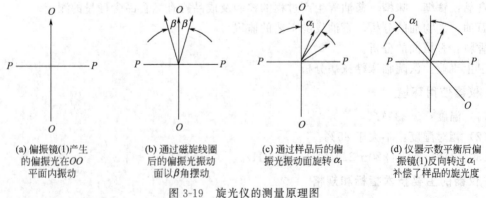

(a) 偏振镜(1)产生的偏振光在 OO 平面内振动　　(b) 通过磁旋线圈后的偏振光振动面以 β 角摆动　　(c) 通过样品后的偏振光振动面旋转 α_1　　(d) 仪器示数平衡后偏振镜(1)反向转过 α_1 补偿了样品的旋光度

图 3-19 旋光仪的测量原理图

OO—偏振镜（1）的偏振轴；PP—偏振镜（2）的偏光轴

仪器以两偏振镜光轴正交时（即 $OO \perp PP$）作为光学零点，此时，$\alpha=0°$（图3-20）。磁旋圈产生的 β 角摆动，在光学零点时得到 100Hz 的光电信号（曲线 C'），在有 α_1 或 α_2 的试样时得到 50Hz 的信号，但它们的相位正好相反（曲线 B、D）。因此，能使工作频率为 50Hz 的伺服电机转动。伺服电机通过蜗轮，蜗杆将偏振镜转过 α（$\alpha=\alpha_1$ 或 $\alpha=\alpha_2$），仪器回到光学零点，伺服电机在 100Hz 信号的控制下，重新出现平衡指示。

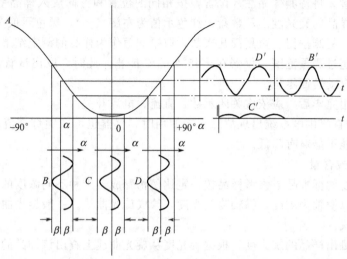

图 3-20 旋光度 α 与光电信号关系图

曲线 A：光强度随旋光度 α 的大小而改变；曲线 B、C、D：法拉第效应使旋光度 α 随时间 t 而变化（β 角摆动）；曲线 C'、B'、D'：光电流 i 随时间 t 而变化——光电信号

仪器外形图见图 3-21。

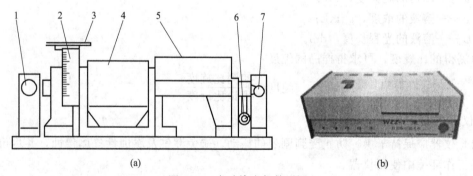

图 3-21 自动旋光仪外形图
1—光源；2—整数盘；3—小数盘；4—磁旋线圈；5—样品室；
6—调零手轮；7—光电倍增管

（五）仪器的使用方法

1. 测定旋光度

（1）将仪器电源插头插入 220V 交流电源，[要求使用交流电子稳压器（1kV·A）] 并将接地脚可靠接地。

（2）打开电源开关，需经 5min 钠光灯预热，使之发光稳定。

（3）打开直流开关（若直流开关扳上后钠光灯熄灭，则再将直流开关上下重复扳动 1～2 次，使钠光灯在直流下点亮，为正常）。

（4）打开示数开关，调节零位手轮，使旋光示值为零。

(5) 将装有蒸馏水或其他空白溶剂的试管放入样品室，盖上箱盖。试管中若有气泡，应先让气泡浮在凸颈处；通光面两端的雾状水滴应用软布揩干。试管螺帽不宜旋得过紧，以免产生应力影响读数。试管安放时应注意标记的位置和方向。

(6) 取出试管。将待测样品注入试管，按相同的位置和方向放入样品室内，盖好箱盖。示数盘将转出该样品的旋光度。示数盘上红色示值为左旋（－），黑色示值为右旋（＋）。

(7) 逐次按下复测按钮，重复读几次数，取平均值作为样品的测定结果。

(8) 如样品超过测量范围，仪器在±45°处自动停止。此时，取出试管，按一下复位按钮开关，仪器即自动转回零位。

(9) 仪器使用完毕后，应依次关闭示数、直流、电源开关。

(10) 钠灯在直流供电系统出现故障不能使用时，仪器也可在钠灯交流供电的情况下测试，但仪器的性能可能略有降低。

2. 测定浓度或含量

先将已知纯度的标准品或参考样品按一定比例稀释成若干种不同浓度的试样，分别测出其旋光度。然后以横轴为浓度，纵轴为旋光度，绘成旋光曲线。一般旋光曲线均按算术插值法制成查对表形式。

测定时，先测出样品的旋光度，根据旋光度从旋光曲线上查出该样品的浓度或含量。

绘制旋光曲线应用同一台仪器、同一支试管，测定时应予注意。

3. 测定比旋度纯度

先按药典规定的浓度配制好溶液，依法测出旋光度，然后按下列公式计算出比旋度［α］：

$$[\alpha] = \frac{\alpha}{Lc}$$

式中　α——测得的旋光度，(°)；
　　　c——溶液的浓度，g/mL；
　　　L——溶液的光程长度，dm。

由测得的比旋度，可求得样品的纯度：

$$纯度 = \frac{实测比旋度}{理论比旋度}$$

（六）仪器的日常保养

(1) 仪器应保持干燥，防止受到剧烈的振动，避免潮气及腐蚀性气体侵蚀，并尽可能在20℃的工作环境中使用仪器。

(2) 放入样品室的旋光试管应尽量保持清洁，放入前请用软布擦干，避免有腐蚀性的液体腐蚀仪器。

十二、HDY 恒电位仪

（一）简介

HDY-Ⅰ型恒电位仪可同时显示电流和恒电位值，可广泛应用于电化学分析及有机电化学合成等方面。可通过 RS232 串行口与电脑相连接，使数据显示更加清晰直观，电路中采取了保护电路，具有安全性和可靠性，特别适合各大院校物化实验室使用。

（二）技术指标

1. 工作条件

（1）电源电压：～220V±10％，50Hz。

（2）环境温度：-5～40℃。

（3）相对湿度：≤85％。

2. 技术指标

（1）恒电位范围：-1.9999～1.9999V，±2.000～±4.000V 连续可调。

（2）恒电流范围：-1.0000～1.0000A；分挡±1A、±200mA、±20mA、±2mA、±200μA、±20μA、±2μA。

（3）最大输出槽电压：±20V、±30V。

（4）最大输出电流：±1A。

（5）参比探头输入阻抗：$>10^{12}\Omega$。

（三）恒电位仪前面板功能说明

恒电位仪前面板如图 3-22 所示，以作用划分为 14 个区。

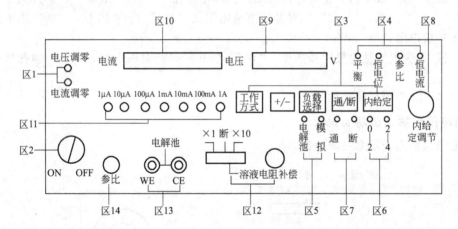

图 3-22 恒电位仪前面板

（1）区 1 用于仪器系统调零，有"电压调零"和"电流调零"，调零方法见"（七）仪器调零和验收测试"。

（2）区 2 是电源开关。

（3）区 3 是仪器功能控制按键区，有五个功能键。

① 工作方式键：该按键为仪器工作方式选择键，由该键可顺序循环选择"平衡""恒电位""参比"或"恒电流"等工作方式，与该按键配合，区 4 的四个指示灯用于指示相应的工作方式。

② +/-键：该按键用于选择内给定的正负极性。

③ 负载选择键：该按键用于负载选择，与该按键配合，区 5 的两个指示灯用于指示所选择的负载状态，"模拟"状态时，选择仪器内部阻值约为 10kΩ 电阻作为模拟负载，"电解池"状态时，选择仪器外部的电解池作为负载。

④ 通/断键：该按键用于仪器与负载的通断控制，与该按键配合，区 7 的两个指示灯用于指示负载工作状况的通断，"通"时仪器与负载接通，"断"时仪器与负载断开。

⑤ 内给定选择键：该按键用于仪器内给定范围的选择，"恒电位"工作方式时，通过该

按键可选择 0～1.9999V 或 2～4V 内给定恒电位范围；"恒电流"工作方式时，只能选择 0～1.9999V 的内给定恒电位范围。与该按键配合，区 6 的两个指示灯用于指示所选择的内给定范围。

（4）区 8 为内给定调节电位器旋钮。

（5）区 9 为电压值显示区，恒电位工作方式时，显示恒电位值；恒电流工作方式时，显示槽电压值。

（6）区 10 为电流值显示区，恒电位工作方式时，可通过区 11 的电流量程选择键来选择合适的显示单位，若在某一电流量程下出现显示溢出，数码管各位将全零 "0.0000" 闪烁显示，以示警示，此时可在区 11 顺次向右选择较大的电流量程挡；恒电流工作方式时，区 10 的显示值为仪器提供的恒电流值，该方式下，在区 11 选择的电流量程越大，仪器提供的极化电流也越大，若过大的极化电流造成区 9 电压显示溢出（数码管各位全零 "0.0000" 闪烁显示），可在区 11 顺次向左选择较小的电流量程挡。

（7）区 11 为电流量程选择区，由七挡按键开关组成，分别为 "$1\mu A$" "$10\mu A$" "$100\mu A$" "1mA" "10mA" "100mA" 和 "1A"。实际电流值为区 10 数据乘以所选择挡位的量程值。

（8）区 12 为溶液电阻补偿区，由控制开关和电位器（$10k\Omega$）组成，控制开关分 "×1" "断" 和 "×10" 三挡。"×10" 挡时补偿溶液电阻是 "×1" 挡的 10 倍，"断" 则溶液反应回路中无补偿电阻。

（9）区 13 为电解池电极引线插座，"WE" 插孔接研究电极引线，"CE" 插孔接辅助电极引线。

（10）区 14 为参比输入端。

（四）恒电位仪后面板功能说明

恒电位仪后面板示意见图 3-23。

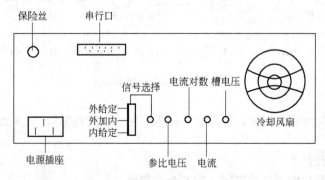

图 3-23 恒电位仪后面板示意图

交流电源插座用于连接 220V 交流电压，保险丝座内接 3A 保险丝管。信号选择由选择开关及其右侧相邻的高频插座组成，"内给定"、"外给定" 和 "外加内" 三种给定方式由选择开关选定。"内给定" 时由仪器内部提供内给定直流电压；"外给定" 时外加信号从与选择开关右侧相邻的高频插座输入；"外加内" 时，给定信号由外加信号和内部直流电压信号两者合成。"参比电压" "电流对数" "电流" 和 "槽电压" 四个高频插座输出端可与外接仪表或记录仪连接。

（五）开机前的准备

（1）区 8 的调节旋钮左旋到底。

(2) 区 11 电流量程选择 "1mA" 按键按下。
(3) 区 12 溶液电阻补偿控制开关置于 "断"。
(4) 仪器参比探头和电解池电极引线按图 3-24 所示连接。

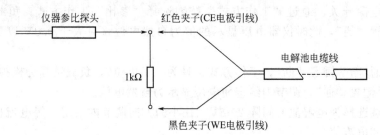

图 3-24 1kΩ 电阻为外接电解池时的连接图

(5) 后面板选择开关置于 "内给定"。
(6) 确认供电电网电压无误后，将随机提供的电源连线插入后面板的电源插座中。

(六) 开机后的初始状态

接通前面板的电源开关，仪器进入初始状态，前面板显示如下：
(1) 区 4 的 "恒电位" 工作方式指示灯亮；
(2) 区 5 "模拟" 负载指示灯亮；
(3) 区 6 "0—2" 指示灯亮；
(4) 区 7 负载工作状况的 "断" 指示灯亮。

若各状态指示正确，预热 15min，可进入 "仪器调零和验收测试"。

(七) 仪器调零和验收测试

(1) 按图 3-23 所示 1kΩ 电阻作为电解池接好。
(2) 按一下区 3 的负载选择按键，使区 5 "电解池" 指示灯亮，即仪器以电解池为负载。
(3) 按一下区 3 的通/断按键，使区 7 负载工作状况的 "通" 指示灯亮。
(4) 经过数分钟后，观察电压、电流的显示值是否显示 "0.0000"，若显示值未到零，按下述步骤调零：①先用小起子小心调节区 1 的 "电压调零" 电位器，使电压显示为零；②再用小起子小心调节区 1 的 "电流调零" 电位器，使电流显示为零。完毕后，进行后续测试。
(5) 旋内给定电位器旋钮，使电压表显示 "1.0000"，而电流表的显示值应为 "－1.0000" 左右；按一下区 3 的 "＋/－" 按键，电压表显示值反极性，调节内给定旋钮使电压表显示 "－1.0000"，电流表显示值应为 "1.0000" 左右。若仪器工作如上所述，说明仪器工作正常。

(八) 实验操作的一般步骤

(1) 通电实验前必须按照实验指导书正确连接好电化学实验装置，并根据具体所做实验选择好合适的电流量程（如用恒电位法测定极化曲线，可将电流量程先置于 "100mA" 挡），内给定旋钮左旋到底。实验装置如图 3-25 所示。
(2) 电极处理。用金属相砂纸将碳钢电极擦至镜

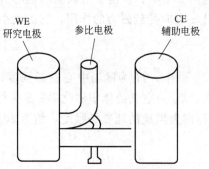

图 3-25 电解池实验装置图

面光亮状，然后浸入 100mL 0.5mol/L 的 H_2SO_4 溶液中约 1min，取出用蒸馏水洗净备用。

（3）在电解池中加入 $(NH_4)_2CO_3$ 饱和溶液 70mL，再插入研究电极（碳钢电极）、辅助电极（铂电极）和参比电极（甘汞电极）。其中碳钢电极平面靠近毛细管口。

（4）接通电源开关，通过"工作方式"按键选择"参比"工作方式；负载选择为电解池，"通/断"置"通"，此时仪器电压显示的值为自然电位（应大于 0.8V 以上，否则应重新处理电极）。

（5）按"通/断"键置"断"，工作方式选择为"恒电位"，负载选择为模拟，接通负载，再按"通/断"键置"通"，调节内给定使电压显示为自然电压。

（6）将负载选择为电解池，间隔 20mV，往小的方向调节内给定，等电流稳定后，记录相应的恒电位和电流值。

（7）当调到零时，微调内给定，使得有少许电压值显示，按"＋/－"键使显示为"－"值，再以 20mV 为间隔调节内给定直到约 －1.2V，记录相应的电流值。

（8）将内给定左旋到底，关闭电源，将电极取出用水洗净。

（九）仪器的提示和保护功能

（1）实验中，若电压或电流值超量程溢出，相应的数码管各位全零"00000"闪烁显示，以示警示，提醒转换电流量程按键开关或减小内给定值。

（2）仪器工作状况指示为"通"，即仪器负载接通时，工作方式的改变将强制性地使仪器工作状态处于"断"的状态，即仪器负载断开，以保护仪器的工作安全。

（3）在"通/断"的状态下选择工作方式、负载。

（4）WE 和 CE 不能短路。

十三、古埃磁天平

古埃（Gouy）磁天平的特点是结构简单，灵敏度高。用古埃磁天平测量物质的磁化率进而求得永久磁矩和未成对电子数，这对研究物质结构有着重要的意义。

（一）工作原理

古埃磁天平的工作原理，如图 3-26 所示。将圆柱形样品管（内装粉末状或液体样品）悬挂在分析天平的底盘上，使样品管底部处于电磁铁两极的中心（即处于均匀磁场区域），此处磁场强度最大。样品的顶端离磁场中心较远，磁场强度很弱，而整个样品处于一个非均匀的磁场中。但由于沿样品的轴心方向，即图示 z 方向，存在一个磁场强度 H/z，故样品沿 z 方向受到磁力的作用，它的大小为：

$$f_z = \int_H^{H_0} (\chi - \chi_{空}) \mu_0 SH \frac{\partial H}{\partial z} dz \qquad (3-14)$$

式中，H 为磁场中心磁场强度；H_0 为样品顶端处的磁场强度；χ 为样品的体积磁化率；$\chi_{空}$ 为空气的体积磁化率；S 为样品的截面积（位于 xy 平面）；μ_0 为真空磁导率。通常 H_0 即为当地的地磁场强度，约为 40A/m，一般可略去不计，则作用于样品的力为：

$$f_z = \frac{1}{2}(\chi - \chi_{空})\mu_0 SH^2 \qquad (3-15)$$

由于天平分别称装有被测样品的样品管和不装样品的空样品管在有外加磁场和无外加磁

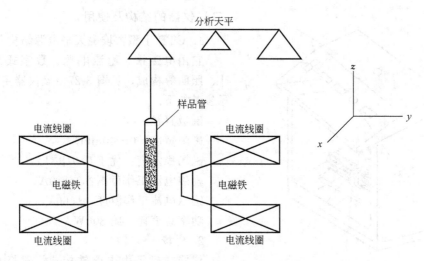

图 3-26　古埃磁天平工作原理示意图

场时的质量变化，则有：

$$\Delta m = m_{磁场} - m_{无磁场} \tag{3-16}$$

显然，某一不均匀磁场作用于样品的力可由下式计算：

$$f_z = (\Delta m_{样品+空管} - \Delta m_{空管})g \tag{3-17}$$

于是有：

$$\frac{1}{2}(\chi - \chi_{空})\mu_0 H^2 S = (\Delta m_{样品+空管} - \Delta m_{空管})g \tag{3-18}$$

整理后得：

$$\chi = \frac{2(\Delta m_{样品+空管} - \Delta m_{空管})g}{\mu_0 H^2 S} + \chi_{空} \tag{3-19}$$

物质的摩尔磁化率为：

$$\chi_M = \frac{M\chi}{\rho}$$

而

$$\rho = \frac{m}{hs}$$

故：

$$\chi_M = \frac{M}{\rho}\chi = \frac{2(\Delta m_{样品+空管} - \Delta m_{空管})ghM}{\mu_0 m H^2} + \frac{M}{\rho}\chi_{空} \tag{3-20}$$

式中，h 为样品的实际高度；m 为无外加磁场时样品的质量；M 为样品的摩尔质量；ρ 为样品密度（固体样品指装填密度）。

式(3-20)中真空磁导率 $\mu_0 = 4\pi \times 10^{-7} N/A^2$；空气的体积磁化率 $\chi_{空} = 3.64 \times 10^{-7} m^3/kg$（SI 单位），但因样品管体积很小，故常予以忽略。该式右边的其他各项都可通过实验测得，因此样品的摩尔磁化率可由式(3-20)算得。

式(3-20)中磁场两极中心处的磁场强度 H 可用特斯拉计测量，或用已知磁化率的标准物质进行间接测量。常用的标准物质有莫尔氏盐 $(NH_4)_2SO_4 \cdot FeSO_4 \cdot 6H_2O$、$CuSO_4 \cdot 5H_2O$ 等。例如莫尔氏盐的 χ_M 与热力学温度 T 的关系式为：

$$\chi_M = \frac{9500}{T+1} \times 4\pi \times 10^{-9} (m^3/kg) \tag{3-21}$$

（二）仪器的结构及使用

1. CTP-Ⅰ型古埃磁天平电源结构

它由电磁铁、稳流电源、数字式毫特斯拉计、照明等构成，见图3-27。该仪器主要技术指标参考如下。

磁极直径：40mm。

磁隙宽度：0～40mm。

磁场稳定度：优于 $0.01h^{-1}$。

励磁电流工作范围：0～10A。

励磁电流工作温度：<60℃。

功率总消耗：约300W。

2. 磁场

仪器的磁场由电磁铁构成，磁极材料用软铁，在励磁线圈中无电流时，剩磁为最小。磁极端为双截锥的圆锥体，极的端面须平滑均匀，使磁极中心磁场强度尽可能相同。磁极间的距离连续可调，便于实验操作。

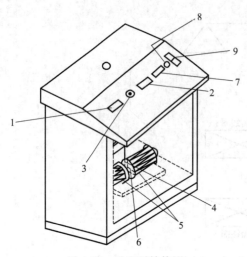

图 3-27　磁天平结构图
1—电流表；2—特斯拉计；3—励磁电流调节旋钮；
4—样品管；5—电磁铁；6—霍尔探头；7—清零；
8—校正；9—电源开关

3. 稳流电源

励磁线圈中的励磁电流由稳流电源供给。电源线路设计时采用了电子反馈技术，可获得很高的稳定度，并能在较大幅度范围内任意调节其电流强度。

4. 分析天平（自配）

CTP-Ⅰ型古埃磁天平需自配分析天平。在做磁化率测量过程中，常配电子天平。在安装时，将电子天平底部中间的一螺丝拧开，里面露出一挂钩，将一根细的尼龙线一头系在挂钩上，另一头与样品管连接。注：电子天平底部带挂钩。

5. 样品管（自配）

样品管由硬质玻璃管制成，内径 $\phi 1cm$，高度 16cm，样品管底部是平底，且样品管圆而均匀。测量时，用尼龙线将样品管垂直悬挂于天平盘下。注意样品管底部应处于磁场中部。样品管为逆磁性，可按式（3-17）予以校正，并注意受力方向。

6. 样品（自配）

金属或合金物质可做成圆柱体直接在磁天平上测量；液体样品则装入样品管测量；固体粉末状物质要研磨后再均匀紧密地装入样品管中测量。古埃磁天平不能测量气体样品。微量的铁磁性杂质对测量结果影响很大，故制备和处理样品时要特别注意防止杂质的沾染。

7. CTP-Ⅰ型磁天平使用说明

CTP-Ⅰ型特斯拉计和电流显示为数字式，同装在一块面板上，面板结构如图3-28所示，其操作步骤说明如下。

（1）用测试杆检查两磁头间隙为20mm，将特斯拉计探头固定件固定在两磁铁中间。

（2）将"励磁电流调节旋钮"左旋到底。

（3）接通电源。

（4）将特斯拉计的探头放入磁铁的中心架上，套上保护套，按"采零"键使特斯拉计的数字显示为"000.0"。

（5）除去保护套，把探头平面垂直置于磁场两极中心，打开电源，调节"励磁电流调

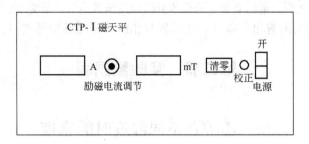

图 3-28　CTP-Ⅰ型特斯拉计和电流显示面板示意

节"旋钮,使电流增大至特斯拉计上显示约"300"mT,调节探头上下、左右位置,观察数字显示值,把探头位置调节至显示值为最大的位置,此乃探头最佳位置,以探头沿此位置的垂直线,测定离磁铁中心的高 $H_0=0$,这也就是样品管内应装样品的高度。关闭电源前应调节"励磁电流调节"旋钮使特斯拉计数字显示为零。

(6) 用莫尔氏盐标定磁场强度,取一支清洁干燥的空样品管悬挂在磁天平的挂钩上,使样品管正好与磁极中心线平齐,(样品管不可与磁极接触,并与探头有合适的距离。)准确称取空样品管质量 ($H=0$),得 m_1(H_0);调节"励磁电流调节"旋钮,使特斯拉计数显为"300"mT (H_1),迅速称量,得 m_1(H_1),逐渐增大电流,使特斯拉计数显为"350"mT (H_2),称量得 m_1(H_2),然后略微增大电流,接着退至"350"mT (H_2),称量得 m_2(H_2),将电流降至数显为"300"mT (H_1) 时,再称量得 m_2(H_1),再缓慢降至数显为"000.0"mT (H_0),又称取空管质量得 m_2(H_0)。这样调节电流由小到大,再由大到小的测定方法是为了抵消实验时磁场剩磁现象的影响。

$$\Delta m_{空管}(H_1)=\Delta m_1(H_1)+\Delta m_2(H_1)$$

$$\Delta m_{空管}(H_2)=\Delta m_1(H_2)+\Delta m_2(H_2)$$

式中, $\Delta m_1(H_1)=m_1(H_1)-m_1(H_0)$; $\Delta m_2(H_1)=m_2(H_1)-m_2(H_0)$; $\Delta m_1(H_2)=m_1(H_2)-m_1(H_0)$; $\Delta m_2(H_2)=m_2(H_2)-m_2(H_0)$。

(7) 取下样品管,用小漏斗装入事先研细并干燥过的莫尔氏盐,并不断将样品管底部在软垫上轻轻碰击,使样品均匀填实,直至所要求的高度(用尺准确测量),按前述方法将装有莫尔氏盐的样品管置于磁天平称量,重复称空管时的流程,得 $m_{1空管+样品}$(H_0),$m_{1空管+样品}$(H_1),$m_{1空管+样品}$(H_2),$m_{2空管+样品}$(H_2),$m_{2空管+样品}$(H_1),$m_{2空管+样品}$(H_0)。求出 $\Delta m_{空管+样品}$(H_1) 和 $\Delta m_{空管+样品}$(H_2)。

(8) 同一样品管中,同法分别测定 $FeSO_4 \cdot 7H_2O$、$K_3Fe(CN)_6$ 和 $K_4Fe(CN)_6 \cdot 3H_2O$ 的 $\Delta m_{空管+样品}$(H_1) 和 $\Delta m_{空管+样品}$(H_2)。

(9) 测定后的样品均要倒回试剂瓶,可重复使用。

8. 注意事项

(1) 磁天平总机架必须放在水平位置,分析天平应作水平调整。

(2) 吊绳和样品管必须与他物相距至少 3mm 以上。

(3) 励磁电流的变化应平稳、缓慢,调节电流时不宜用力过大。

(4) 测试样品时,应关闭仪器玻璃门,避免环境对整机的振动,否则实验数据误差较大。

(5) 霍尔探头两边的有机玻璃螺丝可使其调节到最佳位置。在某一励磁电流下,打开特斯拉计,然后稍微转动探头使特斯拉计读数在最大值,此即为最佳位置。将有机玻璃螺丝拧紧。如发现特斯拉计读数为负值,只需将探头转动 180°即可。

(6) 在测试完毕之后，请勿必将电流调节旋钮左旋至最小（显示为0000），然后方可关机。
(7) 每台磁天平均附有出厂编号，此号码与相配的传感器编号相同。使用时请核对。

第二节 实验数据表

一、乙醇在不同温度时的密度

单位：g/cm³

$T/℃$	0	1	2	3	4	5	6	7	8	9
0	0.80625	0.80541	0.80457	0.80374	0.80290	0.80207	0.80123	0.80039	0.79956	0.79872
10	0.79788	0.79704	0.79620	0.79535	0.79451	0.79367	0.79283	0.79198	0.79114	0.79029
20	0.78945	0.78860	0.78775	0.78691	0.78606	0.78522	0.78437	0.78352	0.78267	0.78182
30	0.78097	0.78012	0.77927	0.77841	0.77756	0.77671	0.77585	0.77500	0.77414	0.77329

二、乙醇在水中的表面张力

$\sigma/(10^{-2}\mathrm{N/m})$

乙醇体积分数/% \ 温度 $T/℃$	30	40	50	60
5	5.598	5.431	5.314	5.197
10	4.931	4.759	4.596	4.428
15	4.378	4.203	4.218	3.977
20	4.048	3.940	3.768	3.624
25	3.712	3.575	3.464	3.339
30	3.537	3.398	3.293	3.194
35	3.348	3.242	3.166	3.071
40	3.162	3.054	2.972	2.906
45	3.029	2.933	2.826	2.742
50	2.938	2.832	2.757	2.635
55	2.858	2.784	2.702	2.628
60	2.662	2.596	2.543	2.412
65	2.634	2.596	2.510	2.350
70	2.570	2.492	2.466	2.329
75	2.525	2.430	2.355	2.295
80	2.500	2.398	2.334	2.175
85	2.458	2.360	2.234	2.116
90	2.381	2.298	2.168	2.061
95	2.276	2.208	2.120	2.013
100	2.178	2.083	1.946	1.896

三、乙醇水溶液密度及百分组成

乙醇质量分数/%	密度 ρ_{20}/(g/cm³)	乙醇体积分数(20℃)/%	乙醇质量分数/%	密度 ρ_{20}/(g/cm³)	乙醇体积分数(20℃)/%
5	0.9894	6.2	75	0.8556	81.3
10	0.9819	12.4	80	0.8434	85.5
15	0.9751	18.5	85	0.8310	89.5
20	0.9686	24.5	90	0.8180	93.8
25	0.9617	30.4	91	0.8153	94.0
30	0.9538	36.2	92	0.8126	94.7
35	0.9449	41.8	93	0.8098	95.4
40	0.9352	47.3	94	0.8071	96.1
45	0.9247	52.7	95	0.8042	96.8
50	0.9138	57.8	96	0.8014	97.5
55	0.9026	62.8	97	0.7985	98.1
60	0.8911	67.7	98	0.7955	98.8
65	0.8795	72.4	99	0.7924	99.4
70	0.8677	76.9	100	0.7898	100.0

四、25℃时 CH_3COOH 水溶液的 λ、$K^{\ominus}$ 数据

浓度/(mol/m³)	λ/(S·m²/mol³)	$K^{\ominus}_{电离} \times 10^5$
0.028014	210.38×10⁻⁴	1.760
0.11135	127.71×10⁻⁴	1.779
0.15321	112.05×10⁻⁴	1.767
1.0283	48.13×10⁻⁴	1.797
2.4140	32.21×10⁻⁴	1.809
9.8421	16.367×10⁻⁴	1.832
20	11.567×10⁻⁴	1.804
50	7.358×10⁻⁴	1.854
100	5.200×10⁻⁴	1.846
200	3.650×10⁻⁴	1.821

五、不同温度下水的密度、表面张力、黏度、蒸气压

温度 t/℃	密度 ρ/(kg/m³)	表面张力 σ/(N/m)	黏度 η/Pa·s	蒸气压 p/kPa
0	999.8425	0.07564	0.001787	0.6105
1	999.9015		0.001728	0.6567
2	999.9429		0.001671	0.7058
3	999.9672		0.001618	0.7579
4	999.9750		0.001567	0.8134

续表

温度 t/℃	密度 ρ/(kg/m³)	表面张力 σ/(N/m)	黏度 η/Pa·s	蒸气压 p/kPa
5	999.9668	0.07492	0.001519	0.8723
6	999.9432		0.001472	0.9350
7	999.9045		0.001428	1.0016
8	999.8512		0.001386	1.0726
9	999.7838		0.001346	1.1477
10	999.7026	0.07422	0.001307	1.2278
11	999.6081	0.07407	0.001271	1.3124
12	999.5004	0.07393	0.001235	1.4023
13	999.3801	0.07378	0.001202	1.4973
14	999.2474	0.07364	0.001169	1.5981
15	999.1026	0.07349	0.001139	1.7049
16	998.9460	0.07334	0.001109	1.8177
17	998.7779	0.07319	0.001081	1.9372
18	998.5986	0.07305	0.001053	2.0634
19	998.4082	0.07290	0.001027	2.1967
20	998.2071	0.07275	0.001002	2.3378
21	997.9955	0.07259	0.0009779	2.4865
22	997.7735	0.07244	0.0009548	2.6634
23	997.5415	0.07228	0.0009325	2.8088
24	997.2885	0.07213	0.0009111	2.9833
25	997.0479	0.07197	0.0008904	3.1672
26	996.7867	0.07182	0.0008705	3.3609
27	996.5162	0.07166	0.0008513	3.5649
28	996.2365	0.07150	0.0008327	3.7795
29	995.9478	0.07135	0.0008148	4.0054
30	995.6502	0.07118	0.0007975	4.2428
31	995.3440		0.0007808	4.4923
32	995.0292		0.0007647	4.7547
33	994.7060		0.0007491	5.0312
34	994.3745		0.0007340	5.3193
35	994.0349	0.07038	0.0007194	5.4895
36	993.6872		0.0007052	5.9412
37	993.3316		0.0006915	6.2751
38	992.9683		0.0006783	6.6250
39	992.5973		0.0006654	6.9917

六、30℃下环己烷-乙醇二元系组成（以环己烷摩尔分数表示）-折射率对应表

折射率	0	1	2	3	4	5	6	7	8	9
1.357	0.000	0.001	0.002	0.003	0.005	0.006	0.007	0.008	0.009	0.010
1.358	0.012	0.013	0.014	0.015	0.016	0.017	0.018	0.020	0.021	0.022
1.359	0.023	0.024	0.025	0.026	0.028	0.029	0.030	0.031	0.032	0.033
1.360	0.035	0.036	0.037	0.038	0.039	0.040	0.041	0.043	0.044	0.045

续表

折射率	0	1	2	3	4	5	6	7	8	9
1.361	0.046	0.047	0.048	0.049	0.051	0.052	0.053	0.054	0.055	0.056
1.362	0.057	0.059	0.060	0.061	0.062	0.063	0.064	0.065	0.067	0.068
1.363	0.069	0.070	0.071	0.072	0.073	0.074	0.076	0.077	0.078	0.079
1.364	0.080	0.081	0.082	0.084	0.085	0.086	0.087	0.088	0.089	0.090
1.365	0.092	0.093	0.094	0.095	0.096	0.097	0.098	0.100	0.101	0.102
1.366	0.103	0.104	0.105	0.106	0.108	0.109	0.110	0.111	0.112	0.113
1.367	0.114	0.116	0.117	0.118	0.119	0.120	0.121	0.122	0.124	0.125
1.368	0.126	0.127	0.128	0.129	0.130	0.132	0.133	0.134	0.135	0.136
1.369	0.137	0.138	0.139	0.141	0.142	0.143	0.144	0.145	0.146	0.147
1.370	0.149	0.150	0.151	0.152	0.153	0.154	0.155	0.157	0.158	0.159
1.371	0.160	0.161	0.162	0.164	0.165	0.166	0.167	0.169	0.170	0.171
1.372	0.172	0.173	0.175	0.176	0.177	0.178	0.180	0.181	0.182	0.183
1.373	0.184	0.186	0.187	0.188	0.189	0.191	0.192	0.193	0..194	0.195
1.374	0.197	0.198	0.199	0.200	0.20	0.203	0.204	0.205	0.206	0.208
1.375	0.209	0.210	0.211	0.212	0.214	0.215	0.215	0.217	0.219	0.220
1.376	0.221	0.222	0.224	0.225	0.226	0.228	0.229	0.230	0.232	0.233
1.377	0.234	0.236	0.237	0.238	0.239	0.241	0.242	0.243	0.245	0.246
1.378	0.247	0.249	0.250	0.251	0.253	0.254	0.255	0.257	0.258	0.259
1.379	0.261	0.262	0.263	0.265	0.266	0.267	0.269	0.270	0.271	0.272
1.380	0.274	0.275	0.276	0.278	0.279	0.280	0.282	0.283	0.284	0.286
1.381	0.287	0.288	0.290	0.291	0.293	0.294	0.295	0.297	0.298	0.299
1.382	0.301	0.302	0.3047	0.305	0.306	0.308	0.309	0.310	0.312	0.313
1.383	0.315	0.316	0.317	0.319	0.320	0.322	0.323	0.324	0.326	0.327
1.384	0.328	0.330	0.331	0.333	0.334	0.335	0.337	0.338	0.339	0.341
1.385	0.342	0.344	0.345	0.346	0.348	0.349	0.350	0.352	0.353	0.355
1.386	0.356	0.358	0.359	0.361	0.362	0.364	0.365	0.367	0.368	0.370
1.387	0.371	0.373	0.374	0.376	0.378	0.379	0.381	0.382	0.384	0.385
1.388	0.387	0.388	0.390	0.391	0.393	0.395	0.396	0.398	0.399	0.401
1.389	0.402	0.404	0.405	0.407	0.408	0.410	0.411	0.413	0.415	0.416
1.390	0.418	0.419	0.421	0.422	0.424	0.425	0.427	0.428	0.430	0.431
1.391	0.433	0.435	0.436	0.438	0.440	0.441	0.443	0.444	0.446	0.448
1.392	0.449	0.451	0.453	0.454	0.456	0.458	0.4759	0.461	0.463	0.464
1.393	0.466	0.467	0.469	0.471	0.472	0.474	0.476	0.477	0.479	0.481
1.394	0.482	0.484	0.485	0.487	0.489	0.490	0.492	0.494	0.495	0.497
1.395	0.499	0.500	0.502	0.504	0.505	0.507	0.508	0.510	0.512	0.513
1.396	0.515	0.517	0.518	0.520	0.522	0.524	0.525	0.527	0.529	0.531
1.397	0.532	0.534	0.536	0.538	0.539	0.541	0.543	0.545	0.546	0.548
1.398	0.550	0.552	0.553	0.555	0.557	0.559	0.560	0.562	0.564	0.565
1.399	0.567	0.569	0.571	0.572	0.574	0.576	0.578	0.579	0.581	0.583
1.400	0.585	0.586	0.588	0.590	0.592	0.593	0.595	0.597	0.599	0.600
1.401	0.602	0.604	0.606	0.608	0.610	0.611	0.613	0.615	0.617	0.619
1.402	0.621	0.623	0.625	0.626	0.628	0.630	0.632	0.634	0.636	0.638
1.403	0.640	0.641	0.643	0.645	0.647	0.649	0.651	0.653	0.655	0.657
1.404	0.658	0.660	0.662	0.664	0.666	0.668	0.670	0.672	0.673	0.675
1.405	0.677	0.679	0.681	0.683	0.685	0.687	0.688	0.690	0.692	0.694
1.406	0.696	0.698	0.700	0.702	0.704	0.706	0.708	0.710	0.712	0.714
1.407	0.716	0.718	0.720	0.722	0.724	0.726	0.728	0.730	0.732	0.734
1.408	0.736	0.738	0.740	0.742	0.744	0.746	0.749	0.751	0.753	0.755
1.409	0.757	0.759	0.761	0.763	0.765	0.757	0.769	0.771	0.773	0.775
1.410	0.777	0.779	0.781	0.783	0.785	0.787	0.789	0.791	0.793	0.795

折射率	0	1	2	3	4	5	6	7	8	9
1.411	0.797	0.799	0.801	0.803	0.806	0.808	0.810	0.812	0.814	0.816
1.412	0.819	0.821	0.823	0.825	0.827	0.829	0.832	0.834	0.836	0.838
1.413	0.840	0.842	0.845	0.847	0.849	0.851	0.853	0.855	0.857	0.860
1.414	0.862	0.864	0.866	0.868	0.870	0.873	0.875	0.877	0.879	0.881
1.415	0.883	0.886	0.888	0.890	0.892	0.894	0.896	0.899	0.901	0.903
1.416	0.905	0.907	0.910	0.912	0.914	0.916	0.919	0.921	0.923	0.925
1.417	0.928	0.930	0.932	0.934	0.937	0.939	0.941	0.943	0.946	0.948
1.418	0.950	0.952	0.955	0.957	0.959	0.961	0.963	0.966	0.968	0.970
1.419	0.972	0.975	0.977	0.979	0.981	0.984	0.986	0.988	0.990	0.993
1.420	0.995	0.997	1.000							

七、几种溶剂的冰点下降常数

溶　剂		凝固点 t_f/℃	降低常数的 K_f/(℃·kg/mol)
醋酸	$C_2H_4O_2$	16.66	3.9
四氯化碳	CCl_4	−22.95	29.8
1,4-二噁英	$C_4H_8O_2$	11.8	4.63
1,4-二溴代苯	$C_6H_4Br_2$	87.3	12.5
苯	C_6H_6	5.533	5.12
环己烷	C_6H_{12}	6.54	20.0
萘	$C_{10}H_8$	80.290	6.94
樟脑	$C_{10}H_{16}O$	178.75	37.7
水	H_2O	0	1.86

八、金属混合物的熔点

单位：℃

金属		金属(Ⅱ)质量分数/%									
Ⅰ	Ⅱ	0	10	20	30	40	50	60	70	80	90	100
Pb	Sn	326	295	276	262	240	220	190	185	200	216	232
Pb	Sb	326	250	275	330	395	440	490	525	560	600	632
Sb	Bi	632	610	590	575	555	540	520	470	405	330	268
Sb	Zn	632	555	510	540	570	565	540	525	510	470	419

摘自：贾英，许国根，严小琴.物理化学实验.西安：西北工业大学出版社，2009：153.

九、无机化合物的标准溶解热[①]

化合物	$\Delta_{sol}H_m/(kJ/mol)$	化合物	$\Delta_{sol}H_m/(kJ/mol)$
$AgNO_3$	22.47	KI	20.50
$BaCl_2$	−13.22	KNO_3	34.73
$Ba(NO_3)_2$	40.38	$MgCl_2$	−155.06
$Ca(NO_3)_2$	−18.87	$Mg(NO_3)_2$	−85.48
$CuSO_4$	−73.26	$MgSO_4$	−91.21
KBr	20.04	$ZnCl_2$	−71.46
KCl	17.24	$ZnSO_4$	−81.38

① 25℃，标准状态下1mol纯物质溶于水生成1mol/L的理想溶液过程的热效应。
摘自：1. 贾英，许国根，严小琴. 物理化学实验. 西安：西北工业大学出版社，2009：154.
2. 日本化学会. 化学便览：基础篇Ⅱ. 东京：丸善株式会社，1966：787.

十、不同浓度、不同温度下 KCl 溶液的电导率

电导率单位：S/cm

$t/℃$	$c/(mol/L)$			
	1.000	0.1000	0.0200	0.0100
0	0.06541	0.00715	0.001521	0.000776
5	0.077414	0.00822	0.001752	0.000896
10	0.08319	0.00933	0.001994	0.001020
15	0.09252	0.01048	0.002243	0.001147
16	0.09441	0.01072	0.002294	0.001173
17	0.09631	0.01095	0.002345	0.001199
18	0.09822	0.01119	0.002397	0.001225
19	0.10014	0.01143	0.001449	0.001251
20	0.10207	0.01167	0.002501	0.001278
21	0.10400	0.01191	0.002553	0.001305
22	0.10594	0.01215	0.002606	0.001332
23	0.10789	0.1239	0.002659	0.001359
24	0.10984	0.01264	0.002712	0.001386
25	0.11180	0.01288	0.002765	0.001413
26	0.11377	0.01313	0.002819	0.001441
27	0.11574	0.01337	0.002873	0.001468
28		0.01362	0.002927	0.001496
29		0.01387	0.002981	0.001524
30		0.01412	0.003036	0.001552
35		0.01539	0.003312	
36		0.01564	0.003368	

十一、高分子化合物特性黏度与相对分子质量关系式中的参数

高聚物	溶剂	$t/℃$	$K/(10^3 dm^3/kg)$	α	相对分子质量范围 $M\times10^{-4}$
聚丙烯酰胺	水	30	6.31	0.80	2~50
聚丙烯腈	水	30	68	0.66	1~20
聚甲基丙烯酸甲酯	1mol/L NaNO$_3$	30	37.3	0.66	
	二甲基甲酰胺	25	16.6	0.81	5~27
聚乙烯醇	丙酮	25	7.5	0.70	3~93
	水	25	20	0.76	0.6~2.1
聚己内酰胺	水	30	66.6	0.64	0.6~16
聚醋酸乙烯酯	40% H$_2$SO$_4$	25	59.2	0.69	0.3~1.3
	丙酮	25	10.8	0.72	0.9~2.5

摘自：1. 贾英，许国根，严小琴. 物理化学实验：第1版. 西安：西北工业大学出版社，2009：157.
2. 印永嘉. 大学化学手册. 济南：山东科学技术出版社，1985：6.

十二、无限稀释离子的摩尔电导率和温度系数

离子	$\lambda/(10^{-4} S \cdot m^2/mol)$				$\alpha\left[\alpha=\dfrac{1}{\lambda_i}\left(\dfrac{d\lambda_i}{dt}\right)\right]$
	0℃	18℃	25℃	50℃	
H$^+$	225	315	349.8	464	0.0142
K$^+$	40.7	63.9	73.5	114	0.0173
Na$^+$	26.5	42.8	50.1	82	0.0188
NH$_4^+$	40.2	63.9	74.5	115	0.0188
Ag$^+$	33.1	53.5	61.9	101	0.0174
$\frac{1}{2}$Ba^{2+}	34.0	54.6	63.6	104	0.0200
$\frac{1}{2}$Ca^{2+}	31.2	50.7	59.8	96.2	0.0204
$\frac{1}{2}$Pb^{2+}	37.5	60.5	69.5		0.0194
OH$^-$	105	171	198.3	284	0.0186
Cl$^-$	41.0	66.0	76.3	116	0.0203
NO$_3^-$	40.0	62.3	71.5	104	0.0195
CH$_3$COO$^-$	20.0	32.5	40.9	67	0.0244
$\frac{1}{2}$SO$_4^{2-}$	41	68.4	80.0	125	0.0206
F$^-$		47.3	55.4		0.0228
$\frac{1}{4}$[Fe(CN)$_6$]$^{4-}$	58	95	110.5	173	

摘自：1. 贾英，许国根，严小琴. 物理化学实验. 西安：西北工业大学出版社，2009：158.
2. 印永嘉. 物理化学简明手册. 北京：高等教育出版社，1985：59.

十三、几种化合物的磁化率

无机物	T/K	质量磁化率 ①	质量磁化率 ②	摩尔磁化率 ③	摩尔磁化率 ④
Ag	296	$-0.192$⑤	-2.41	-19.5	-2.45
Cu	296	-0.0860	-1.081	-5.46	-0.0686
$CuBr_2$	292.7	3.07	38.6	685.5	8.614
$CuCl_2$	289	8.03	100.9	1080.0	13.57
CuF_2	293	10.3	129	1050.0	13.19
$Cu(NO_3)_2 \cdot 3H_2O$	293	6.5	81.7	1570.0	19.73
$CuSO_4 \cdot 5H_2O$	293	5.85	73.5 74.4⑥	1460.0	18.35
$FeCl_2 \cdot 4H_2O$	293	64.9	816	12900.0	162.1
$FeSO_4 \cdot 7H_2O$	293.5	40.28	506.2	11200.0	140.7
H_2O	293	-0.720	-9.05	12.97	0.163
$Hg[Co(CNS)_4]$	293		206.6⑥		
$K_3Fe(CN)_6$	297	6.96	87.5	2290.0	28.78
$K_4Fe(CN)_6$	室温	-0.3739	4.699	-130.0	-1.634
$K_4Fe(CN)_6 \cdot 3H_2O$	室温	-0.3739		-172.3	-2.165
$NH_4Fe(SO_4)_2 \cdot 12H_2O$	293	30.1	378	14500⑦	182.2
$(NH_4)_2Fe(SO_4)_2 \cdot 6H_2O$	293	31.6	397 406⑥	12400⑦	155.8
O_2	293	107.8	1355	3449.0	43.34
Pt	293	35.6	12.20⑥		
$NiCl_2$水溶液⑧					
CH_3OH	293	-0.668	-8.39	-21.4	-0.2689
C_2H_5OH	293	-0.728	-9.15	-33.60	-0.4222
C_3H_7OH	293	-0.7518	-9.447	-45.176	-0.5677
$CH_3CH(OH)CH_3$	293	-0.7621	-9.577	-45.794	-0.5755
C_4H_9OH	293	-0.7627	-9.584	-56.536	-0.7105
$(C_2H_5)CH(OH)CH_3$	293	-0.7782	-9.779	-57.683	-0.7249
$(CH_3)COH$	293	-0.885	-9.74	-57.42	-0.7216
$(CH_3)CHCH_2OH$	293	-0.7785	-9.783	-57.704	-0.7251
$C_5H_{11}OH$	293	-0.766	-9.63	-67.5	-0.848
$C_6H_{13}OH$	293	-0.774	-9.73	-79.20	-0.9953
$C_7H_{15}OH$	293	-0.790	-9.93	-91.7	-1.152
$C_8H_{17}OH$	293	-0.777	-9.759	-102.65	-1.290

① χ_m单位（CGSM制）：10^{-6} cm^3/g。

② $1\text{cm}^3/\text{g}$（SI质量磁化率）$=10^3/(4\pi)$ cm^3/g（CGSM制质量磁化率），本栏数据是由①按此式换算而得的，χ_m的SI单位为10^{-9}cm^3/kg。

③ χ_M单位（CGSM制）：10^{-6} cm^3/mol。

④ 本栏数据参照注②由③换算而得，χ_M的单位为10^{-9} cm^3/mol。

⑤ 293K。

⑥ 摘自：徐光宪，王祥云. 物质结构. 第2版. 北京：高等教育出版社，1987：459.

⑦ 摘自：日本化学会. 化学便览，基础编. 改订三版. 东京：丸善株式会社，1975：Ⅱ-515.

⑧ $\dfrac{1.26\times 10^{-4}}{T}\times \dfrac{y}{100}-9.05\times 10^{-9}\times \left(1-\dfrac{y}{100}\right)$

式中，T为热力学温度；y为$NiCl_2$质量分数。

摘自：复旦大学. 物理化学实验. 第3版. 北京：高等教育出版社，2004：378.

十四、液体的分子介电常数 ε、偶极矩 μ

化合物		介电常数[①] ε		温度系数 a 或 α	适用温度范围 /℃
		20℃	25℃		
四氯化碳	CCl_4	2.238	2.228	0.200[②]	$-20\sim+60$
三氯甲烷	$CHCl_3$	4.806		0.160[③]	$0\sim50$
甲醇	CH_4O	33.62	32.63	0.264[③]	$5\sim55$
乙醇	C_2H_6O		24.35	0.270[③]	$-5\sim+70$
乙酸甲酯	$C_3H_6O_2$		6.68	2.2[②]	$25\sim40$
乙酸乙酯	$C_4H_8O_2$		6.02	1.5[②]	25
1,4-二氧六环	$C_4H_8O_2$		2.209	0.170[②]	$20\sim50$
吡啶	C_5H_5N		12.3		
溴苯	C_6H_5Br		5.40	0.115[③]	$0\sim70$
氯苯	C_6H_5Cl	5.708	5.621	0.133[③]	$15\sim30$
硝基苯	$C_6H_5NO_2$	35.74	34.82	0.225[③]	$10\sim80$
苯	C_6H_6	2.284	2.247	0.200[②]	$10\sim60$
环己烷	C_6H_{12}	2.023	2.015	0.160[②]	$10\sim60$
正己烷	C_6H_{14}	1.890		1.55[②]	$-10\sim+50$
正己醇	$C_6H_{14}O$		13.3	0.35[③]	$15\sim35$
二硫化碳	CS_2	2.641		0.268[②]	$-90\sim+135$
水	H_2O	80.37	78.54	0.200[③]	$15\sim30$

① 常压；真空介电常数为1。
② $\alpha=-10^2\times d\varepsilon/dt$。
③ $\alpha=-10^2\times d(\lg\varepsilon)/dt$。

化合物		偶极矩 μ	
		CGS	SI[②]
四氯化碳	CCl_4	0[①]	0[②]
三氯甲烷	$CHCl_3$	1.01	3.37
甲醇	CH_4O	1.70	5.67
乙醛	C_2H_4O	2.69	8.97
乙酸	$C_2H_4O_2$	1.74	5.80
甲酸甲酯	$C_2H_4O_2$	1.77	5.90
乙醇	C_2H_6O	1.69	5.64
乙酸甲酯	$C_3H_6O_2$	1.72	5.74
甲酸乙酯	$C_3H_6O_2$	1.93	6.44
乙酸乙酯	$C_4H_8O_2$	1.78	5.94
溴苯	C_6H_5Br	1.70	5.67
氯苯	C_6H_5Cl	1.69	5.64
硝基苯	$C_6H_5NO_2$	4.22	14.1
水	H_2O	1.85	6.17
氨	NH_3	1.47	4.90
二氧化硫	SO_2	1.6	5.34

① μ 单位 $1D=10^{-18}$ esu·cm。
② μ 单位按 $1D=3.33564\times10^{-30}$ C·m 换算。

摘自：复旦大学. 物理化学实验. 第3版. 北京：高等教育出版社，2004：388.

十五、溶液中的标准电极电势 $\varphi^{\ominus}$

电极	$\varphi^{\ominus}/V$	反应式	$\dfrac{d\varphi^{\ominus}}{dT}/(mV/K)$
Li^+,Li	-3.045	$Li^+ + e \rightleftharpoons Li$	
K^+,K	-2.924	$K^+ + e \rightleftharpoons K$	
Na^+,Na	-2.7109	$Na^+ + e \rightleftharpoons Na$	
Ca^{2+},Ca	-2.76	$Ca^{2+} + 2e \rightleftharpoons Ca$	
Zn^{2+},Zn	-0.7628	$Zn^{2+} + 2e \rightleftharpoons Zn$	0.091
Fe^{2+},Fe	-0.409	$Fe^{2+} + 2e \rightleftharpoons Fe$	0.052
Cd^{2+},Cd	-0.4026	$Cd^{2+} + 2e \rightleftharpoons Cd$	-0.093
Co^{2+},Co	-0.28	$Co^{2+} + 2e \rightleftharpoons Co$	
Ni^{2+},Ni	-0.23	$Ni^{2+} + 2e \rightleftharpoons Ni$	0.06
Sn^{2+},Sn	-0.1364	$Sn^{2+} + 2e \rightleftharpoons Sn$	-0.282
Pb^{2+},Pb	-0.1263	$Pb^{2+} + 2e \rightleftharpoons Pb$	-0.451
$(H^+,H_2)Pt$	0.00	$2H^+ + 2e \rightleftharpoons H_2$	0
Cu^{2+},Cu	$+0.3402$	$Cu^{2+} + 2e \rightleftharpoons Cu$	0.008
Cu^{2+},Cu^+	$+0.153$	$Cu^{2+} + e \rightleftharpoons Cu^+$	0.073
$(I^-,I_2)Pt$	$+0.535$	$I_2 + 2e \rightleftharpoons 2I^-$	
$(Fe^{2+},Fe^{3+})Pt$ (1mol $HClO_4$)	$+0.747$	$Fe^{3+} + e \rightleftharpoons Fe^{2+}$	
Ag^+,Ag	$+0.7996$	$Ag^+ + e \rightleftharpoons Ag$	-1.000
Br^-,Br_2	$+1.087$	$Br_2 + 2e \rightleftharpoons 2Br^-$（水溶液）	
Cl^-,Cl_2	$+1.3583$	$Cl_2 + 2e \rightleftharpoons 2Cl^-$	-1.260
$(Ce^{4+},Ce^{3+})Pt$	$+1.443$	$Ce^{4+} + e \rightleftharpoons Ce^{3+}$	
$AgCl,Ag,Cl^-$	$+0.2224$	$AgCl + e \rightleftharpoons Ag + Cl^-$	-0.658
AgI,Ag,I^-	-0.151	$AgI + e \rightleftharpoons Ag + I^-$	-0.284
Mg^{2+},Mg	-2.37	$Mg^{2+} + 2e \rightleftharpoons Mg$	0.103
$PbO_2,PbSO_4,SO_4^{2-},H^+$	1.685	$PbO_2 + SO_4^{2-} + 4H^+ + 2e \rightleftharpoons PbSO_4 + 2H_2O$	-0.326
OH^-,O_2	0.401	$O_2 + 2H_2O + 4e \rightleftharpoons 4OH^-$	-1.680
饱和甘汞电极 Hg,Hg_2Cl_2 (饱和 KCl 溶液)	0.2415	$Hg_2Cl_2 + 2e \rightleftharpoons 2Hg + 2Cl^-$	-0.761
标准甘汞电极 Hg,Hg_2Cl_2 (1mol/L KCl 溶液)	0.2800	$Hg_2Cl_2 + 2e \rightleftharpoons 2Hg + 2Cl^-$	-0.275
0.1mol/L 甘汞电极	0.3337	$Hg_2Cl_2 + 2e \rightleftharpoons 2Hg + 2Cl^-$	-0.875
银-氯化银电极 (0.1mol/L KCl 溶液)	0.290	$AgCl + e \rightleftharpoons Ag + Cl^-$	-0.3

摘自：印永嘉. 物理化学简明手册. 北京：高等教育出版社，1988：214.

十六、部分表面活性剂水溶液的临界胶束浓度（CMC）

表面活性剂名称	温度/℃	CMC/(mol/L)
十六烷基三甲基溴化铵[①]（CTAB）	20	9.15×10^{-4}
	25	9.18×10^{-4}
	30	9.20×10^{-4}
	35	9.25×10^{-4}
	40	9.30×10^{-4}
十二烷基硫酸钠[①]（SDS）	20	8.06×10^{-3}
	25	8.10×10^{-3}
	30	8.26×10^{-3}
	35	8.40×10^{-3}
	40	8.71×10^{-3}
辛基苯基聚氧乙烯醚(TX-100)[②]		0.299×10^{-4}
十二烷基苯磺酸钠(SDBS)[②]		1.10×10^{-3}
双十八烷基二甲基氯化铵水溶液(DODAC)（电导法测）[③]		5.24×10^{-5}
双十八烷基二甲基氯化铵水溶液(DODAC)（荧光法测）[③]		9.67×10^{-5}
脂肪醇聚氧乙烯醚硫酸钠(AES-7)[④]		0.0123(质量分数)
脂肪醇聚氧乙烯醚硫酸钠(AES-9)[④]		0.0275(质量分数)
脂肪醇聚氧乙烯醚硫酸钠(AES-10)[④]		0.0398(质量分数)
十六烷基三甲基氯化铵[⑤]	25	1.60×10^{-2}
十二烷基三甲基溴化铵[⑤]	25	1.60×10^{-2}
十四烷基硫酸钠[⑤]	40	2.40×10^{-3}
十六烷基硫酸钠[⑤]	40	5.80×10^{-4}
十八烷基硫酸钠[⑤]	40	1.70×10^{-4}
硬脂酸钾[⑤]	50	4.5×10^{-4}
月桂酸钾[⑤]	25	1.25×10^{-2}
十二烷基氯化铵[⑤]	25	1.6×10^{-2}
对十二烷基苯磺酸钠[⑤]	25	1.4×10^{-2}
聚氧乙烯去水山梨醇单月桂酸酯(Tween-20)[⑤]	25	6×10^{-2} g/L
聚氧乙烯山梨糖醇酐单棕榈酸酯(Tween-40)[⑤]	25	3.1×10^{-2} g/L
聚环氧乙烷山梨糖醇单硬质酸酯(Tween-60)[⑤]	25	2.8×10^{-2} g/L
Tween-65[⑤]	25	5.0×10^{-2} g/L
聚氧乙烯山梨糖醇酐单油酸酯(Tween-80)[⑤]	25	1.4×10^{-2} g/L
Tween-85[⑤]	25	2.3×10^{-2} g/L

① 邹耀洪，鱼维洁. 温度、氯化钠及乙醇对离子型表面活性剂临界胶束浓度的影响. 常熟高专学报，2003，17（4）：45-49.

② 吴耀国，李建国，刘保超，胡思海. 溶液中表面活性剂临界胶束浓度降低措施的研究进展. 现代化工，2010，30（1）：25-29.

③ 贺国旭，潘自红，李松田，李雪，李寿松. 添加剂对十二烷基苯磺酸钠溶液CMC的影响. 应用化工，2011，40（4）：634-635.

④ Dong Zhen, Wang Xiangzeng, Liu Zhe, Xu Bei, Zhao Jianshe. Synthesis and physic-chemical properties of anion-nonionic surfactants under the influence of alkali/salt. Colloids and Surfaces A: Physicochem Eng Aspects, 2013 (419): 233-237

⑤ 王舜. 物理化学组合实验. 北京：科学出版社，2011：198-199.

参 考 文 献

[1] 贺国旭,潘自红,李松田,等.添加剂对十二烷基苯磺酸钠溶液CMC的影响[J].应用化工,2011,40(4):634-635.

[2] Dong Zhen,Wang Xiangzeng,Liu Zhe,Xu Bei,Zhao Jianshe. Synthesis and physic-chemical properties of anion-nonionic surfactants under the influence of alkali/salt [J]. Colloids and Surfaces A:Physicochem Eng Aspects,2013,(419):233-237.

[3] 岳可芬.基础化学实验3 物理化学实验[M].上海:科学出版社,2012.

[4] 宿辉,白青子.物理化学实验[M].北京:北京大学出版社.2011.

[5] 苏育志,陈爽,徐常威.基础化学实验(Ⅲ)——物理化学实验[M].北京:化学工业出版社,2010.

[6] 吴耀国,李建国,刘保超,胡思海.溶液中表面活性剂临界胶束浓度降低措施的研究进展[J].现代化工,2010,30(1):25-29.

[7] 贾英,许国根,严小琴.物理化学实验[M].西安:西北工业大学出版社,2009.

[8] 孙尔康,张剑荣,刘勇健,等.物理化学实验[M].南京:南京大学出版社,2009.

[9] 何畏.物理化学实验[M].上海:科学出版社,2009.

[10] 金丽萍,邬时清,陈大勇.物理化学实验[M].上海:华东理工大学出版社,2006.

[11] 复旦大学.物理化学实验:第3版[M].北京:高等教育出版社,2004.

[12] 邹耀洪,鱼维洁.温度、氯化钠及乙醇对离子型表面活性剂临界胶束浓度的影响[J].常熟高专学报,2003,17(4):45-49.

[13] 日本化学会.化学便览:基础篇Ⅱ[M].东京:丸善株式会社,1966.